EDUARD STIEFEL

LEHRBUCH DER DARSTELLENDEN GEOMETRIE

MATHEMATISCHE REIHE

BAND VI

LEHRBÜCHER UND MONOGRAPHIEN

AUS DEM GEBIETE DER EXAKTEN WISSENSCHAFTEN

LEHRBUCH DER DARSTELLENDEN GEOMETRIE

VON

EDUARD STIEFEL

PROFESSOR AN DER EIDG. TECHN. HOCHSCHULE
IN ZÜRICH

DRITTE AUFLAGE

SPRINGER BASEL AG

Springer Basel AG 1971
Ursprünglich erschienen bei Birkhäuser Verlag, Basel 1971

Softcover reprint of the hardcover 3rd edirion 1971

ISBN 978-3-0348-7370-3 ISBN 978-3-0348-7369-7 (eBook)
DOI 10.1007/978-3-0348-7369-7

VORWORT ZUR ERSTEN AUFLAGE

Das vorliegende Buch ist aus Vorlesungen entstanden, die ich seit zehn Jahren an der Eidg. Technischen Hochschule in Zürich über darstellende Geometrie gehalten habe. Es ist kurz gefaßt, da man darstellende Geometrie nur erlernen kann, indem man die Grundlagen den Lehrbüchern entnimmt, das übrige aber durch eigene Konstruktionen und Übungen hinzufügt. Speziell habe ich mich bemüht, die Verknüpfung mit höheren und neueren Teilen der Geometrie herzustellen. Unsichtbar bleibt für den Leser die dauernde Auseinandersetzung mit den axiomatischen Grundlagen der Geometrie.

Der erste Teil ist im Hinblick auf die Anwendungen in der Technik und unter spezieller Berücksichtigung von didaktischen Gesichtspunkten geschrieben worden. Er entspricht ungefähr dem Inhalt meiner Wintervorlesung an der ETH. für Mathematiker, Physiker und Ingenieure aller Arten. Als Übungsstoff zum ersten Abschnitt dieses Teils sei dem Leser das bekannte Werk von K. Dändliker und O. Schläpfer empfohlen (Aufgabensammlung der darstellenden Geometrie, 2. Auflage, 1957).

Vom zweiten Teil an tritt dann immer mehr der wissenschaftliche Standpunkt in den Vordergrund. Es wird zunächst die Lehre von den Kegelschnitten auf die *Reziprozität* gegründet, während andere Lehrbücher dazu gewöhnlich die Affinität und Kollineation benutzen. Dieser Weg erschien mir vorteilhaft, weil damit das *Dualitätsprinzip* korrekt begründet werden kann und sofort nützliche Dienste leistet.

Etwas ausführlicher möchte ich dem Leser den dritten Teil des Buches vorstellen. Sinnt man ohne Voreingenommenheit darüber nach, welche Forderungen man zur theoretischen Begründung der darstellenden Geometrie an das ebene Bild einer räumlichen Konfiguration stellen möchte, so wird man in erster Linie verlangen, daß das Bild *geradentreu* sei, daß also jede Gerade im Raum auch im Bild wieder als Gerade erscheint. Wenn in den Lehrbüchern bisher der Prozeß des Projizierens einzig zur Erzeugung von Abbildungen benutzt wird, so scheint mir hier schon eine Verknüpfung mit dem Sehen und der Anschauung vorzuliegen, welche der Theorie an sich fremd ist. Aus diesem Grund wurde im dritten Teil eine Theorie der geradentreuen Abbildungen entwickelt, bei welcher das Projizieren nur als Spezialfall erscheint. Durch diesen etwas höheren Grad der Allgemeinheit werden – wie auch sonst in der Mathematik – die Beweise natürlicher und leichter übersehbar; so ist zum Beispiel der berühmte *Satz von Pohlke* dann entbehrlich. Ob man von einer Vereinfachung sprechen will, ist natürlich Geschmacksache. Zum Aufbau dieser Theorie mußte der Begriff des *perspektivischen Achsenkreuzes* geschaffen werden; daß er nicht allzu unglücklich gewählt ist, soll der Anhang darlegen. Dort wird gezeigt, daß dieser Begriff sehr verallgemeinerungsfähig ist.

Daß auch heute noch beachtenswerte Wechselbeziehungen zwischen der darstellenden Geometrie und neueren Zweigen der geometrischen Wissenschaften bestehen, soll ebenfalls der Anhang auseinandersetzen. Mit Hilfe von Begriffsbildungen der modernen *Theorie der Gewebe* werden nämlich die geläufigen Methoden der darstellenden Geometrie in neuem Licht gezeigt und stark verallgemeinert.

Von den Anwendungen habe ich diejenigen Teile etwas ausführlicher behandelt, welche ungefähr den Stoff einer Spezialvorlesung ausmachen, die ich jeweils im Sommer an der ETH. halten muß, nämlich die Grundlagen der *Photogrammetrie* und die *sphärische Geometrie*. Umfangreichere und selbständige Anwendungsgebiete wie die *Nomographie* oder *kinematische Geometrie* sollen vielleicht später einmal dargestellt werden.

Der Fachmann wird vielleicht einige ihm liebgewordene Einzelheiten vermissen. Er möge als Entschuldigung annehmen, daß ich einerseits nach reiflicher Überlegung nur die Teile weggelassen habe, die mir dem heutigen Stand der mathematischen und technischen Wissenschaften nicht mehr angemessen schienen, und daß ich andererseits den Preis des Buches möglichst niedrig halten wollte. Was endlich die Figuren anbetrifft, so habe ich mich bemüht, einfach zu bleiben und mit wenigen Linien auszukommen. Es ist nämlich für den Leser ein recht unangenehmes Geschäft, eine komplizierte Figur entwirren zu müssen, bei deren Entstehung er nicht zugegen war und die nur den Zeichner freut.

Den Herren Prof. Dr. C. Burri von der ETH. und O. Schläpfer von der Oberrealschule Zürich verdanke ich einige Anregungen und Verbesserungen. Herr Dr. W. Baum hat mir beim Lesen der Korrekturen geholfen und das Sachverzeichnis verfaßt; Herr J. Langhammer, Kartograph, hat mit großem Einfühlungsvermögen und erstaunlicher Präzision die Reinzeichnungen für die Figuren hergestellt. Allen diesen Mitarbeitern, insbesondere aber dem *Verlag Birkhäuser*, danke ich aufrichtig.

Zürich, Februar 1947. E. Stiefel.

VORWORT ZUR ZWEITEN AUFLAGE

Da die darstellende Geometrie sich seit dem Erscheinen der 1. Auflage wissenschaftlich kaum weiterentwickelt hat, konnten grössere Änderungen unterbleiben. Es wurde aber das Kapitel über projektive darstellende Geometrie etwas bereichert, indem einerseits die Bedingung hergeleitet ist, daß eine Perspektive eine Zentralprojektion sei, und andererseits eine weitergehende Diskussion des gefährlichen Orts in der Photogrammetrie aufgenommen wurde.

Zürich, Oktober 1959 E. Stiefel

INHALTSVERZEICHNIS

EINLEITUNG

Darstellende Geometrie ist die Lehre von den geometrischen Abbildungen, insofern sie dem Konstruieren mit Lineal und Zirkel zugänglich sind.

Dabei ist eine geometrische Abbildung irgendeine Zuordnung einer geometrischen Figur (Originalfigur) zu einer anderen (Bildfigur), so daß die Bildfigur gewisse – und für die gerade vorliegenden Zwecke wichtige – Eigenschaften der Originalfigur ausreichend wiedergibt. Der Leser denke etwa an zwei ähnliche Dreiecke, die ja gleiche «Form» haben oder an die Photographie eines räumlichen Gegenstands, welche ein ebenes Bild des Gegenstands entwirft.

Darstellende Geometrie im engeren Sinn. Darunter verstehen wir in Weiterführung des letztgenannten Beispiels die Lehre von den Methoden, welche gestatten, von einer im Raum gelegenen Konfiguration (zum Beispiel von einem geometrischen Körper oder technischen Objekt) ein Bild in der Zeichenebene herzustellen. Jedem Punkt der Raumfigur soll also ein Punkt der Zeichenebene entsprechen. Enthält die gegebene Konfiguration gerade Linien, so werden wir von einer solchen Abbildung auf alle Fälle verlangen, daß diese Geraden auch im Bild wieder als Geraden erscheinen. Wir sprechen dann von einer *geradentreuen* Abbildung. Diese Forderung entspricht durchaus dem eingangs erwähnten Wunsch, einfach konstruieren und zeichnen zu können. Wäre nämlich das Bild einer Raumgeraden irgendeine krumme Linie in der Zeichenebene, so müßten wir diese Kurve mühsam punktweise konstruieren und stückweise mit dem Kurvenlineal ausziehen.

Das Projizieren ist die wichtigste Methode zur Herstellung einer geradentreuen Abbildung. Man denke sich in den Raum eine Ebene π – genannt *Bildebene* – gelegt und außerhalb von ihr einen Punkt Z (das *Projektionszentrum*) gewählt. Durch jeden Punkt P des gegebenen räumlichen Gegenstands ziehe man nun den *Projektionsstrahl* ZP bis zu seinem Durchstoßpunkt P' mit π. Der in der Bildebene π gelegene Punkt P' sei nun das Bild von P; man nennt ihn auch die *Projektion* von P. Die damit erklärte Abbildung des Gegenstands auf die Bildebene π heißt *Zentralprojektion;* sie ist tatsächlich geradentreu. Denn das Bild einer Geraden g ist offenbar die Schnittgerade der Verbindungsebene von Z und g mit der Bildebene[1]).

Denkt man sich das Projektionszentrum Z sehr weit vom Körper abliegend und schließlich ins Unendliche gerückt, so gelangt man zum Grenzfall der *Parallelprojektion*. Bei ihr sind also die Projektionsstrahlen parallel zu einer

---

[1]) Eine Ausnahme tritt ein, wenn g durch das Projektionszentrum Z läuft, indem dann das Bild von g ein Punkt wird. Allgemein muß man daher die Definition der geradentreuen Abbildung so fassen: Das Bild einer Raumgeraden soll eine Gerade *oder ein Punkt* sein.

gegebenen Richtung, der *Projektionsrichtung*. Steht diese Richtung speziell senkrecht auf der Bildebene, so spricht man von *Normalprojektion*.

Das Messen und die Anschaulichkeit. Nachdem einmal die Geradentreue gesichert ist, kann man der Abbildung noch weitere Forderungen auferlegen. Für viele Zwecke ist es wichtig, daß sich die Maße des Körpers bei der Abbildung nicht auf allzu komplizierte Weise verzerren. Beim Projizieren kann man dies erreichen, indem man die Bildebene parallel zu einer wichtigen ebenen Seitenfläche des gegebenen Körpers legt. Die Winkel in dieser Seitenfläche bleiben dann bei der Abbildung erhalten und die in ihr gelegenen Strecken werden nur proportional verlängert oder verkürzt; bei Parallelprojektion bleiben sie sogar ungeändert. Wendet man noch spezieller Normalprojektion an, so erscheinen die zur Bildebene senkrechten Strecken in der Projektion als Punkte, erhalten also die Länge Null. Da man jede allgemein im Raum liegende Strecke als Hypotenuse eines rechtwinkligen Dreiecks auffassen kann, dessen Katheten beziehlich parallel und senkrecht zur Bildebene liegen, erkennt man, daß sich bei der Normalprojektion die Strecken nach einfachen Gesetzen verkürzen. Man wird daher diese Art der Abbildung benutzen, wenn das Messen wichtig ist.

Eine andere Forderung ist diejenige nach *Anschaulichkeit*, was bedeuten soll, daß das Bild des Gegenstands im Beschauer einen ähnlichen Eindruck hervorbringen soll, wie der Gegenstand selbst. Um diese Forderung zu erfüllen, müssen wir unsere geometrische Abbildung auf ähnliche Art herstellen, wie dies beim Sehen im menschlichen Auge auf optischem Weg geschieht. Da die Lichtstrahlen sich geradlinig ausbreiten, haben wir es beim Sehen mit einer Zentralprojektion zu tun, wobei die Augenlinse das Projektionszentrum abgibt und die (allerdings gekrümmte) Netzhaut an die Stelle der Bildebene tritt. Anschauliche Bilder können daher durch Zentralprojektion erhalten werden.

Aus diesen Überlegungen ergibt sich, daß die Forderungen nach einfachem Messen und nach Anschaulichkeit sich teilweise widersprechen; ein Verfahren der darstellenden Geometrie, das die eine Forderung berücksichtigt, wird auf die Erfüllung der anderen weitgehend verzichten müssen.

Zweibildermethode. Durch ein einziges Bild ist der vorgelegte Gegenstand im allgemeinen nicht eindeutig bestimmt. Wird zum Beispiel ein Würfel in der Richtung einer Körperdiagonalen normal auf eine Bildebene projiziert, so ist das entstehende Bild identisch mit dem Bild eines regulären Sechsecks, dessen Ebene parallel zur Bildebene liegt (Figur 4). Daher entwickelt die darstellende Geometrie Methoden, um von einem Gegenstand zugleich zwei oder mehrere Bilder herstellen zu können, welche ihn dann zusammen eindeutig bestimmen, so daß Konstruktionsaufgaben am räumlichen Objekt durch Zeichnen in den beiden Bildern gelöst werden können.

Krumme Flächen. Es sei etwa die Aufgabe gestellt, ein Stück einer Kugeloberfläche auf die Zeichenebene abzubilden. Hier wird nun die Forderung der Geradentreue gegenstandslos, da es auf der Kugel keine Geraden gibt. Als wesentliche und einzige Forderung bleibt also übrig, daß sich die Maße auf der Kugeloberfläche bei der Abbildung möglichst wenig verzerren sollen. Leider ist es unmöglich, die Abbildung vollständig *längentreu* zu machen. Für diese Behauptung werden wir unten einen Beweis geben. Hingegen kennt man *winkeltreue* oder *flächentreue* Abbildungen; die erstgenannten haben die Eigenschaft, den Winkel, unter dem sich irgend zwei Kurven auf der Kugel schneiden, im Bild in derselben Größe wiederzugeben; bei den flächentreuen Abbildungen bleibt der Inhalt irgend eines Flächenstücks auf der Kugel bei der Abbildung erhalten.

Darstellende Geometrie im weiteren Sinn. Wie eingangs schon erwähnt wurde, untersucht die darstellende Geometrie außer der Abbildung einer räumlichen Figur auf die Zeichenebene auch allgemeinere Verwandtschaften zwischen Figuren. Sie verfolgt dabei den Zweck, eine gegebene Figur durch eine andere zu ersetzen, in welcher eine vorgelegte Konstruktionsaufgabe dann einfacher lösbar wird. So gibt es zum Beispiel Abbildungen, welche gewisse Kreise der Zeichenebene in Geraden derselben Ebene überführen. Eine Kreisaufgabe wird dann zu einer Aufgabe über Geraden, also einfacher.

Dieses Prinzip der *Transformation* geometrischer Figuren kann auch zur Herleitung neuer Sätze benutzt werden, indem aus einer bekannten Eigenschaft der alten Figur durch die Transformation eine Eigenschaft der neuen Figur entstehen kann, die bisher unbekannt war, oder die sich auf anderem Weg nur umständlich beweisen ließe.

Unmöglichkeit der längentreuen Abbildung eines Gebietes der Kugel auf eine Ebene. Unter der *sphärischen Entfernung* zweier Kugelpunkte verstehen wir die Länge des kürzesten Großkreisbogens, der die beiden Punkte verbindet. Die genaue Definition der längentreuen Abbildungen eines Gebietes G der Kugeloberfläche auf ein Gebiet G' der Zeichenebene fassen wir folgendermaßen:

a) Jedem Punkt P von G soll eindeutig ein Punkt P' von G' als Bildpunkt zugeordnet sein.

b) Dadurch entspreche auch umgekehrt jedem Punkt von G' eindeutig ein Punkt von G.

c) Die sphärische Entfernung zweier beliebiger Punkte P, Q von G sei gleich der Entfernung ihrer Bildpunkte P', Q' (im Sinne der ebenen Geometrie).

1. Hilfssatz: Bei einer solchen längentreuen Abbildung würden zwei senkrechte Geraden a', b' der Bildebene (deren Schnittpunkt in G' liegt) übergehen in zwei Großkreise a, b der Kugel, die sich wieder senkrecht schneiden.

Beweis: Man zeichne in G' ein Quadrat $A'B'C'D'$ und nehme für a', b' die beiden Diagonalen $a' = A'C'$ und $b' = B'D'$ des Quadrates. a' ist dann der geometrische Ort aller Punkte, die von B' und D' dieselbe Entfernung haben. Sind daher A, B, C, D die Originalpunkte auf der Kugel, so geht wegen der Längentreue a' über in den geometrischen Ort aller Kugelpunkte, die von B und D dieselbe sphärische Entfernung haben. Dies ist ein Großkreis a durch A und C. Analog geht b' über in einen Großkreis b durch B und D. Diese beiden Großkreise schneiden sich tatsächlich senkrecht (weil eben die Punkte von a dieselbe sphärische Entfernung von den beiden auf b gelegenen Punkten B, D haben).

2. Achten wir jetzt auf die Seiten des Quadrats, so ergibt sich aus dem Hilfssatz, daß das Quadrat übergehen müßte in ein von vier Großkreisbogen begrenztes Viereck auf der Kugel, das vier rechte Winkel hat. So etwas gibt es aber auf der Kugel nicht, denn die Winkelsumme in einem sphärischen Viereck ist immer größer als 360^0.

ERSTER TEIL

Elementare darstellende Geometrie

1. Abschnitt: Zugeordnete Normalprojektionen

Diese Methode soll zum Lösen räumlicher geometrischer Aufgaben verwendet werden, also zum Konstruieren an dreidimensionalen Gegenständen; sie eignet sich weniger zur anschaulichen Darstellung gegebener Objekte.

§ 1. Das Koordinatensystem

Ein räumliches Kartesisches Koordinatensystem besteht aus drei Achsen x, y, z, welche von einem *Nullpunkt* O auslaufen und senkrecht aufeinanderstehen, und aus drei auf diesen Achsen gelegenen *Einheitspunkten* X, Y, Z, deren

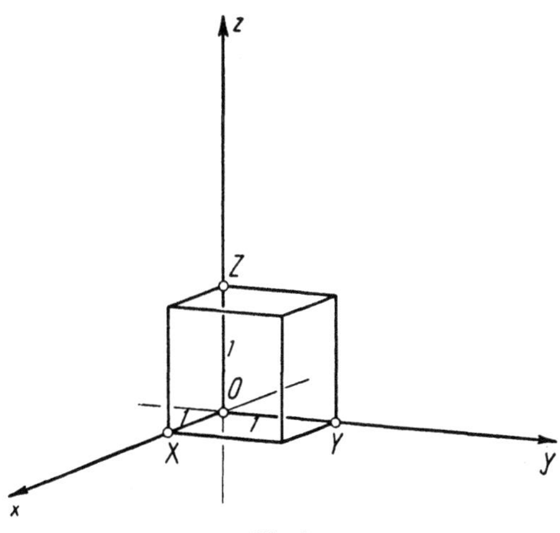

Fig. 1

Entfernung von O die Längeneinheit ist. In *Fig. 1* ist noch der Einheitswürfel dargestellt, der OX, OY, OZ als Kanten hat.

Gewöhnlich legt man das Koordinatensystem so in den Raum, daß die z-Achse vertikal verläuft; die drei Kanten eines Zimmers, welche in einer unteren Zimmerecke zusammenlaufen, ergeben also ein einfaches Modell eines Koordinatensystems. Die x, y-Ebene (das heißt die Ebene, welche durch die x- und durch die y-Achse aufgespannt wird) liegt dann horizontal und heißt *Grundrißebene*. Analog wird die y, z-Ebene als *Aufrißebene* und die z, x-Ebene als *Seitenrißebene* bezeichnet. Diese drei Ebenen heißen auch die *Koordinatenebenen*.

Ein Koordinatensystem nennt man *positiv orientiert*, wenn ein Mann, der sich an der z-Achse aufstellt (Füße in O, Kopf in Z, Front gegen X), «linksum» machen muß, um Y vor sich zu haben. Bei negativ orientierten Koordinatensystemen verlangt dieser Frontwechsel die Bewegung «rechtsum». Zwei gleichorientierte Koordinatensysteme mit derselben Längeneinheit können durch eine Bewegung zur Deckung gebracht werden, während zwei verschieden orientierte Systeme durch Bewegung nur so zueinander gelegt werden können, daß sie bezüglich einer Ebene spiegelbildlich sind. Wir verwenden nur positiv orientierte Koordinatensysteme.

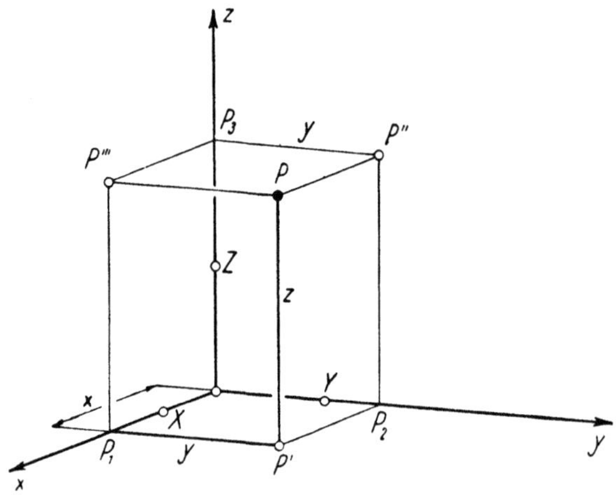

Fig. 2

In *Fig. 2* ist ein allgemeiner Punkt P des Raumes dargestellt; durch Ziehen von Parallelen zu den Achsen des Koordinatensystems entsteht der gezeichnete Quader; er heißt *Koordinatenquader* von P. Die mit der gegebenen Längeneinheit gemessenen Maßzahlen seiner Kanten nennt man die *Koordinaten* x, y, z von P; speziell ist x die Maßzahl der vier zur x-Achse parallelen Kanten (analog y, z). Die Koordinaten werden mit Vorzeichen versehen, und zwar wird zum Beispiel x positiv oder negativ gerechnet, je nachdem, ob P auf derselben Seite der y, z-Ebene liegt wie der Einheitspunkt X, oder nicht. Durch diese Festsetzung wird erreicht, daß ein Punkt durch seine drei Koordinaten eindeutig bestimmt ist. Durch Abmessen an Fig. 2 stellt man zum Beispiel fest

$$x = +2, \quad y = +1\tfrac{1}{2}, \quad z = +2$$

und schreibt kurz $P(2, 1\frac{1}{2}, 2)$. Soll umgekehrt ein Punkt P aus seinen Koordinaten konstruiert werden, so geht man am besten längs der x-Achse bis P_1, dann parallel zur y-Achse bis P' und endlich parallel zur z-Achse bis P.

x und y sind die Koordinaten von P' in der Grundrißebene im Sinne der ebenen analytischen Geometrie (x = *Abszisse*, y = *Ordinate*), und z ist die Höhe (*Kote*) von P über der Grundrißebene.

Die in den Koordinatenebenen gelegenen Punkte P', P'', P''' heißen die *Projektionen* von P, speziell

P' = *1. Projektion* von P = *Grundriß* von P;

P'' = *2. Projektion* von P = *Aufriß* von P;

P''' = *3. Projektion* von P = *Seitenriß* von P.

In der Tat entsteht ja zum Beispiel der Aufriß P'', indem P normal auf die Aufrißebene projiziert wird, das heißt, indem man durch P eine Normale zur Aufrißebene legt und diese dann mit der Aufrißebene durchstößt. Oder anders ausgedrückt: Der Aufriß eines Punktes oder Gegenstandes ist sein Schatten auf die Aufrißebene, wenn die Lichtstrahlen senkrecht zur Aufrißebene einfallen. Analoges gilt für den Grund- und den Seitenriß.

Da die drei Koordinatenebenen die Projektionen eines Gegenstands enthalten, nennt man sie auch die *Projektionsebenen*. Allgemein nennt man die beiden Normalprojektionen eines Gegenstands auf zwei zueinander senkrecht stehende Ebenen *zugeordnete Normalprojektionen* (zum Beispiel Grund- und Aufriß).

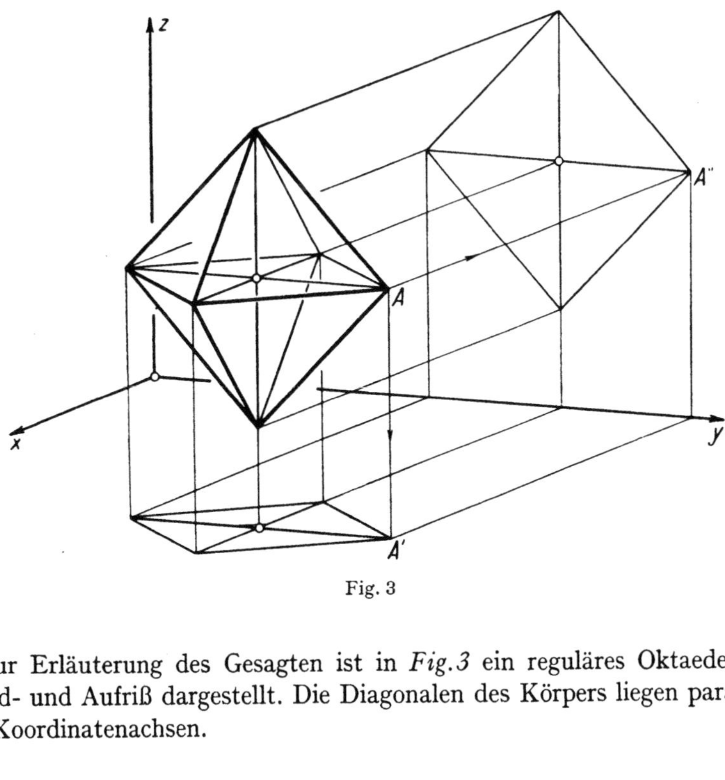

Fig. 3

Zur Erläuterung des Gesagten ist in *Fig. 3* ein reguläres Oktaeder samt Grund- und Aufriß dargestellt. Die Diagonalen des Körpers liegen parallel zu den Koordinatenachsen.

§ 2. Darstellung der Raumelemente (Punkt, Gerade, Ebene)

Das wichtigste Verfahren der darstellenden Geometrie besteht nun darin, daß man die drei Koordinatenebenen auseinandernimmt und nebeneinander in die Zeichenebene legt. So entsteht aus Fig. 2 die *Fig. 2a*. Dabei wurde die Anordnung so getroffen, daß die x-Achse der Grundrißebene und die z-Achse der

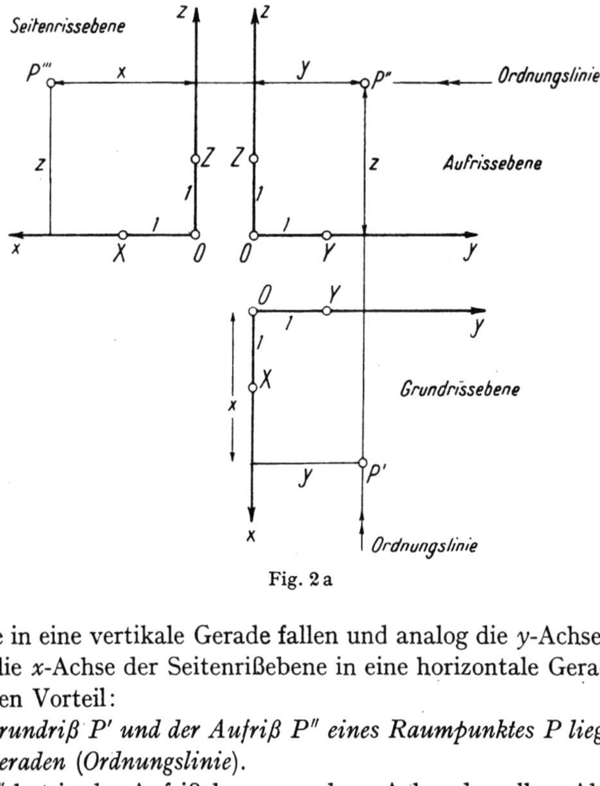

Fig. 2a

Aufrißebene in eine vertikale Gerade fallen und analog die y-Achse der Aufrißebene und die x-Achse der Seitenrißebene in eine horizontale Gerade. Dies hat den folgenden Vorteil:

1. *Der Grundriß P' und der Aufriß P'' eines Raumpunktes P liegen auf einer vertikalen Geraden* (*Ordnungslinie*).

Denn P'' hat in der Aufrißebene von der z-Achse denselben Abstand y wie P' in der Grundrißebene von der x-Achse. Ebenso liegen P'' und P''' auf einer horizontalen Ordnungslinie.

Bei komplizierteren Figuren wird man die Grundrißebene so weit nach unten schieben, daß Grund- und Aufriß nicht ineinander geraten.

In Fig. 2a können die Koordinaten x, y, z des Raumpunktes P abgelesen werden, sobald zwei seiner Projektionen (zum Beispiel P' und P'') gegeben sind; daher gilt

2. *Der Raumpunkt P ist durch zwei seiner Projektionen eindeutig bestimmt.* Meistens läßt man daher in Fig. 2a die Seitenrißebene weg und spricht dann vom *Grund- und Aufrißverfahren.* Ebensogut kann man aber im Auf- und Seitenriß konstruieren.

Fig. 4 zeigt als Übung im Grund- und Aufriß einen auf einer Ecke A stehenden Würfel. Der Grundriß wurde als reguläres Sechseck angenommen. Die Flächendiagonale CD liegt parallel zur Grundrißebene, und ihre Länge a kann daher im Grundriß von C' bis D' in wahrer Größe abgemessen werden; sie liefert die Länge $b = a\sqrt{3/2}$ der Körperdiagonalen, welche im Aufriß von A'' bis B'' abgetragen wurde. Die Punkte E'', F'' teilen $A''B''$ in drei gleiche Teile und ergeben so den Aufriß des Würfels.

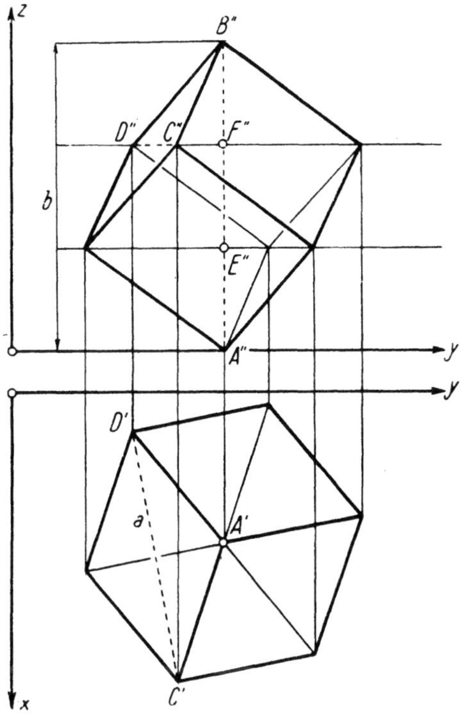

Fig. 4

Die Gerade. In *Fig. 5a* sind Grund- und Aufriß einer im Raum liegenden Geraden g aufgezeichnet. Wir wollen uns überlegen, ob durch g' und g'' die Raumgerade g selbst bestimmt ist. Zu diesem Zweck legen wir eine Ordnungslinie *1* und markieren ihre Schnittpunkte A', A'' mit g' und g''. Nun sind A', A'' die beiden Projektionen eines gemäß Satz 2 eindeutig bestimmten Raumpunktes A, der auf g liegt. Eine weitere Ordnungslinie *2* ergibt einen zweiten Punkt B, womit g als Verbindungsgerade AB festgelegt ist. Das Verfahren versagt nur dann, wenn beide Projektionen der Geraden vertikal liegen (Fig. 5a, Gerade h). Alle Punkte dieser Geraden h haben dieselbe Ordinate y, also ist die Raumgerade h parallel zur Seitenrißebene; sie heißt *dritte Hauptgerade.*

3. *Eine Gerade ist durch ihren Grund- und Aufriß bestimmt, falls sie nicht dritte Hauptgerade ist.*

Um die Lage von h festzulegen, kann man etwa in Fig. 5a den Seitenriß h''' hinzufügen. Dieses Beispiel gibt Anlaß zur folgenden grundsätzlichen Bemerkung:

4. *Versagt eine geometrische Konstruktion in einem bestimmten Spezialfall, so ist sie ungenau in allen Fällen, die sich diesem Spezialfall nähern.*

Man kann also zum Beispiel mit einer Geraden, deren erste und zweite Projektion *fast* vertikal verlaufen, im Grund- und Aufriß allein nicht genau arbeiten; es muß außerdem der Seitenriß gegeben sein.

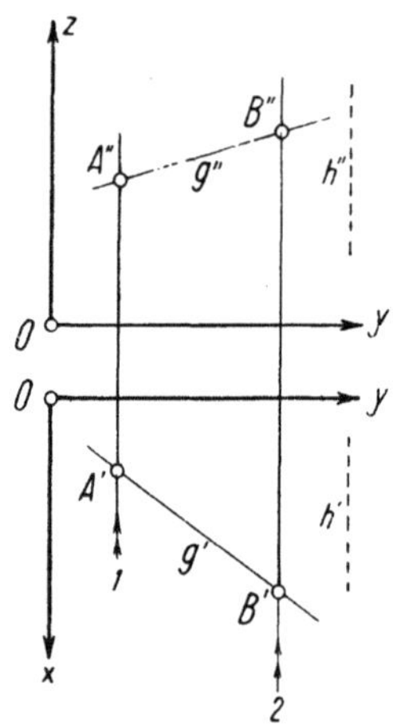

Fig. 5a

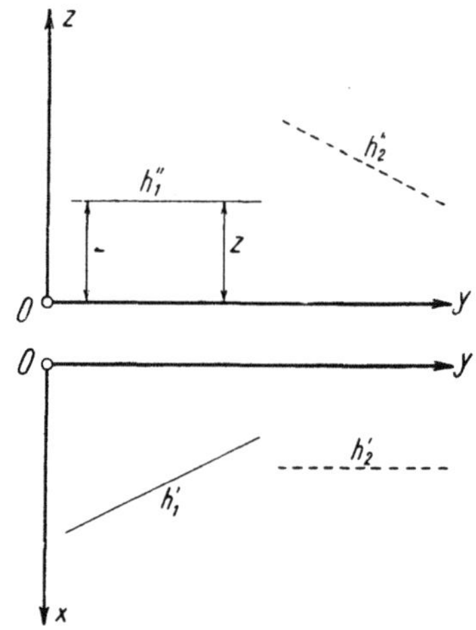

Fig. 5b

Wir benutzen die Gelegenheit, um dem Leser auch eine *erste Hauptgerade* h_1 (Parallele zur Grundrißebene) und eine *zweite Hauptgerade* h_2 (Parallele zur Aufrißebene) vorzustellen (*Fig. 5b*). Bei einer ersten Hauptgeraden zum Beispiel ist der Aufriß horizontal, der Grundriß aber beliebig.

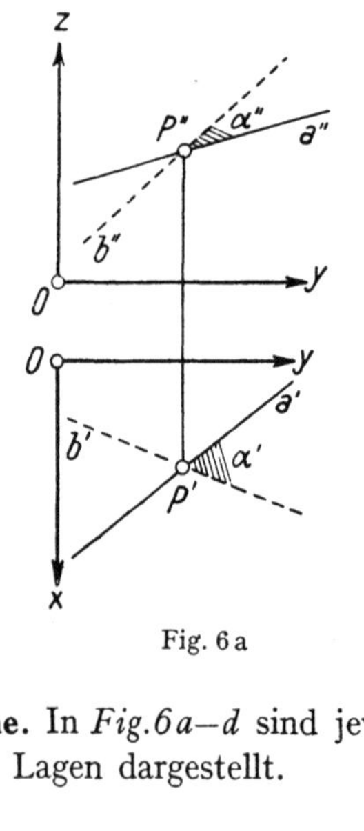

Fig. 6a

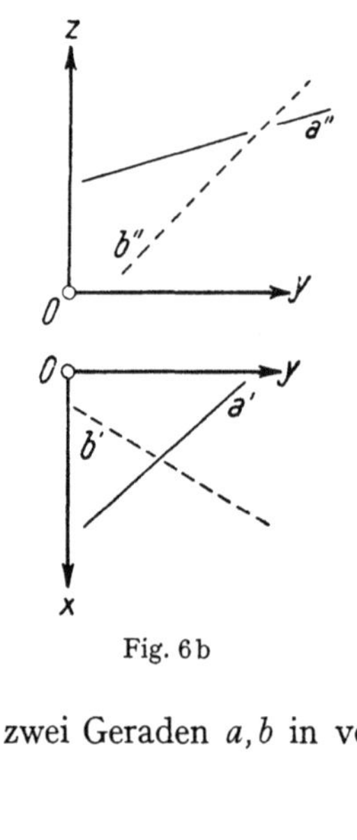

Fig. 6b

Die Ebene. In *Fig. 6a–d* sind jeweils zwei Geraden a, b in verschiedenen gegenseitigen Lagen dargestellt.

Fig. 6a: Sich schneidende Geraden. Schnittpunkt P. Zwei solche Geraden bestimmen eine Ebene α, und auf diese Weise werden wir eine Ebene immer darstellen.

5. *Eine Ebene wird durch zwei sich schneidende Geraden gegeben.*

Fig. 6b: Sich nicht schneidende Geraden (*«windschiefe» Geraden*). Der Schnittpunkt der beiden Aufrisse und der Schnittpunkt der beiden Grundrisse liegen nicht auf einer Ordnungslinie!

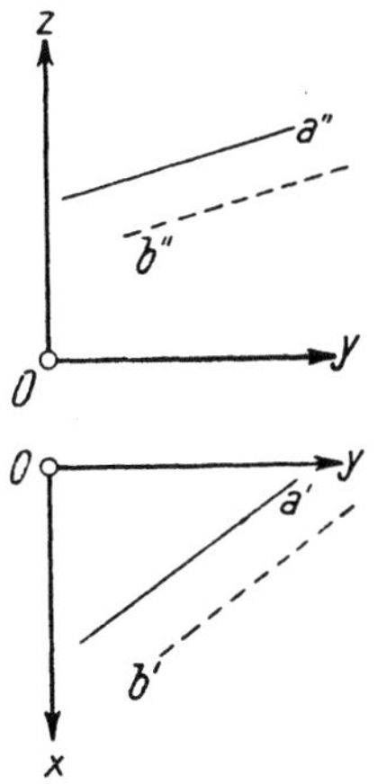

Fig. 6c

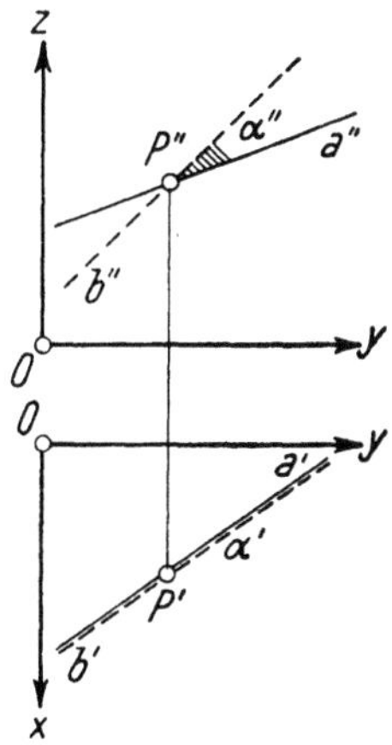

Fig. 6d

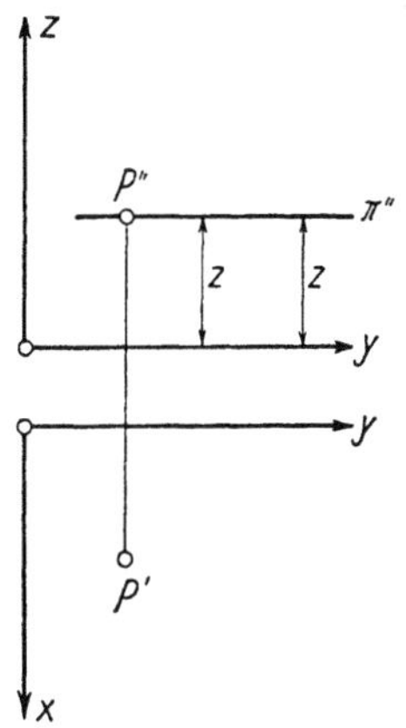

Fig. 7

Fig. 6c: Parallele Geraden bestimmen auch eine Ebene.

Fig. 6d: Erste *Deckgeraden.* (Die beiden Grundrisse fallen zusammen.) Die durch diese beiden Geraden aufgespannte Ebene α steht senkrecht zur Grundrißebene und heißt auch *erste projizierende Ebene.* (Denn sie ist parallel zur z-Achse, also parallel zur Projektionsrichtung, welche den Grundriß liefert.) Die Grundrisse aller Punkte von α liegen auf $a' = b'$, also ist $a' = b'$ der Grundriß α' von α. Da α durch diese Gerade α' eindeutig im Raum bestimmt ist, setzen wir fest:

5a. *Eine erste (zweite) projizierende Ebene wird durch ihre erste (zweite) Projektion gegeben; es ist dies eine Gerade.*

Die *Hauptebenen* (Parallelebenen zu den Koordinatenebenen) sind Spezialfälle von projizierenden Ebenen. Eine *erste Hauptebene* zum Beispiel ist zugleich zweite und dritte projizierende Ebene; sie wird gegeben durch ihren Aufriß = horizontale Gerade (*Fig. 7:* erste Hauptebene π und Punkt P in ihr).

Punkt und Gerade in der Ebene. Grundaufgabe 1. (*Fig. 8.*) Gegeben eine Ebene α, aufgespannt durch a und b, und der Grundriß g' einer in ihr liegenden Geraden. Gesucht der Aufriß g''.

Lösung: g schneidet die Geraden a und b in zwei Punkten A, B, deren Grundrisse A', B' bekannt sind. Mit Hilfe der Ordnungslinien findet man A'', B'' auf a'' bzw. b'' und damit g''. (Analog geht man natürlich vor, wenn der Aufriß der Geraden gegeben und der Grundriß gesucht ist.)

Spezialfall. (Fig. 8.) In der gegebenen Ebene α soll eine erste Hauptgerade h_1 konstruiert werden.

Lösung: h_1'' kann als beliebige Horizontale angenommen werden. h_1' findet man dann nach Grundaufgabe 1.

Alle ersten Hauptgeraden der Ebene α sind parallel, denn sie sind die Schnittgeraden von α mit den untereinander parallelen ersten Hauptebenen.

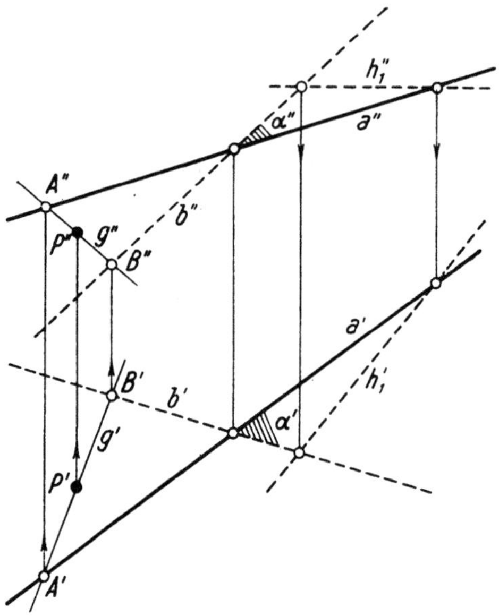

Fig. 8

Grundaufgabe 2. (Fig. 8.) Gegeben eine Ebene α und der Grundriß P' eines in ihr liegenden Punktes P. Gesucht der Aufriß P''.

Lösung: Man legt durch P eine Hilfsgerade g, welche der Ebene angehört. Grundriß g' wählbar, Aufriß g'' gemäß Grundaufgabe 1.

In Fig. 8 wurde das Koordinatensystem weggelassen, da es beim Konstruieren keine Rolle spielt, sondern nur zum Aufzeichnen der gegebenen Punkte und zum Abgreifen der Koordinaten der gesuchten Stücke benutzt werden muß.

§ 3. Lageaufgaben

Der folgenden Behandlung der Grundaufgaben der Lage schicken wir zwei Bemerkungen voraus. Der Anfänger beklagt sich oft beim Betrachten von Grund- und Aufrißzeichnungen (zum Beispiel Fig. 8) darüber, daß er sich die Konfiguration nicht mehr im Raum vorstellen kann; er hält sich dann infolge mangelnder Vorstellungskraft für ungeeignet, die darstellende Geometrie zu erlernen. Darauf ist zu antworten, daß der Vorteil des Grund- und Aufrißverfahrens gerade darin besteht, daß man konstruieren kann, ohne bei jedem Schritt die Raumvorstellung zu Hilfe nehmen zu müssen.

Zweitens sei folgende wichtige und fast selbstverständliche Konstruktionsregel hervorgehoben:

6. *Jeder Konstruktionsschritt in einer Projektion (zum Beispiel im Grundriß) muß sofort auch in der anderen Projektion (Aufriß) ausgeführt werden.*

Denn nur durch beide Projektionen ist die räumliche Konfiguration festgelegt und damit das Fundament für die folgenden Konstruktionsschritte vorhanden.

Die Raumelemente (Punkte, Geraden, Ebenen) kann man miteinander schneiden und verbinden. Alle derartigen Aufgaben heißen *Lageaufgaben*, zum Unterschied von den *metrischen Aufgaben*, welche das Messen voraussetzen, also mit Längen und Winkeln zu tun haben. Diese Einteilung der Grundaufgaben in zwei Klassen ist fundamental, indem die Probleme derselben Klasse auch mit gleichartigen Hilfsmitteln gelöst werden.

Zwei Raumelemente ergeben so durch die Prozesse des Schneidens und Verbindens ein neues Raumelement gemäß folgender Tabelle:

	Punkt	Gerade	Ebene
Punkt	Verbindungsgerade	Verbindungsebene	
Gerade		(Schnittpunkt aufgespannte Ebene)	Durchstoßpunkt
Ebene			Schnittgerade

Bemerkung: Zwei Geraden ergeben nur dann ein neues Raumelement, wenn sie nicht windschief sind; dann bestimmen sie aber im allgemeinen gleich zwei Raumelemente, nämlich ihren Schnittpunkt und die von ihnen aufgespannte Ebene. Es kann der Grenzfall der parallelen Geraden eintreten; diese bestimmen wohl eine Ebene, aber keinen (endlichen) Schnittpunkt.

Wir lösen nun obige Aufgaben im Grund- und Aufrißverfahren.

Grundaufgabe 3. *Verbindungsgerade* von zwei Punkten. Ist in § 2 enthalten.

Grundaufgabe 4. *Verbindungsebene* eines Punktes P und einer Geraden a. Man wähle auf a einen Hilfspunkt A. Die Ebene wird dann aufgespannt durch a und die Gerade AP.

Grundaufgabe 5. *Schnittpunkt* und *aufgespannte Ebene* zweier Geraden. Ist bereits in § 2 enthalten.

Grundaufgabe 6. *Durchstoßpunkt* einer Geraden g mit einer Ebene α (*Fig. 9*). Man konstruiert die erste Deckgerade d von g, welche in der Ebene α liegt (Grundriß $d' = g'$, Aufriß d'' dann gemäß Grundaufgabe 1). Der Schnittpunkt von g und d ist der gesuchte Durchstoßpunkt D. Ebensogut könnte man natürlich die zweite Deckgerade verwenden.

Grundaufgabe 7. *Schnittgerade* von zwei Ebenen α und β. Wir behandeln zunächst einen häufig auftretenden *Spezialfall*. Er besteht darin, daß von vornherein ein gemeinsamer Punkt P der beiden Ebenen bekannt sein soll, etwa indem die vier Geraden, welche α und β aufspannen, von P auslaufen.

Methode der Spuren. Man legt eine Hilfsebene π und bestimmt die Schnittgeraden a, b von α, β mit π, welche auch die *Spuren* von α, β in der Ebene π

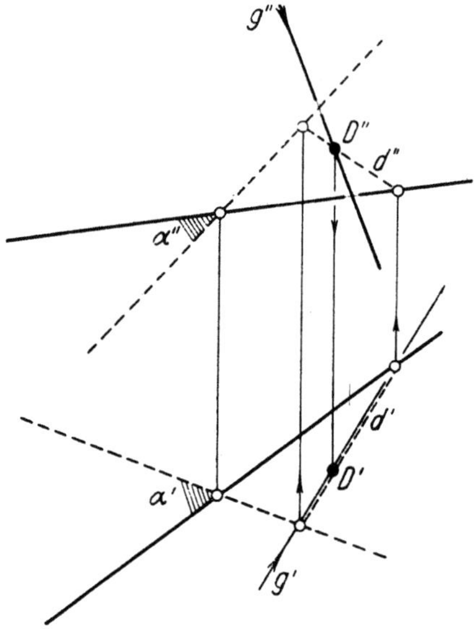

Fig. 9

heißen. Dies gelingt ohne weiteres, wenn π eine (erste oder zweite) projizierende Ebene ist. Der Schnittpunkt Q der beiden Spuren a, b ist ein zweiter Punkt der

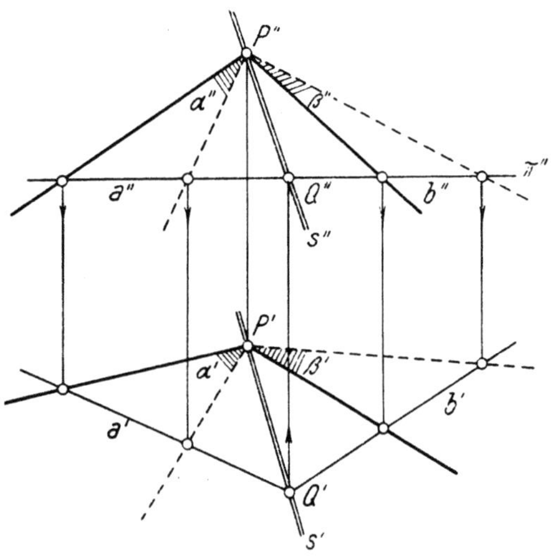

Fig. 10

gesuchten Schnittgeraden s. In *Fig. 10* wurde π speziell als erste Hauptebene angenommen und durch den Aufriß π'' gegeben. Die Aufrisse a'', b'' fallen in π'', die Grundrisse findet man nach Grundaufgabe 1.

Im *allgemeinen Fall* kann man nun diese Methode der Spuren zweimal anwenden, indem man noch eine zweite Hilfsebene wählt.

Bei manchen Aufgaben ist es zweckmäßig, das Problem «Schnittgerade» durch das Problem «Durchstoßpunkt» zu ersetzen und umgekehrt:

Schnittgerade zurückgeführt auf Durchstoßpunkt. Um zwei Ebenen miteinander zu schneiden, wähle man in der einen eine Gerade und durchstoße diese mit der anderen. Der Durchstoßpunkt ist ein erster Punkt der gesuchten Schnitt-

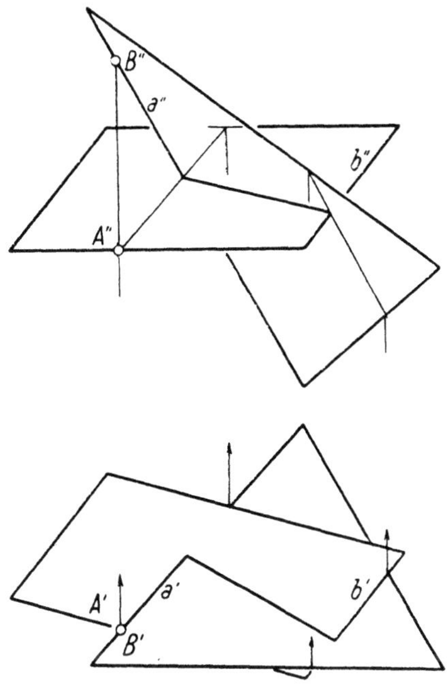

Fig. 11

geraden; Wiederholung des Verfahrens liefert einen zweiten Punkt. Als Beispiel wurde in *Fig. 11* die Verschneidung eines Parallelogramms mit einem Dreieck konstruiert. Es wurde die Gerade *a* mit der Parallelogrammebene und die Gerade *b* mit der Dreiecksebene durchstoßen. Die *Sichtbarkeit* wird mit Hilfe der Überkreuzungsstellen entschieden. Zum Beispiel fällt im Grundriß der Parallelogrammpunkt *A* mit dem Dreieckspunkt *B* zusammen. Der Aufriß zeigt, daß *B* höher liegt als *A*, also verschwindet an dieser Stelle im Grundriß die Parallelogrammkante unter der Dreieckskante.

Durchstoßpunkt zurückgeführt auf Schnittgerade. Um eine Gerade *g* mit einer Ebene α zu durchstoßen, lege man beliebig eine Hilfsebene β durch *g* und bestimme die Schnittgerade von α und β. Ihr Schnittpunkt mit *g* ist der gesuchte Durchstoßpunkt. In *Fig. 12* haben wir nach diesem Verfahren die Durchstoßpunkte einer Geraden *g* mit einer Pyramide ermittelt. Um zum Beispiel den Durchstoßpunkt von *g* durch die Seitenebene α zu konstruieren, soll nach dem eben Gesagten eine Hilfsebene β durch g gelegt werden. Wir benutzen die vorhandene Freiheit, indem wir β speziell durch die Pyramidenspitze S legen. (Grundaufgabe 4: β = Verbindungsebene von S und g. Der Hilfspunkt P wurde speziell in derselben Höhe wie S gewählt.) Diese Wahl von β hat den Vorteil, daß S bereits gemeinsamer Punkt von α und β ist, so daß wir zur Konstruktion der Schnittgeraden s von α und β die Methode der Spuren anwenden können. Es werden also die Spuren von α und β in der ersten Hauptebene π (= Standebene der Pyramide) ermittelt. (Die Spur b von β verläuft als erste Hauptgerade

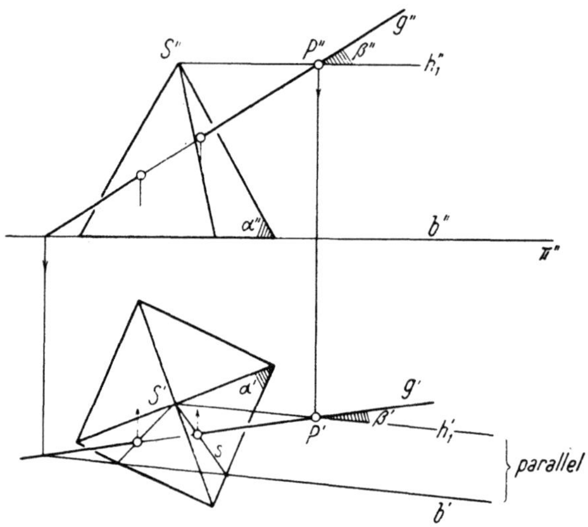

Fig. 12

parallel zu der schon vorhandenen Hauptgeraden h_1.) Der Schnittpunkt der beiden Spuren ergibt einen weiteren Punkt der Schnittgeraden s, welche aus g den gesuchten Durchstoßpunkt schneidet.

Parallelenprobleme. Die folgenden Aufgaben, in denen der Begriff «parallel» vorkommt, rechnen wir ebenfalls zu den Lageaufgaben.

Aufgabe 3'. Durch einen Punkt die Parallele zu einer gegebenen Geraden zu legen.

Aufgabe 4'. Durch einen Punkt P die Parallelebene zu einer gegebenen Ebene α (aufgespannt durch a und b) zu legen.

Lösung: Die Parallelen zu a und b durch P spannen die gesuchte Ebene auf.

Aufgabe 4''. Durch eine Gerade a die Parallelebene zu einer gegebenen Geraden b zu legen.

Lösung: Hilfspunkt A auf a wählen und durch A die Parallele zu b legen; diese spannt mit a zusammen die gesuchte Ebene auf.

Diese Aufgaben können als Grenzfälle der früher behandelten Grundaufgaben 3 und 4 angesehen werden. Wir zeigen dies etwa für 4''. Man denke sich auf b einen laufenden Punkt P gewählt und die Verbindungsebene von a mit P konstruiert. Strebt nun P auf b ins Unendliche, so geht diese Verbindungsebene in die verlangte Parallelebene über. Bei Aufgabe 4' hätte man analog in α eine laufende Gerade zu betrachten, welche unendlich fern wird. Wir merken uns:

7. *Probleme, in welchen der Begriff «parallel» vorkommt, sind als Grenzfälle zu behandeln.*

Dies gilt auch dann, wenn zwar das Wort «parallel» nicht auftritt, aber der Begriff «parallel» trotzdem versteckt vorkommt. So gewöhne man sich zum Beispiel daran, *Prisma* und *Zylinder* immer als *Pyramide* bzw. *Kegel* mit unendlich ferner Spitze anzusehen.

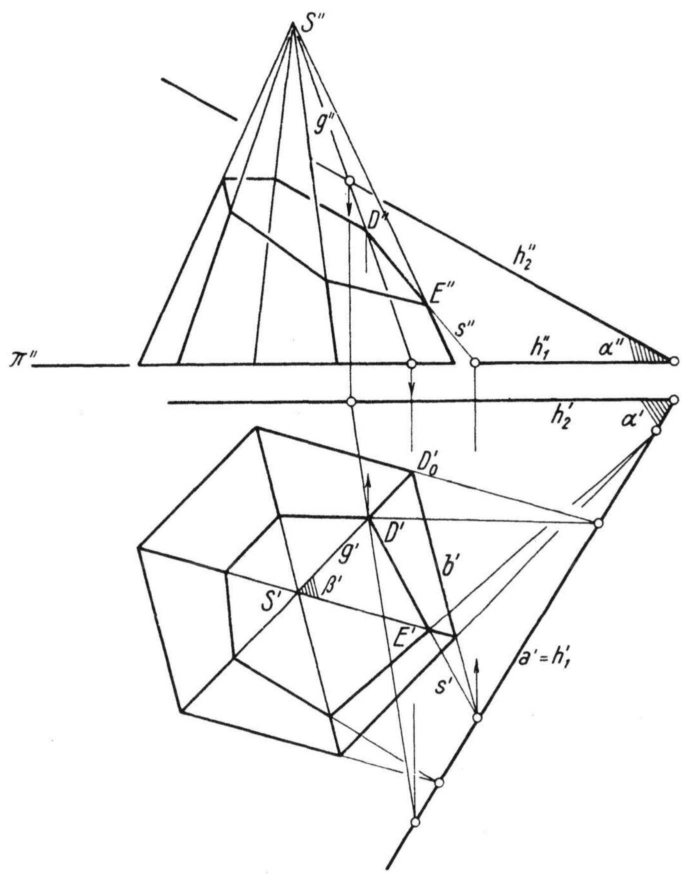

Fig. 13

Anwendungen. Die Lageaufgaben treten auf bei Verschneidungen von Polyedern und bei Schattenaufgaben. In *Fig. 13* wurde eine reguläre 6-seitige Pyramide mit einer Ebene α geschnitten. (α ist durch eine erste und eine zweite Hauptgerade aufgespannt.) Zunächst wurde mit Hilfe einer zweiten Deckgeraden die Pyramidenkante g mit α durchstoßen, was eine erste Ecke D des Schnitt-Sechsecks ergibt. Sodann hat man α mit der anliegenden Pyramidenseite β geschnitten.

Da D bereits Punkt der Schnittgeraden ist, kann die Methode der Spuren angewendet werden: Die Spuren a, b von α, β in der Grundflächenebene π schneiden sich in einem weiteren Punkt der gesuchten Schnittgeraden s, welche dann eine zweite Ecke E des Schnitt-Sechsecks liefert. Mit Hilfe von E bestimmt man dann analog wie bei D die folgende Seite der Schnittfigur usw.

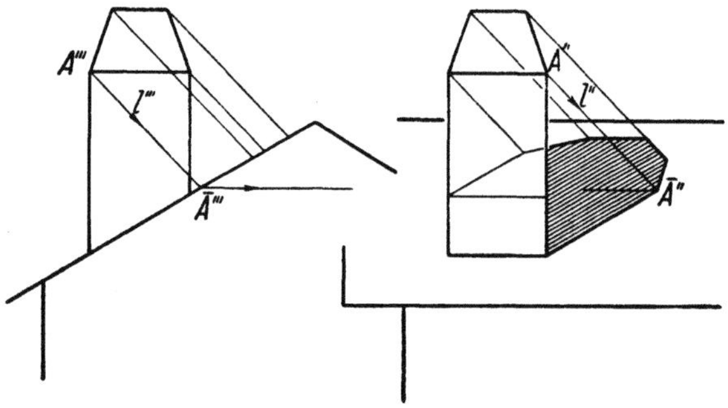

Fig. 14

Fig. 14 zeigt den Schatten eines Schornsteins auf eine Dachfläche (= dritte projizierende Ebene). Konstruiert wurde im Auf- und Seitenriß. Gewählt wurde die sogenannte 45°-Beleuchtung oder *konventionelle Beleuchtung*, das heißt, die Lichtstrahlen sind untereinander parallel und fallen in beiden Projektionen unter 45° ein. Um den Schatten $\bar{A}$ von A zu finden, muß der Lichtstrahl l mit der Dachfläche durchstoßen werden.

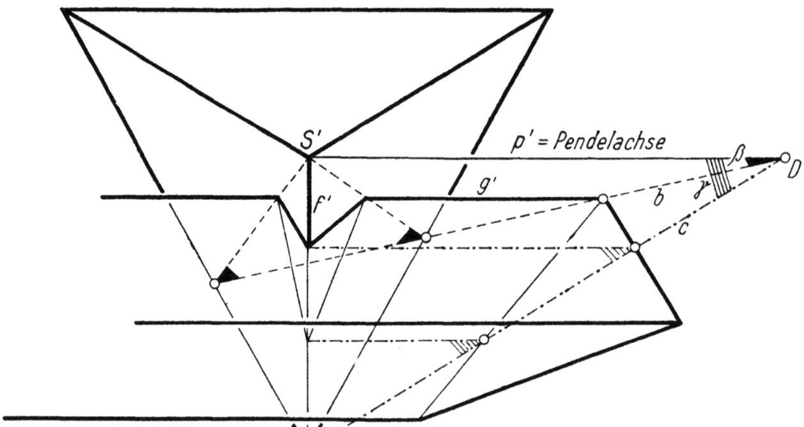

Fig. 15

Fig. 15: Durchdringung einer regulären dreiseitigen Pyramide mit einem dreiseitigen Prisma. Beide Grundflächen liegen in der Grundrißebene, und die Konstruktionen wurden im Grundriß allein ausgeführt. Es muß zum Beispiel die Prismenkante g mit der Pyramide durchstoßen werden. Dies geschah nach der Methode der Fig. 12, indem durch g und die Pyramidenspitze S eine Hilfsebene β gelegt wurde. β kann aufgespannt werden durch g und die Parallele p durch S

zu den Prismenkanten; der Durchstoßpunkt D von p mit der Grundrißebene wurde in Fig. 15 willkürlich angenommen. Die Spur b von β in der Grundrißebene liefert nach dem Muster von Fig. 12 die gesuchten Durchstoßpunkte.

Um umgekehrt die Durchstoßpunkte einer Pyramidenkante f mit dem Prisma zu finden, wurde dasselbe Verfahren angewendet, das heißt ei· e Hilfsebene γ durch f und die (unendlich ferne) Prismenspitze gelegt. γ läuft also durch f parallel zu den Prismenkanten und kann aufgespannt werden durch f und die oben benutzte Parallele p. γ schneidet aus dem Prisma zwei Mantellinien (= Parallele zu den Kanten), deren Schnittpunkte mit f wieder die verlangten Durchstoßpunkte sind.

Da alle Hilfsebenen $\beta, \gamma \ldots$ durch p gehen, also um p als Achse pendeln, spricht man vom *Pendelebenenverfahren* und nennt p die *Pendelachse*. Summarisch ausgedrückt, besteht somit unser Konstruktionsverfahren darin, daß man die Pendelachse p durch die Spitze der Pyramide und parallel zu den Prismenkanten zieht und dann Pendelebenen durch p und die Kanten des einen Körpers legt; diese schneiden aus dem anderen Körper Mantellinien.

Übungen, stereometrische Lösung. Die folgenden Probleme führen nur auf Lageaufgaben. Bevor man mit der Zeichnung beginnt, hat man sich die *stereometrische Lösung* zu überlegen. Diese besteht darin, daß man die vorgelegte Aufgabe in Gedanken in die einzelnen oben behandelten Grundaufgaben zerlegt. Diese Arbeit beruht auf der Raumvorstellung; die darstellende Geometrie kann dabei nicht helfen.

1) Durch drei gegebene Punkte die Ebene zu legen.

2) Gegeben zwei windschiefe Geraden a, b und eine Richtung l. Man konstruiere eine Parallele zu l, welche a und b schneidet (auch «gemeinsame Transversale» von a und b parallel zu l genannt). Stereometrische Lösung: Ebene α durch a parallel zu l, Durchstoßpunkt D von α und b. Gesuchte Gerade geht durch D parallel zu l.

3) Gegeben drei windschiefe Geraden. Man konstruiere ein Parallelepiped (Körper, begrenzt von 6 Parallelogrammen), von dem drei Kanten auf diesen Geraden liegen.

4) Gegeben ein Parallelepiped und eine Richtung l. Unter Beibehaltung einer Seitenfläche verwandle man den Körper in ein volumengleiches Parallelepiped, welches Kanten parallel zu l besitzt.

5) Gegeben eine vierseitige Pyramide. Gesucht eine Ebene, welche aus ihr ein Parallelogramm schneidet. Darstellung des Schnittes.

6) Schnitt eines Prismas mit einer Ebene.

7) Durchdringung einer Pyramide (Grundfläche in der Grundrißebene) mit einer zweiten Pyramide, deren Grundfläche in der Seitenrißebene liegt. Zur Lösung: Pendelachse = Verbindungsgerade der beiden Spitzen.

§ 4. Metrische Aufgaben

Grundaufgabe 8. *Eindimensionale Probleme.* Darunter verstehen wir das Messen auf einer Geraden g, welche allgemein im Raum liegt. Beispiel: Bestimmung der wahren Länge einer durch ihre Endpunkte gegebenen Strecke, oder Abtragen einer gegebenen Länge auf einer gegebenen Geraden g. Diese Aufgaben werden mit Hilfe des *Profildreiecks* gelöst. In *Fig. 16a* ist anschaulich im Koordinatensystem x, y, z eine Gerade g dargestellt, auf welcher zwei Punkte A, B gewählt wurden. Das schraffierte Profildreieck ist bei H rechtwinklig; wir merken uns von ihm die folgenden Eigenschaften:

1) Die horizontale Kathete AH ist gleich dem Grundriß $A'B'$ der Strecke AB.

2) Die vertikale Kathete HB ist gleich der Differenz Δz der z-Koordinaten von A und B.

3) Die Hypotenuse ist gleich der wahren Länge der Strecke AB.

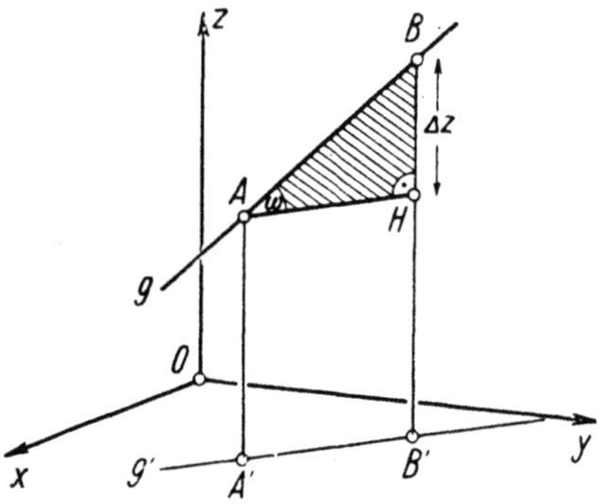

Fig. 16a

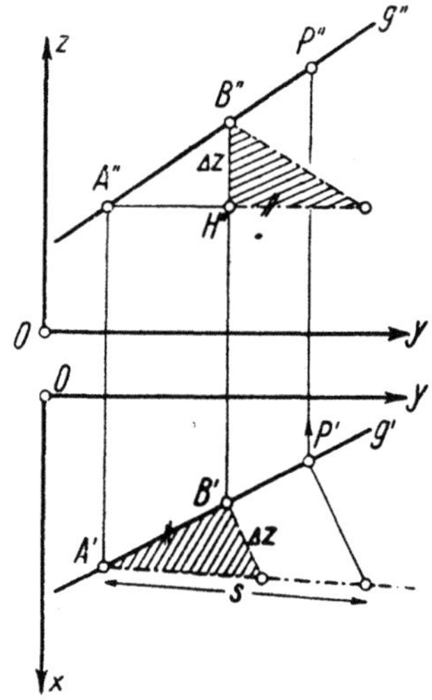

Fig. 16b

In *Fig. 16b* soll nun die wahre Länge einer im Grund- und Aufriß gegebenen Strecke AB ermittelt werden. Man konstruiert sich zu diesem Zweck irgendwo das Profildreieck in wahrer Größe aus seinen Katheten, indem man $A'B'$ im Grundriß und Δz im Aufriß abmißt. Die Hypotenuse ist dann die gesuchte wahre Länge. Fig. 16b zeigt zwei bequeme Ausführungen dieser Idee: Ein erstes Mal wurde das Profildreieck an $A'B'$ und ein zweites Mal an $H''B''$ angehängt. Außerdem wurde in der Figur noch eine gegebene Länge s von A aus auf g abgetragen (Endpunkt P).

Wir müssen hier noch den Leser vor einer Ungeschicklichkeit bewahren: Um zum Beispiel den Mittelpunkt einer im Raum liegenden Strecke zu finden, braucht man das Profildreieck nicht, sondern man kann einfach die Mitte im Grundriß und im Aufriß nehmen. Allgemeiner:

8. *Das Teilverhältnis von drei Punkten einer Geraden ist gleich dem Teilverhältnis ihrer Grundrisse.* Dasselbe gilt natürlich für Auf- oder Seitenriß.

Grundaufgabe 9. *Zweidimensionale Probleme.* Es handelt sich um das Messen in einer Ebene α, welche allgemein im Raum liegt. Beispiele: Wahre Größe eines Winkels, Konstruktion einer Winkelhalbierenden, Abstand eines Punktes von einer Geraden, wahre Größe eines Dreiecks. Diese Aufgaben werden gelöst, indem man die Ebene α um eine ihrer ersten Hauptgeraden h_1 als Achse dreht, bis sie parallel zur Grundrißebene wird. (« *Umklappen* » von α.) Nach der Drehung erscheinen dann alle Figuren der Ebene im Grundriß in wahrer Größe. Ebensogut kann man aber α um eine zweite bzw. dritte Hauptgerade drehen und parallel zur Aufriß- bzw. Seitenrißebene machen. Zur konstruktiven Durchführung brauchen wir folgenden Hilfssatz:

9. *Wenn zwei Geraden a und b im Raum zueinander senkrecht sind und die eine Gerade (etwa a) eine erste Hauptgerade ist, so stehen auch die Grundrisse a', b' senkrecht aufeinander.*

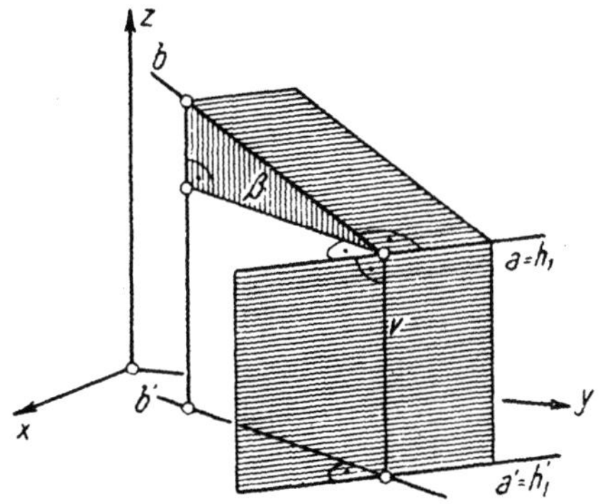

Fig. 17

Beweis: Falls a und b windschief sind, verschieben wir diese Geraden zunächst parallel, bis sie sich schneiden. Dabei verschieben sich die Grundrisse

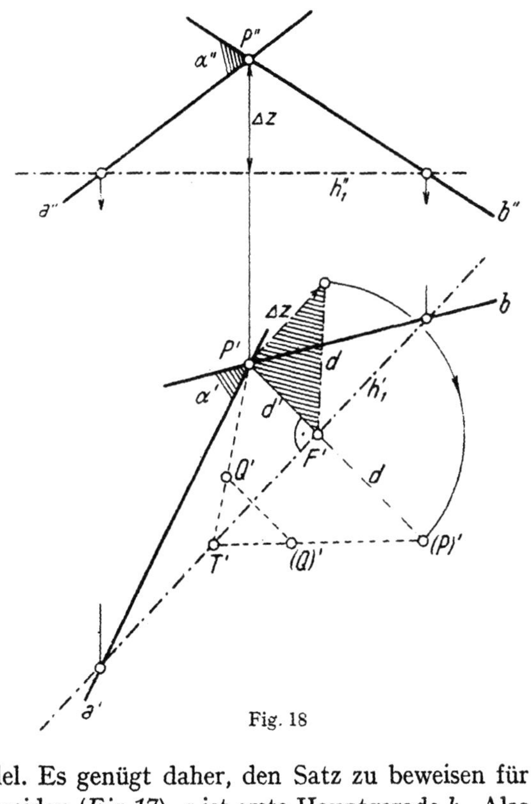

Fig. 18

ebenfalls parallel. Es genügt daher, den Satz zu beweisen für zwei Geraden, welche sich schneiden (*Fig. 17*). a ist erste Hauptgerade h_1. Also ist a senkrecht zur Vertikalen v. Aus $a \perp b$ und $a \perp v$ folgt, daß a normal steht zu der von b und v aufgespannten Ebene β. Diese Ebene enthält als erste projizierende Ebene den Grundriß b', also ist $a \perp b'$. Da a' parallel zu a ist, folgt endlich $a' \perp b'$.

In *Fig. 18* soll nun eine Ebene α (aufgespannt durch a und b) umgeklappt werden. Zunächst wurde die Drehachse h_1 als beliebige erste Hauptgerade der

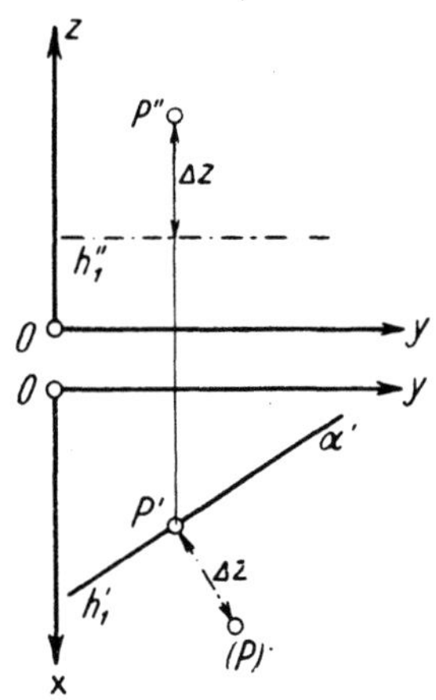

Fig. 19a

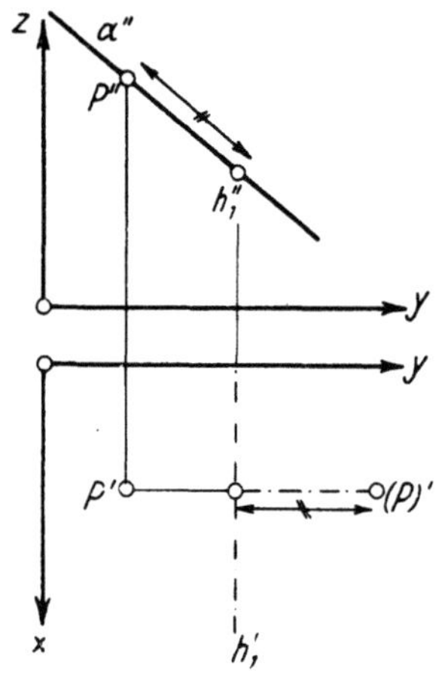

Fig. 19b

Ebene konstruiert (Grundaufgabe 1). Um nun P umzuklappen, wurde das Lot PF von P auf die Drehachse h_1 gefällt, was nach obigem Hilfssatz 9 geschieht, indem man im Grundriß das Lot von P' auf h_1' zieht. Die wahre Länge d des Lotes wurde mit Hilfe des schraffierten Profildreiecks gefunden. Die gedrehte Lage (P) von P wird nun erhalten, indem man d von F aus senkrecht zur Drehachse in wahrer Länge abträgt.

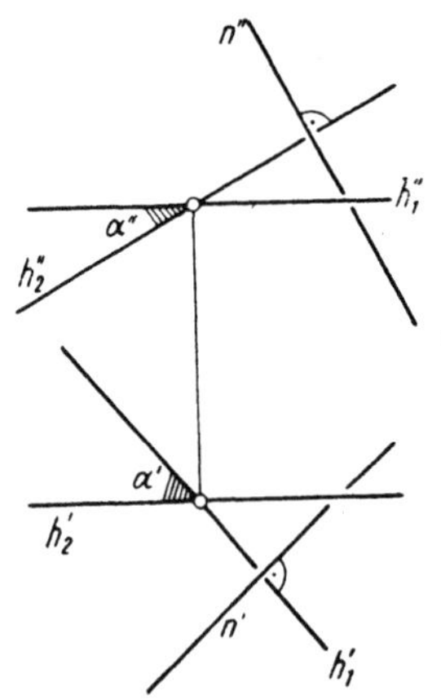

Fig. 20

Soll ein zweiter Punkt Q der Ebene umgeklappt werden, so braucht man die Konstruktion nicht zu wiederholen. Man zieht statt dessen die Verbindungsgerade PQ und beachtet, daß ihr Schnittpunkt T mit der Achse bei der Drehung fest bleibt. Daher liegt (Q) auf $T(P)$. Diese Konstruktion versagt nur, wenn α eine erste projizierende Ebene ist. *Fig. 19a* zeigt die Umklappung einer solchen ersten projizierenden Ebene und *Fig. 19b* die Umklappung einer zweiten projizierenden Ebene.

Grundaufgabe 10. *Normalenproblem.* Zu einer gegebenen Ebene α soll eine Normale n konstruiert werden. Dies ist das einzige dreidimensionale Problem, welches als metrische Grundaufgabe auftritt. In *Fig. 20* wurde α durch eine erste und eine zweite Hauptgerade aufgespannt. (Falls α zunächst durch zwei beliebige Geraden gegeben ist, greife man eben nach Grundaufgabe 1 eine erste und eine zweite Hauptgerade heraus.) Jede Normale n steht senkrecht zu h_1, also ist gemäß Hilfssatz 9 auch $n' \perp h_1'$. Analog gilt $n'' \perp h_2''$.

Fig. 20 enthält natürlich auch umgekehrt die Konstruktion einer Normalebene α zu einer gegebenen Geraden n.

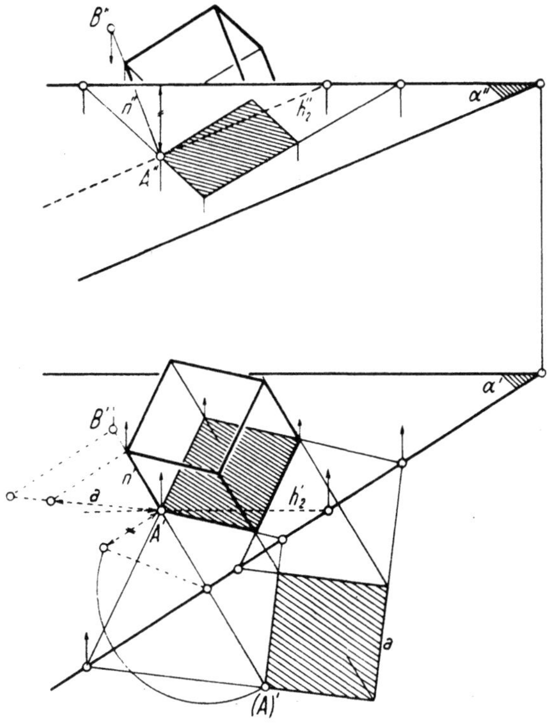

Fig. 21

Fig. 21 zeigt als Anwendung der drei metrischen Grundaufgaben die Konstruktion eines Würfels, der auf einer durch ihre Hauptgeraden gegebenen Ebene α steht. Lösung: Konstruktion eines Punktes A in α (A' gewählt, A'' mit Hilfe der zweiten Hauptgeraden h_2). Umklappung von α und damit (A). Wahl eines Quadrates in der Umklappung mit einer Ecke in (A). Zurückklappen des Quadrats ergibt den Grundriß der Grundfläche des Würfels. Aufriß derselben nach Grundaufgabe 1. Normale n in A zu α und Wahl eines Punktes B auf ihr. Mit Hilfe des Profildreiecks von AB Abtragen der Quadratseite a auf n.

Abstände und Winkel. Zwei Raumelemente bestimmen eine metrische Größe gemäß folgender Tabelle:

	Punkt	Gerade	Ebene
Punkt	Strecke	Abstand Punkt–Gerade	Abstand Punkt–Ebene
Gerade		Winkel, kürzester Abstand	Neigungswinkel
Ebene			Schnittwinkel

Wir formulieren noch die stereometrische Lösung dieser Aufgaben.

a) Strecke. Eindimensionales Problem, Profildreieck!

b) Abstand Punkt–Gerade. Ebene α durch den gegebenen Punkt P und die gegebene Gerade g legen; damit zweidimensionales Problem, also α umklappen. Oder Normalebene ω durch P zu g, Durchstoßpunkt D von g und ω, wahre Länge PD.

c) Abstand Punkt–Ebene. Normale n zur gegebenen Ebene α durch den gegebenen Punkt P, Durchstoßpunkt D von n und α, wahre Länge PD.

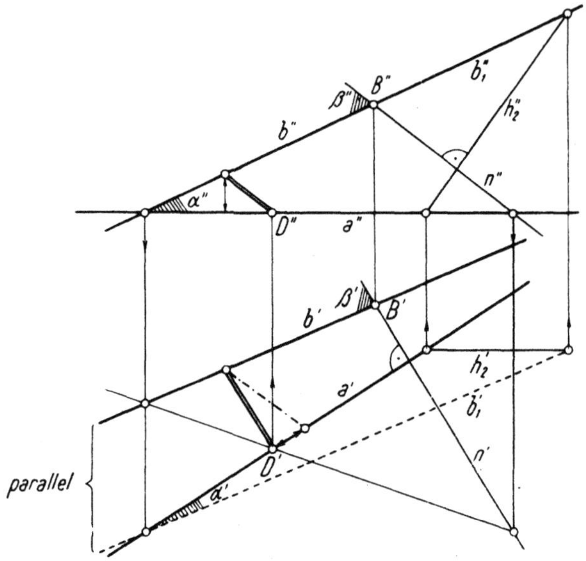

Fig. 22

d) Winkel zweier Geraden a, b. Durch einen beliebigen Punkt P die Parallelen a_0, b_0 zu a, b legen. Ebene α, aufgespannt durch a_0, b_0 umklappen und den Winkel messen. Hier notieren wir noch das Prinzip:

10. *Zur Lösung von Aufgaben, bei welchen nur die Richtungen oder Zwischenwinkel von Geraden eine Rolle spielen, verschiebe man alle Geraden (auch die gesuchten!) parallel an einen fest gewählten Raumpunkt.*

e) Kürzester Abstand von zwei windschiefen Geraden a, b. Parallelebene α durch a zu b, Normale n zu α durch einen Punkt B von b; Ebene β, aufgespannt durch b, n, mit a in D durchstoßen. Parallele zu n durch D ergibt Lage des kürzesten Abstands. (Durchführung in *Fig. 22*, a wurde als erste Hauptgerade angenommen.)

f) Neigungswinkel einer Geraden g zu einer Ebene α. Hier merken wir uns folgendes Grundprinzip:

11. *Bei Winkelaufgaben ersetze man eine Ebene durch ihre Normale.* Sei also n irgendeine Normale zu α. Der Winkel zwischen n und g (Aufgabe d)) ist das Komplement des gesuchten Neigungswinkels.

g) Schnittwinkel zweier Ebenen. Nach demselben Grundprinzip ermitteln wir statt dessen den Winkel zwischen den Normalen zu beiden Ebenen.

Zylinder, Kegel, Kugel. Diese Flächen treten gelegentlich bei Aufgaben als *geometrische Örter* auf. Es sollen daher noch einige Konstruktionen an diesen Flächen entwickelt werden, wobei allerdings der Zylinder nicht gesondert behandelt wird. Er ist stets als Kegel mit unendlich ferner Spitze aufzufassen (vgl. § 3, Parallelenprobleme).

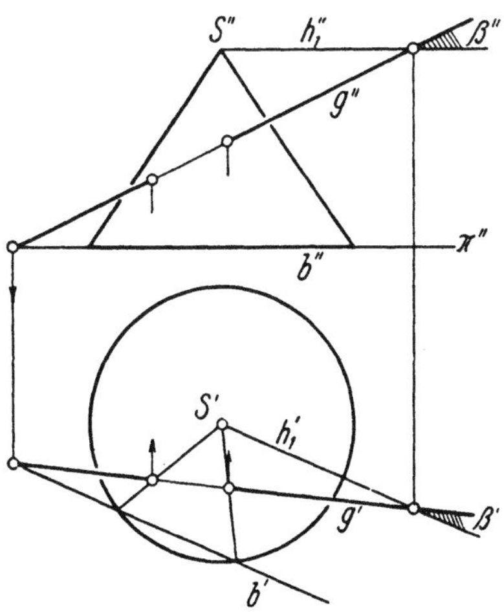

Fig. 23

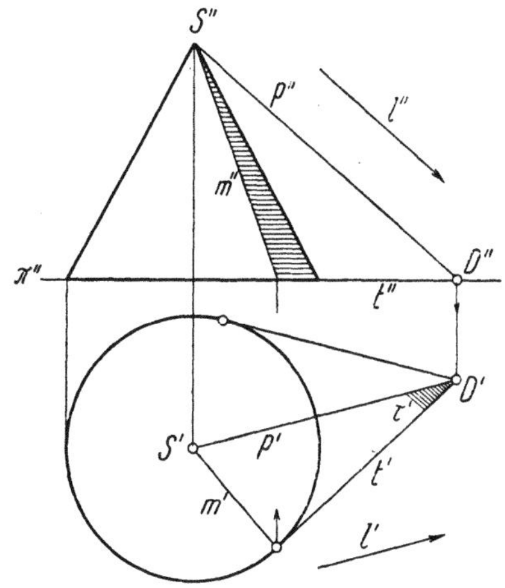

Fig. 24

Fig. 23: Durchstoßpunkte einer Geraden g mit einem geraden Kreiskegel. Konstruktion analog wie beim entsprechenden Problem für die Pyramide (Fig. 12): Man legt eine Hilfsebene β durch g und die Kegelspitze, welche aus dem Kegel zwei Mantellinien schneidet.

Fig. 24: Gesucht eine Tangentialebene τ an einen gegebenen Kegel, welche parallel zu einer gegebenen Richtung l ist.

Lösung: Jede Tangentialebene an einen Kegel geht durch die Spitze S, also muß die gesuchte Tangentialebene durch die Gerade p gehen, welche parallel zu l durch S gelegt wurde. Ist D der Durchstoßpunkt von p mit der Grundkreisebene π, so ist die Spur t der gesuchten Tangentialebene τ in π daher die Tangente von D aus an den Grundkreis. τ berührt den Kegel längs der Mantellinie m. Man erhält zwei Lösungen.

Die Figur kann auch aufgefaßt werden als die Konstruktion der *Eigenschattengrenze* des Kegels, wenn die Lichtstrahlen parallel zu l einfallen. Denken wir uns nämlich durch irgendeinen Punkt von m den Lichtstrahl gelegt, so liegt dieser Strahl in τ, streift daher den Kegel. Also trennt m den beleuchteten vom unbeleuchteten Teil des Kegels.

Fig. 25: Durchstoßpunkte einer Geraden g mit einer Kugel. Man legt wie immer eine Hilfsebene α durch g, welche hier als erste projizierende Ebene gewählt wurde. α schneidet einen Kleinkreis k aus der Kugel, der in der Umklappung von α (Drehachse h_1) leicht gezeichnet werden kann. Die in dieser Umklappung konstruierten Schnittpunkte von g und k sind die Durchstoßpunkte P, Q.

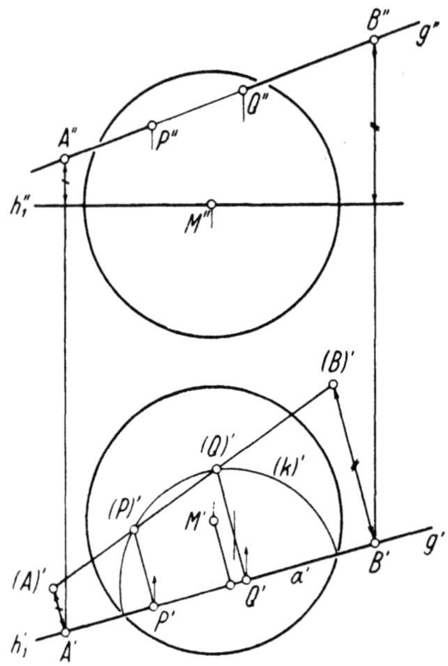

Fig. 25

Übungen

1) Man konstruiere eine Kugel, von der das Zentrum und eine Tangente gegeben sind.

2) An eine Kugel durch eine gegebene Gerade die Tangentialebenen zu legen.

3) Man konstruiere zwei zueinander senkrechte windschiefe Geraden und stelle das reguläre Tetraeder dar, von dem zwei Kanten auf diesen Geraden liegen.

4) Gesucht auf einer gegebenen Geraden ein Punkt, dessen z-Koordinate doppelt so groß ist wie sein Abstand von der z-Achse.

5) Man konstruiere ein rechtwinkliges Dreieck, von dem die Endpunkte der Hypotenuse gegeben sind, während die dritte Ecke auf einer gegebenen Geraden liegen soll.

6) Gegeben ein Punkt P und eine Gerade g.

a) Gesucht eine Gerade durch P, welche g schneidet und von einem gegebenen Punkt A einen gegebenen Abstand hat.

b) Gesucht eine Gerade durch P, welche g schneidet und von einer gegebenen Geraden a einen gegebenen kürzesten Abstand hat.

7) Durch eine gegebene Gerade eine Ebene zu legen, welche einen gegebenen Winkel mit der Grundrißebene bildet.

8) Gegeben zwei windschiefe Geraden a, b und eine Ebene α. Gesucht eine Parallele zu α, welche a und b unter gleichen Winkeln schneidet (Grundprinzip 10 anwenden).

§ 5. Darstellung des Kreises, Ellipse

In *Fig. 26* wurde eine Ebene α gegeben durch die erste Hauptgerade h_1 und den Punkt B. (Es wurde nur der Grundriß gezeichnet.) M sei der Fußpunkt des Lotes von B aus auf h_1. Es soll der Kreis mit dem Zentrum M dargestellt werden, welcher in α liegt und durch B geht. Zu diesem Zweck wird nach Grundaufgabe 9 die Ebene α um h_1 als Drehachse umgeklappt, wobei B nach (B) kom-

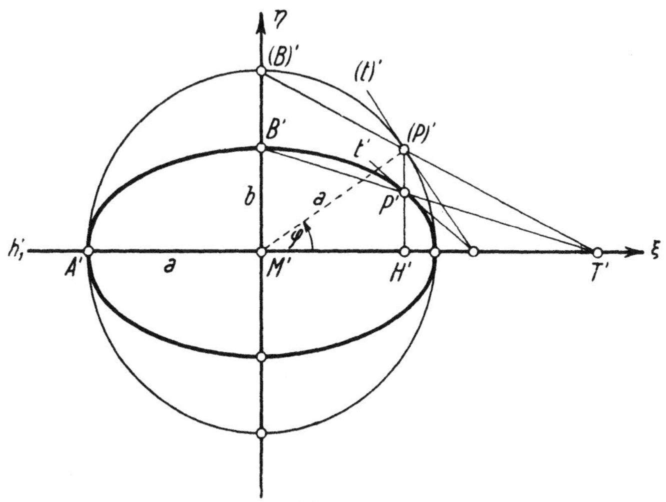

Fig. 26

men möge. (In Fig. 26 wurde $(B)'$ angenommen.) In der Umklappung kann der Kreis gezeichnet werden; wir bezeichnen seinen Radius mit

$$a = M'(B)' \quad \text{und setzen noch} \quad b = M'B'. \tag{1}$$

Um einen allgemeinen Kreispunkt (P) zurückzuklappen, wurde der Punkt T auf der Drehachse benutzt (siehe Grundaufgabe 9) und damit der allgemeine Punkt P' des Grundrisses unseres Kreises gefunden. Die Anwendung des Strahlensatzes auf die von T' auslaufenden Strahlen ergibt

$$\frac{H'P'}{H'(P)'} = \frac{M'B'}{M'(B)'} = \frac{b}{a}, \quad \text{also} \quad H'P' = \frac{b}{a}\, H'(P)'. \tag{2}$$

In der Figur wurde noch ein Koordinatensystem ξ, η in der Zeichenebene gewählt, und es sollen nun die Koordinaten ξ, η von P' berechnet werden. Das rechtwinklige Dreieck $M'H'(P)'$ liefert uns

$$\xi = M'H' = a\cos\varphi, \quad H'(P)' = a\sin\varphi. \tag{3}$$

Aus (2) und (3) folgt

$$\eta = H'P' = \frac{b}{a}\, H'(P)' = \frac{b}{a}\, a\sin\varphi = b\sin\varphi.$$

Somit finden wir das Resultat

$$\boxed{\xi = a\cos\varphi\,, \quad \eta = b\sin\varphi} \tag{4}$$

Lassen wir P den Kreis durchlaufen, variieren also φ, so beschreibt der Grundriß P' eine Kurve, eben den Grundriß des Kreises. Die Formel (4) ist also die *Parameterdarstellung* dieser Kurve mit dem Parameter φ. Wir berechnen durch Elimination von φ noch die Gleichung der Kurve:

$$\frac{\xi}{a} = \cos\varphi, \quad \frac{\eta}{b} = \sin\varphi\,.$$

Quadrieren und addieren dieser beiden Gleichungen ergibt, da $\cos^2\varphi + \sin^2\varphi = 1$ ist:

$$\boxed{\frac{\xi^2}{a^2} + \frac{\eta^2}{b^2} = 1} \tag{5}$$

Eine Kurve mit dieser Gleichung nennt man in der ebenen analytischen Geometrie eine *Ellipse;* $a = M'A'$ heißt die große und $b = M'B'$ die kleine *Halbachse*. Fig. 26 zeigt noch, wie man durch Zurückklappen der Kreistangente $(t)'$ die Ellipsentangente t' in P' findet. Wir fassen zusammen:

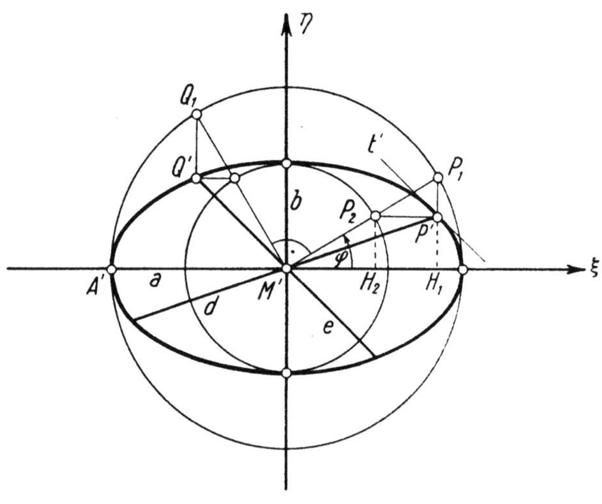

Fig. 27

12. *Der Grundriß eines allgemein im Raum liegenden Kreises ist eine Ellipse; ihre große Halbachse liegt im Grundriß der ersten Hauptgeraden der Kreisebene, welche durch das Kreiszentrum läuft, und ist so lang wie der Kreisradius.* Entsprechendes gilt für den Auf- oder Seitenriß.

In *Fig. 27* werden einige Eigenschaften der Ellipse hergeleitet; die Figur ist zunächst rein planimetrisch aufzufassen.

Konstruktion der Ellipse aus den Halbachsen a, b (Fig. 27). Man zeichnet die zwei Kreise mit den beiden Halbachsen als Radien. Ein beliebiger Strahl durch den Mittelpunkt schneide den großen Kreis in P_1 und den kleinen in P_2. Dann schneiden sich die Parallele zur großen Halbachse durch P_2 und die Parallele zur kleinen Halbachse durch P_1 in einem Ellipsenpunkt P'. Beweis: Für die Koordinaten des so konstruierten Punktes findet man

$$\xi = M'H_1 = M'P_1 \cos\varphi = a\cos\varphi\,, \qquad \eta = H_1P' = H_2P_2 = M'P_2 \sin\varphi = b\sin\varphi$$

in Übereinstimmung mit (4). Um auch noch die Ellipsentangente t' in P' zu finden, haben wir die Konstruktion mit dem Strahl $M'Q_1$, welcher aus $M'P_1$ durch Drehung um 90^0 hervorgeht, wiederholt. Damit wird ein zweiter Ellipsenpunkt Q' gefunden. Dann ist t' parallel zu $M'Q'$. Beweis: Wir fassen die Ellipse wieder wie in Fig. 26 als Grundriß eines Kreises auf. P_1 und Q_1 sind dann die Umklappungen $(P)'$ bzw. $(Q)'$ der Kreispunkte P, Q. Da nach Konstruktion $M'P_1 = M'(P)'$ senkrecht zu $M'Q_1 = M'(Q)'$ ist, sind MP und MQ zwei senkrechte Radien des im Raum gelegenen Kreises. Also ist die Kreistangente t in P parallel zum Radius MQ und somit ihr Grundriß t' (= Ellipsentangente) parallel zu $M'Q'$.

Konjugierte Durchmesser. Zwei Durchmesser einer Ellipse nennt man konjugiert, wenn die Ellipsentangenten in den Endpunkten des einen Durchmessers parallel zum anderen Durchmesser sind. In Fig. 27 sind also die beiden Durchmesser d, e, welche von P' und Q' ausgehen, konjugiert. Wir bestimmen noch für spätere Anwendungen die Koordinaten der Endpunkte konjugierter Durchmesser. Für P' haben wir nach Formel (4)

$$P'(a\cos\varphi\,,\ b\sin\varphi)\,.$$

Die Koordinaten von Q' erhalten wir, indem wir φ durch $(\varphi + 90^0)$ ersetzen; wegen $\cos(\varphi + 90^0) = -\sin\varphi$ und $\sin(\varphi + 90^0) = \cos\varphi$ folgt also

$$Q'(-a\sin\varphi\,,\ b\cos\varphi)\,.$$

Somit: Endpunkte konjugierter Durchmesser einer Ellipse:

$$\boxed{\begin{array}{l} P'(a\cos\varphi\,,\ b\sin\varphi) \\ Q'(-a\sin\varphi\,,\ b\cos\varphi) \end{array}} \qquad \text{vgl. Fig. 27.} \tag{6}$$

Als Resultat halten wir noch fest:

13. *Die Grundrisse von zwei senkrechten Kreisdurchmessern sind konjugierte Durchmesser der Grundrißellipse des Kreises.* Entsprechendes gilt für Auf- und Seitenriß.

Konstruktion der Ellipse aus der großen Halbachse $M'A'$ und einem Punkt P'. (Fig. 27). Man zeichnet den Kreis über der großen Halbachse, zieht $P'P_1$ senkrecht zu $M'A'$ und schneidet $M'P_1$ mit der Parallelen zu $M'A'$ durch P' in P_2. Dann ist $M'P_2$ die kleine Halbachse.

Fig. 28 zeigt nun im Grund- und Aufrißverfahren die Darstellung eines Kreises, welcher durch seine Ebene α, seinen Mittelpunkt M und seinen Radius r gegeben ist. (α wurde durch die beiden Hauptgeraden in M gegeben.) Gemäß obigem Satz 12 liegt die große Halbachse der Grundrißellipse in h_1' und hat die Länge r, womit ein erster Kreispunkt U (Aufriß auf h_1'') bekannt ist. Dieselbe

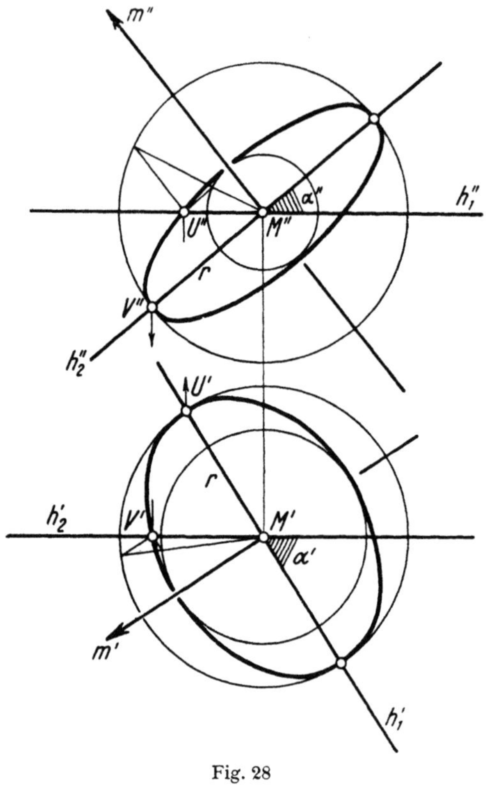

Fig. 28

Überlegung für den Aufriß liefert einen zweiten Kreispunkt V. Von der Grundrißellipse kennt man jetzt die große Halbachse und einen Punkt V', kann sie also durch Anwendung der eben beschriebenen Konstruktion zeichnen. Analog verfährt man für die Aufrißellipse. In der Figur wurde noch die Kreisachse m eingezeichnet. (Das ist die Normale zur Kreisebene durch das Kreiszentrum.) Satz 12 läßt sich dann auch so formulieren:

14. *Die große Halbachse der Grundrißellipse eines Kreises steht senkrecht auf dem Grundriß der Kreisachse.* Analoges gilt für die zweite oder dritte Projektion.

§ 6. Umprojizieren (Transformationen) (vgl. § 1)

In *Fig. 29* ist im Grund- und Aufriß ein Würfel dargestellt, von dem eine Seitenfläche parallel zur Aufrißebene liegt. Wir wollen ein neues Bild des Körpers entwerfen und wählen zu diesem Zweck eine Normalebene π zur Grundrißebene (erste projizierende Ebene) als neue Projektionsebene. Der Gegenstand soll normal auf die Ebene π projiziert und dann π um die Hauptgerade h_1 als Drehachse umgeklappt werden. Die Konstruktion wurde für den Punkt P ange-

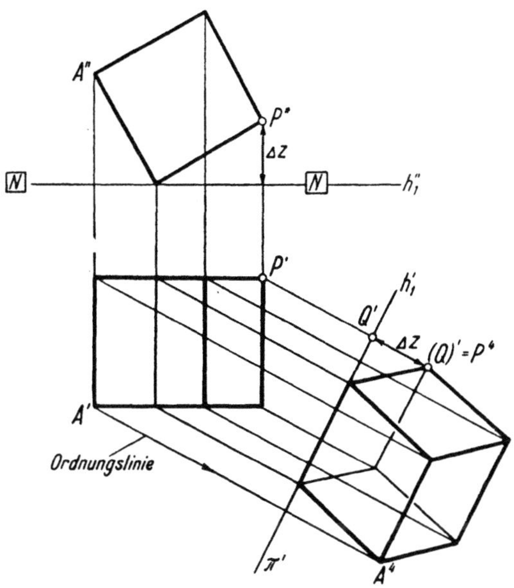

Fig. 29

geben: Die Normalprojektion von P auf π ist der Punkt Q; er hat dieselbe Kotendifferenz Δz gegenüber der Drehachse wie P selbst. Indem man Δz im Aufriß abmißt und von π' aus abträgt, erhält man die gesuchte Umklappung (Q), welche die gewünschte neue (vierte) Projektion P^4 von P ist. Die erste und vierte Projektion sind nun wieder zugeordnete Normalprojektionen; sie sind durch neue Ordnungslinien aufeinander bezogen.

Ebensogut hätte man eine zweite projizierende Ebene als neue Projektionsebene einführen und um eine zweite Hauptgerade umklappen können. Dieses Projizieren eines Gegenstands auf eine neue Projektionsebene, welche *senkrecht auf einer der alten Projektionsebenen steht*, wird kurz als *Umprojizieren* bezeichnet. Wir merken uns die *Regeln:*

1) Die neuen Ordnungslinien stehen senkrecht zum Riß der neuen Projektionsebene.

2) Man wähle im wegfallenden Riß (in Fig. 29 der Aufriß) ein «*Niveau*» *NN* senkrecht zu den alten Ordnungslinien, messe die Kotendifferenzen bezüglich *NN* in der Richtung der alten Ordnungslinien und trage sie im neuen Riß in der Richtung der neuen Ordnungslinien auf.

Das Umprojizieren wird oft verwendet, um sich die Lösung von Konstruktionsaufgaben zu erleichtern. *Fig. 30* illustriert an einem Beispiel, wie das gemeint ist. Es soll eine im Grund- und Aufriß gegebene Kugel durch eine gegebene Ebene α abgeschnitten werden. Wir vereinfachen die Konfiguration,

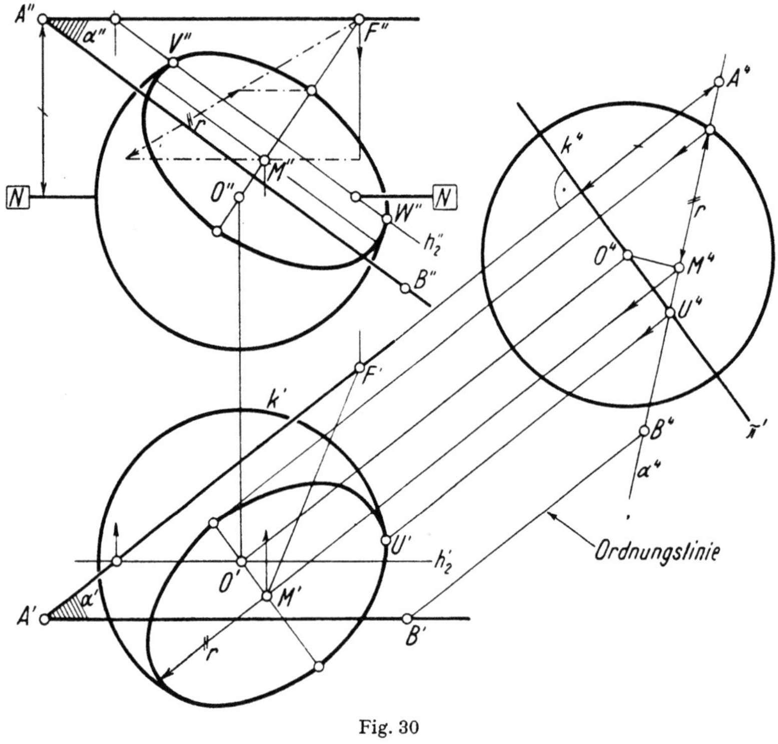

Fig. 30

indem wir eine neue Projektionsebene π (erste projizierende Ebene) senkrecht zu α wählen. (π' ist also senkrecht zum Grundriß der ersten Hauptgeraden von α.) In der vierten Projektion ist dann α projizierend, und der gesuchte Schnittkreis erscheint als Strecke. (Zur Konstruktion von α^4 wurden die beiden Punkte A, B umprojiziert.) Da die erste und vierte Projektion wieder zugeordnete Normalprojektionen sind, kann man in diesen beiden Projektionen wie im Grund- und Aufriß konstruieren. So ergibt sich sofort der Mittelpunkt M und der Radius r des Schnittkreises und seine Grundrißellipse. Außerdem ist noch folgendes zu beachten: Der *Umriß* der Kugel wird in der ersten Projektion geliefert durch den Großkreis k, welcher in einer ersten Hauptebene liegt. Im Punkte U nun schneidet unser Schnittkreis den Umrißkreis k, wie man in der vierten Projektion sieht. U heißt daher *erster Umrißpunkt* des Schnittkreises. In U' muß die Grundrißellipse k' berühren, da sie nicht über k' hinaustreten kann.

Im Aufriß haben wir die kleine Halbachse der Ellipse konstruiert, indem wir auf der Geraden MF von α den Radius r mit Hilfe eines Profildreiecks abgetragen haben. Die zweiten Umrißpunkte des Schnittkreises liegen in der zweiten Hauptebene durch das Kugelzentrum; diese schneidet aus α die zweite Hauptgerade h_2, auf welcher die gesuchten Umrißpunkte V, W liegen müssen.

Als wesentliches Ergebnis halten wir fest:

15. *Durch einmaliges Umprojizieren kann erreicht werden, daß eine gegebene Ebene projizierend wird oder daß eine gegebene Gerade Hauptgerade wird.*

(Um eine Gerade g zur vierten Hauptgeraden zu machen, muß die neue Projektionsebene π parallel zu g aufgestellt werden.)

Ebenso leicht sieht man ein:

16. *Durch einmaliges Umprojizieren kann erreicht werden, daß eine gegebene projizierende Ebene zur Hauptebene wird oder daß eine gegebene Hauptgerade projizierend wird, das heißt in der neuen Projektion als Punkt erscheint.*

Schließlich kann man noch durch Umprojektion gemäß 15 und nachfolgende Umprojektion gemäß 16, das heißt durch *zweimaliges Umprojizieren*, eine allgemeine Ebene zur Hauptebene oder eine allgemeine Gerade projizierend machen. Durchführung und Anwendung seien dem Leser überlassen.

2. Abschnitt: Orthogonale Axonometrie

Diese Methode der darstellenden Geometrie dient dazu, von einem gegebenen Gegenstand schnell ein anschauliches Bild zu entwerfen. Sie soll normalerweise nicht zur Lösung räumlicher Aufgaben benutzt werden.

§ 1. Konstruktion eines Achsenkreuzes, Verkürzungen

In *Fig. 31* soll im Auf- und Seitenriß ein Kreis dargestellt werden, welcher in der dritten projizierenden Ebene α (gegeben durch den Seitenriß α''') liege; sein Mittelpunkt sei M und sein Radius sei die Längeneinheit 1. Um den Anschluß an die gebräuchlichen Bezeichnungen der Axonometrie zu finden, wurde aber der Aufriß eines Punktes P nicht wie bisher mit P'' sondern mit $\overline{P}$ bezeichnet. Der Seitenriß des Kreises ist eine Strecke in α''', deren Endpunkt B''' die Entfernung 1 von M''' hat. Die große Halbachse der Aufrißellipse liegt horizontal und hat die Länge $a = 1$; der eben konstruierte Kreispunkt B liefert im Aufriß den Endpunkt $\overline{B}$ der kleinen Halbachse b.

Ferner wurden im Aufriß zwei orthogonale Kreisradien MX und MY dargestellt; $\bar{X}$ und $\bar{Y}$ werden nach Satz 13 am schnellsten als Endpunkte konjugierter Durchmesser der Aufrißellipse gefunden. (Konstruktion gemäß Fig. 27, der Winkel ψ wurde gewählt.)

Endlich wurde die Kreisachse z dargestellt, welche eine dritte Hauptgerade ist, und auf ihr die Längeneinheit von M bis Z abgetragen ($M'''Z''' = 1$). Der Neigungswinkel der Kreisachse zur Aufrißebene wurde mit ϑ bezeichnet.

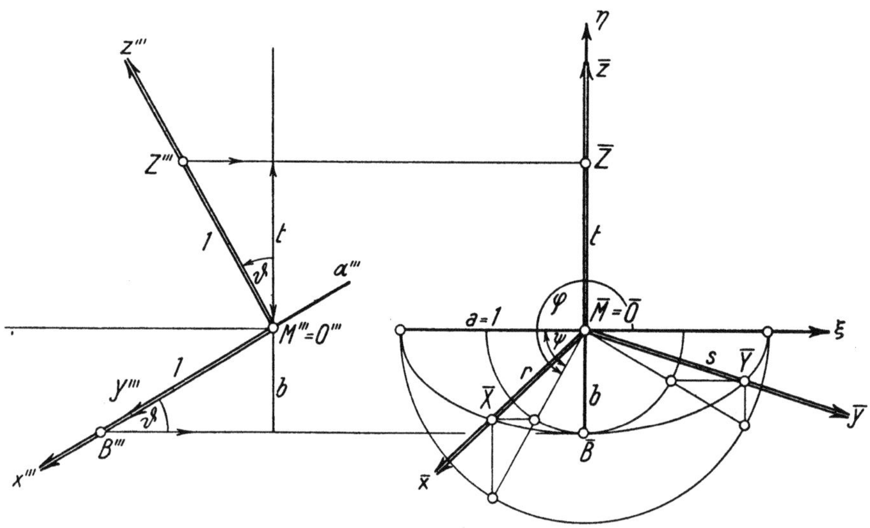

Fig. 31

Die drei Achsen $x = MX$, $y = MY$ und $z = MZ$ können nun als Koordinatenachsen eines räumlichen Kartesischen Koordinatensystems angesehen werden (vgl. 1. Abschnitt, § 1); es liegt allgemein im Raum und seine Einheitspunkte sind eben die drei Punkte X, Y, Z. Die Lage dieses Koordinatensystems ist durch die beiden Winkel ψ, ϑ eindeutig bestimmt; wir nennen sie die *Eulerschen Winkel* des Koordinatensystems[1]). Der Aufriß in Fig. 31 wird nun auch als *axonometrisches Bild* und speziell $\bar{x}, \bar{y}, \bar{z}$ als *axonometrisches Achsenkreuz* bezeichnet.

Wir notieren noch die Koordinaten der Einheitspunkte $\bar{X}, \bar{Y}, \bar{Z}$ in dem in der Zeichenebene gewählten Koordinatensystem ξ, η. Im Seitenriß liest man ab:

$$b = \sin\vartheta\,, \quad t = \cos\vartheta\,,$$

also ergibt sich unter Anwendung der Formeln (6) auf Seite 37 mit $\varphi = 180^0 + \psi$:

$$\boxed{\bar{X}\,(-\cos\psi,\ -\sin\vartheta\sin\psi)\,;\quad \bar{Y}\,(\sin\psi,\ -\sin\vartheta\cos\psi)\,;\quad \bar{Z}\,(0, \cos\vartheta)\,.} \qquad (7)$$

[1]) In der Mechanik und Astronomie benutzt man noch einen dritten Eulerschen Winkel, welcher bei uns erst in § 5 eingeführt wird.

Die drei Strecken $r=\overline{M\bar{X}}$, $s=\overline{M\bar{Y}}$, $t=\overline{M\bar{Z}}$ geben an, wie die Längeneinheit sich auf den drei Achsen im axonometrischen Bild verkürzt, man nennt daher r,s,t die *Verkürzungen.* Aus (7) ergibt sich sofort für diese Größen

$$\boxed{r=\sqrt{\cos^2\psi+\sin^2\vartheta\sin^2\psi}\,,\quad s=\sqrt{\sin^2\psi+\sin^2\vartheta\cos^2\psi}\,,\quad t=\cos\vartheta.} \tag{8}$$

Daraus folgt:

$$r^2+s^2=\cos^2\psi+\sin^2\vartheta\sin^2\psi+\sin^2\psi+\sin^2\vartheta\cos^2\psi$$

$$=1+\sin^2\vartheta\,(\sin^2\psi+\cos^2\psi)\,,\quad r^2+s^2=1+\sin^2\vartheta\,,\quad t^2=\cos^2\vartheta. \tag{9}$$

Nun ist $1+\sin^2\vartheta\geqq 1$ und $\cos^2\vartheta\leqq 1$, also folgt: $r^2+s^2\geqq t^2$.
Wegen der Gleichberechtigung der drei Achsen gilt daher allgemein:

17. *Die Summe von zwei Verkürzungsquadraten ist mindestens gleich dem dritten Verkürzungsquadrat.*

Durch Addition der beiden Resultate (9) folgt noch

$$r^2+s^2+t^2=1+\sin^2\vartheta+\cos^2\vartheta=1+1=2:$$

18. *Die Summe der drei Verkürzungsquadrate ergibt 2.*

Beispiel: In Fig. 31 wurde speziell gewählt $\psi=60^0$, $\vartheta=30^0$. Die Formel (8) ergibt dann

$$r=\frac{\sqrt{7}}{4}=0{,}66\,,\quad s=\frac{\sqrt{13}}{4}=0{,}90\,,\quad t=\frac{\sqrt{3}}{2}=0{,}87\,.$$

§ 2. Herstellung eines axonometrischen Bildes

In *Fig. 32b* wurde das in Fig. 31 gewonnene axonometrische Bild unseres Koordinatensystems wieder abgezeichnet; den Seitenriß in Fig. 31 brauchen wir vorerst nicht mehr. Es sei nun ein Raumpunkt P durch seine Koordinaten x,y,z in diesem Koordinatensystem gegeben (*Fig. 32a*). Wir wollen sein axonometrisches Bild bestimmen. Zu diesem Zweck werden in Fig. 32b die richtig verkürzten Koordinaten $\bar{x},\bar{y},\bar{z}$ parallel zu den Achsenbildern aufgetragen. Es ist also

$$\bar{x}=0{,}66\cdot x\,,\quad \bar{y}=0{,}90\cdot y\,,\quad \bar{z}=0{,}87\cdot z\,, \tag{10}$$

oder allgemein
$$\bar{x}=r\,x\,,\quad \bar{y}=s\,y\,,\quad \bar{z}=t\,z\,. \tag{11}$$

Diese Konstruktion ist richtig, da das axonometrische Bild ein Aufriß ist, also gemäß Satz 8 auf Seite 28 zum Beispiel das Teilverhältnis von drei Punkten auf der x-Achse gleich dem Teilverhältnis ihrer axonometrischen Bilder ist. Alle Strecken auf der x-Achse werden also in demselben Verhältnis verkürzt wie die Einheitsstrecke. Beim Auftragen der Koordinaten kommt man am Punkt $\bar{P}'$ vorbei; es ist dies das axonometrische Bild des Punktes P' der Fig. 32a (P' = Grundriß von P in der x,y-Ebene), daher wird $\bar{P}'$ kurz *axonometrischer Grundriß* von P genannt. In Fig. 32b wurde auf diese Weise das axonometrische

Bild des in Fig. 32a gegebenen Kreuzes konstruiert; zweckmäßig beginnt man mit dem Aufzeichnen des axonometrischen Grundrisses des Gegenstands.

Wir halten fest, daß das *axonometrische Bild eines Gegenstands ein auf neuartige Art konstruierter Aufriß des Gegenstands ist*, in welchem der Gegenstand in allgemeiner Lage erscheint und daher anschaulich wird. Es gelten daher für

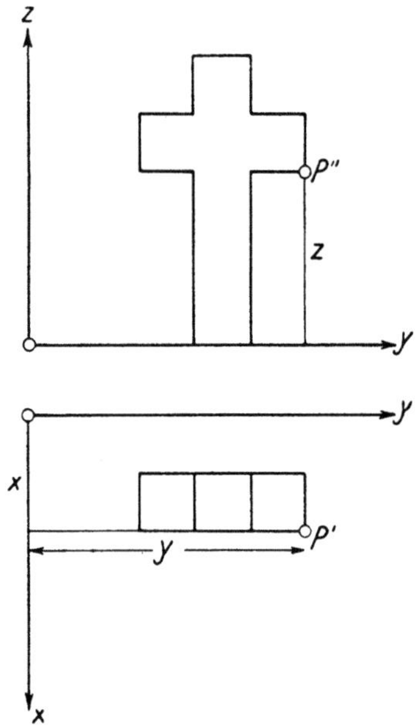

Fig. 32 a

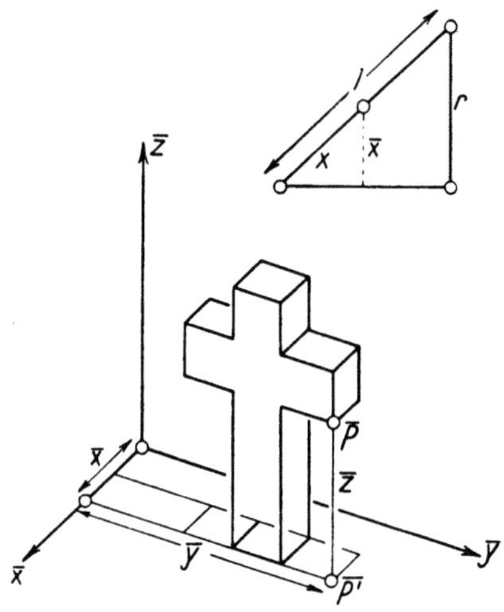

Fig. 32 b

das orthogonal-axonometrische Bild[1]) alle Sätze, welche wir im 1. Abschnitt für den Grund- oder Aufriß hergeleitet haben; als Beispiel zitieren wir den aus Satz 14 folgenden Satz:

19. *Das orthogonal-axonometrische Bild eines Kreises ist eine Ellipse; ihre große Halbachse steht senkrecht auf dem axonometrischen Bild der Kreisachse und ist so lang wie der Kreisradius.*

Wir machen den Leser noch darauf aufmerksam, daß die Figuren 1, 2, 3, 16a und 17 des Buches orthogonal-axonometrische Bilder sind.

§ 3. Vereinfachung

Das Verkürzen der Koordinaten gemäß den Formeln (11) kann graphisch geschehen. Es wurde dies in Fig. 32b für die x-Achse gezeigt. Man konstruiert sich ein rechtwinkliges Dreieck aus der Längeneinheit als Hypotenuse und der

---

[1]) Die Bezeichnung «orthogonal»-axonometrisch soll darauf hinweisen, daß es sich um eine Normalprojektion des Gegenstands handelt. (Zum Unterschied von der allgemeinen Axonometrie, welche im 3. Teil behandelt wird.)

Verkürzung r als vertikale Kathete. Um nun x zu verkürzen, trägt man diese Strecke auf der Hypotenuse ab und erhält $\bar{x}$ als Abstand des Endpunktes von der horizontalen Kathete.

Wir wollen jedoch diese etwas langweilige Arbeit jetzt umgehen. Zu diesem Zweck müssen wir zunächst die beiden Eulerschen Winkel ψ, ϑ aus den Verkürzungen berechnen, also die Formeln (8) nach ψ, ϑ auflösen. Aus der ersten Gleichung folgt

$$r^2 = \cos^2\psi + \sin^2\vartheta \sin^2\psi = (1 - \sin^2\psi) + \sin^2\vartheta \sin^2\psi$$
$$= 1 - \sin^2\psi(1 - \sin^2\vartheta),$$
$$r^2 = 1 - \sin^2\psi \cos^2\vartheta = 1 - t^2 \sin^2\psi \quad \text{(Formel (8), dritte Gleichung).}$$

Also:
$$\sin\psi = \frac{\sqrt{1-r^2}}{t}.$$

Aus der zweiten Gleichung folgt analog

$$\cos\psi = \frac{\sqrt{1-s^2}}{t}.$$

Zusammengefaßt:

$$\boxed{\sin\psi = \frac{\sqrt{1-r^2}}{t}, \qquad \cos\psi = \frac{\sqrt{1-s^2}}{t}, \qquad \cos\vartheta = t.} \tag{12}$$

Nun soll der Begriff des axonometrischen Bildes etwas verallgemeinert werden. Man denke sich ein gemäß § 2 konstruiertes axonometrisches Bild (zum Beispiel Fig. 32b) nachträglich in einem gewählten *Maßstab* λ ähnlich vergrößert. Dieses vergrößerte Bild kann direkt konstruiert werden, indem man auf den Achsenbildern an Stelle der Strecken (11) die Strecken

$$\bar{x} = \lambda(r x), \quad \bar{y} = \lambda(s y), \quad \bar{z} = \lambda(t z)$$

aufträgt. Führen wir noch die Bezeichnung ein

$$u = \lambda r, \quad v = \lambda s, \quad w = \lambda t, \tag{13}$$

so haben wir also als Verallgemeinerung von (11)

$$\boxed{\bar{x} = u x, \quad \bar{y} = v y, \quad \bar{z} = w z.} \tag{11'}$$

u, v, w nennen wir die *axonometrischen Einheiten;* diese drei Zahlen müssen zwar die Bedingung von Satz 17, also

$$u^2 + v^2 \geqq w^2, \quad v^2 + w^2 \geqq u^2, \quad w^2 + u^2 \geqq v^2, \tag{14}$$

erfüllen, sind aber nicht mehr an die Bedingung von Satz 18 gebunden. Statt dessen folgt jetzt aus (13)

$$u^2 + v^2 + w^2 = \lambda^2(r^2 + s^2 + t^2) = 2\lambda^2,$$

also

$$\boxed{\lambda = \sqrt{\frac{u^2 + v^2 + w^2}{2}}.} \tag{15}$$

Nun gehe man folgendermaßen vor: Man wähle die axonometrischen Einheiten u, v, w als einfache *ganze Zahlen,* welche der Bedingung (14) genügen. Sodann berechne man λ aus (15), dann r, s, t aus (13) und endlich ψ, ϑ aus (12) und konstruiere das axonometrische Achsenkreuz aus diesen Winkeln gemäß

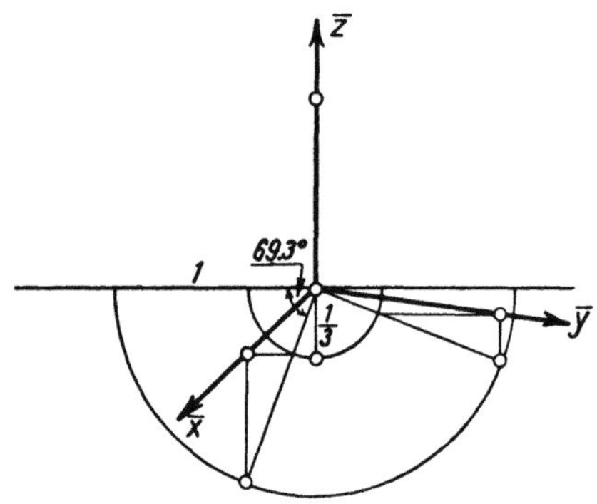

Fig. 33 a

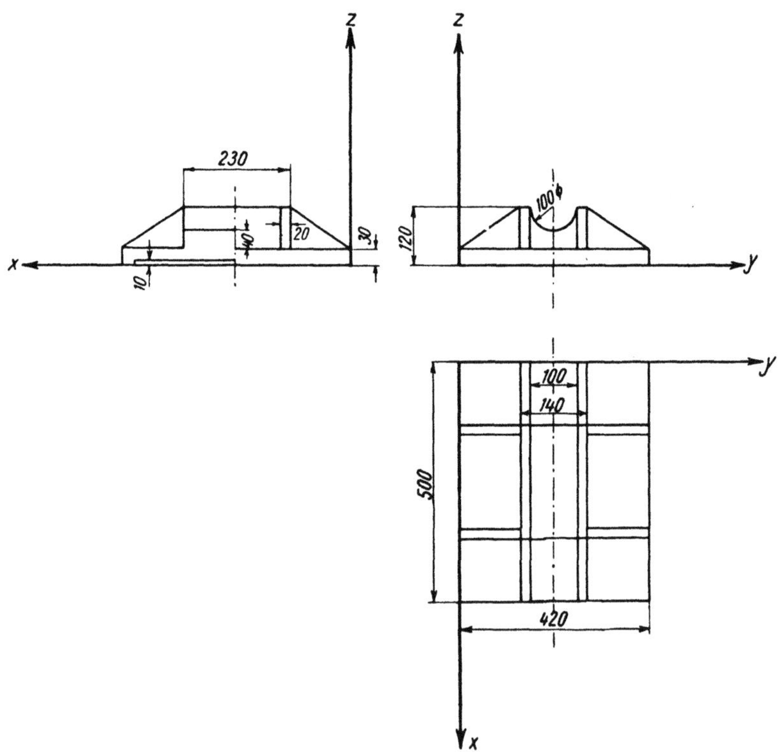

Fig. 33 b

Fig. 31. Um nun einen Gegenstand axonometrisch zu zeichnen, muß man einfach entsprechend (11') auf den Achsenbildern die ganzzahligen Vielfachen $u\,x$, $v\,y$, $w\,z$ der Koordinaten auftragen.

Beispiel: Es werde gewählt $u=1$, $v=2$, $w=2$.
Man erhält:

$$\lambda=\sqrt{\frac{1+4+4}{2}}=\frac{3}{\sqrt{2}}=2{,}121.$$

$$r=\frac{\sqrt{2}}{3},\quad s=\frac{2\sqrt{2}}{3},\quad t=\frac{2\sqrt{2}}{3},\quad \psi=69{,}3^0,\quad \sin\vartheta=b=\frac{1}{3}.$$

Mit diesen Werten wurde das Achsenkreuz in *Fig. 33a* konstruiert und dann die in *Fig. 33b* gegebene Kämpferplatte axonometrisch dargestellt (*Fig. 33c*). Dabei werden also nun die Maße auf der x-Achse unverändert ins axonometrische Bild übertragen, während man die Maße auf der y- und z-Achse verdoppeln muß.

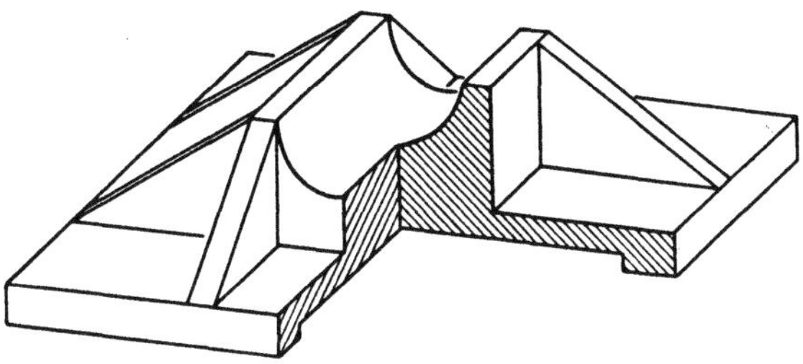

Fig. 33c

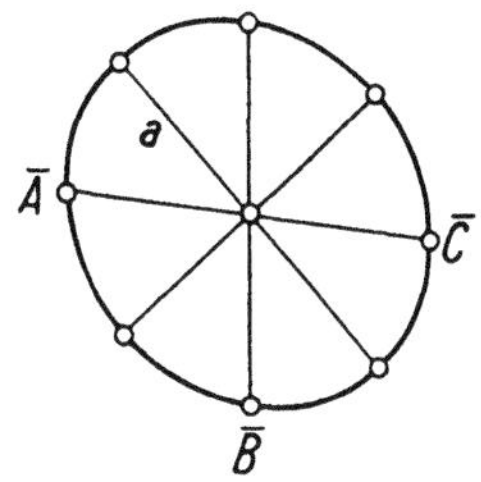

Fig. 33d

Die Darstellung eines der drei auftretenden Kreise wurde in *Fig. 33d* separat in doppelter Größe angegeben. Die Kreisachse ist parallel zur x-Achse, also steht nach Satz 19 die große Halbachse a der Bildellipse senkrecht zu $\bar{x}$. Die Länge dieser Halbachse ist aber jetzt nicht gleich dem Kreisradius r, sondern (da das Bild im Verhältnis λ vergrößert ist) $a=\lambda r=2{,}121\cdot r$. Die Ellipse wird dann nach der auf Seite 37 besprochenen Methode aus a und einem der bekannten Punkte $\bar{A}, \bar{B}, \bar{C}$ konstruiert.

Allgemein ergibt sich folgende *Regel für die Darstellung eines Kreises:* Ein Kreis wird axonometrisch dargestellt, indem man die Kreisachse und einen speziellen Punkt P des Kreises im Bild aufzeichnet. Die große Halbachse der Bildellipse liegt senkrecht zum Bild der Kreisachse und ihre Länge ist das λ-fache des Kreisradius. Die Bildellipse wird sodann aus ihrer großen Achse und dem bekannten Punkt $\bar{P}$ konstruiert.

In der folgenden Tabelle axonometrischer Achsenkreuze wurden noch die Winkel α, β der Achsenbilder $\bar{x}, \bar{y}$ mit der Horizontalen angegeben.

Nr.	α	β	u	v	w	λ	ϑ	ψ
1	30°	30°	1	1	1	1,225	35°16′	45°
2	41°25′	7°11′	1	2	2	2,121	19°28′	69°18′
3	18°13′	11°10′	2	2,5	3	3,102	14°46′	52°14′
4	20°	5°	0,468	0,901	0,984	1	10°17′	63°53′
5	30°	15°	0,650	0,856	0,919	1	23°10′	55°44′
6	40°54′	16°6′	0,661	0,901	0,866	1	30°	60°
7	26°34′	26°34′	0,791	0,791	0,866	1	30°	45°

§ 4. Lage- und Maßaufgaben

Ein Raumpunkt P kann durch sein axonometrisches Bild $\bar{P}$ und seinen axonometrischen Grundriß $\bar{P}'$ (vgl. Fig. 32b) gegeben werden. Denn sobald $\bar{P}, \bar{P}'$ bekannt sind, können die Koordinaten x, y, z von P abgelesen werden. Es muß daher möglich sein, die Lage- und Maßaufgaben durch Konstruieren im axonometrischen Bild und im axonometrischen Grundriß mit ähnlichen Methoden zu lösen wie im Grund- und Aufrißverfahren. Es lohnt sich jedoch kaum, diese Methode zu entwickeln. Viel einfacher ist es, folgenden Weg einzuschlagen: Man fügt gemäß Fig. 31 den Seitenriß des Achsenkreuzes hinzu, konstruiert aus $\bar{P}'$ und $\bar{P}$ noch P''' und arbeitet dann im Auf- und Seitenriß nach der geläufigen Methode der zugeordneten Normalprojektionen. Dieses Verfahren hat außerdem den Vorteil, daß man Hilfskonstruktionen in den Seitenriß verlegen kann und damit das axonometrische Bild frei von Nebensächlichkeiten halten kann.

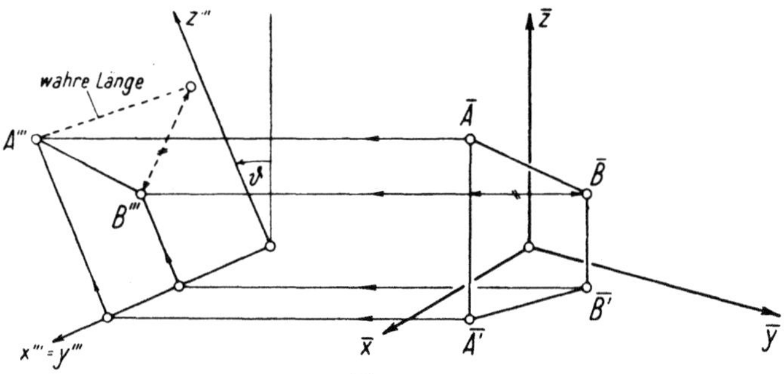

Fig. 34

Als Beispiel wurde in *Fig. 34* die wahre Länge einer Strecke AB konstruiert. Es wurde das Achsenkreuz Nr. 5 der Tabelle benutzt. Man beachte, daß zum Beispiel der Punkt A' in der x, y-Ebene liegt, also sich im Seitenriß auf die Gerade $x''' = y'''$ projiziert.

Fig. 35 zeigt als etwas weitergehendes Beispiel im selben Achsenkreuz Nr. 5 die axonometrische Darstellung der Erdkugel. Die *Äquator*ellipse wurde aus ihrer großen Halbachse und dem Punkt $\bar{X}$ konstruiert, ferner wurde der Nordpol $\bar{Z}$ eingezeichnet. Der *Meridian* in der x,z-Ebene[1]) stellt sich ebenfalls als Ellipse dar (große Halbachse senkrecht zu $\bar{y}$, spezieller Punkt $\bar{X}$). Die Figur enthält ferner die Konstruktion eines Kugelpunktes P von gegebener geographischer Länge 60^0 und Breite 45^0. Man hat dazu durch Umprojektion die x,y-Ebene als vierte Projektionsebene π eingeführt. Die neuen Ordnungslinien sind also senkrecht zu π'''. Nachdem x^4 mittels X^4 konstruiert wurde, kann der Parallelkreis p von P und dann P selbst in der dritten und vierten Projektion konstruiert werden. Im axonometrischen Bild wurde noch der *Parallelkreis* $\bar{p}$ und der Meridian von P dargestellt. (Die große Halbachse der Bildellipse dieses Meridians liegt parallel zu einer zweiten Hauptgeraden h_2 seiner Ebene α.)

---

[1]) Von diesem Meridian aus werde die geographische Länge gezählt.

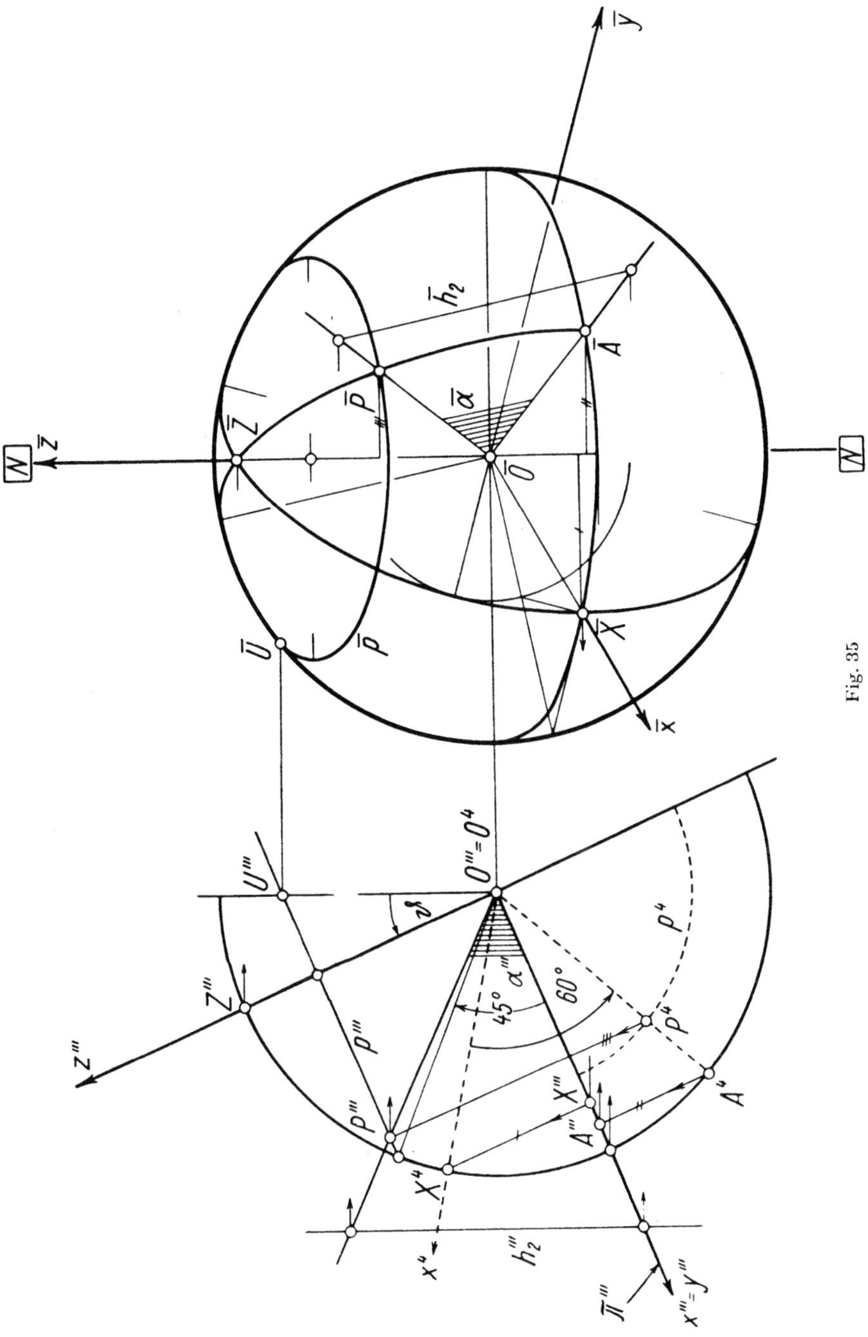

Fig. 35

§ 5. Satz von GAUSS, Verkürzungsdreieck, Spinoren

Ein Leser, dem das Rechnen mit komplexen Zahlen nicht geläufig ist, kann die folgenden Ausführungen übergehen; sie spielen für das praktische Zeichnen keine Rolle.

Wir benützen die Überlegungen von § 1 und Fig. 31. Es soll nun die Zeichenebene des axonometrischen Bildes, in welcher das Koordinatensystem ξ, η liegt, als Ebene der komplexen Zahlen aufgefaßt werden. Zum Punkt mit den Koordinaten ξ, η gehört also die komplexe Zahl $\omega = \xi + i\eta$, wobei i die imaginäre Einheit ist. Speziell bezeichnen wir die komplexen Zahlen, welche zu den Bildern $\bar{X}, \bar{Y}, \bar{Z}$ der Einheitspunkte gehören, mit ϱ, σ, τ. Ihre absoluten Beträge $|\varrho|$, $|\sigma|$, $|\tau|$ sind die Verkürzungen r, s, t, und daher gilt gemäß Satz 18

$$|\varrho|^2 + |\sigma|^2 + |\tau|^2 = r^2 + s^2 + t^2 = 2. \tag{16}$$

Formel (7) ergibt nun

$$\varrho = -\cos\psi - i\sin\vartheta\sin\psi, \quad \sigma = \sin\psi - i\sin\vartheta\cos\psi, \quad \tau = i\cos\vartheta.$$

Durch Quadrieren und Addieren folgt daraus

$$\begin{aligned} \varrho^2 + \sigma^2 + \tau^2 &= (\cos^2\psi + 2i\sin\vartheta\cos\psi\sin\psi - \sin^2\vartheta\sin^2\psi) \\ &\quad + (\sin^2\psi - 2i\sin\vartheta\cos\psi\sin\psi - \sin^2\vartheta\cos^2\psi) - \cos^2\vartheta \\ &= (\cos^2\psi + \sin^2\psi) - \sin^2\vartheta(\sin^2\psi + \cos^2\psi) - \cos^2\vartheta = 1 - \sin^2\vartheta - \cos^2\vartheta \\ &= 1 - 1 = 0. \end{aligned}$$

Also

$$\boxed{\varrho^2 + \sigma^2 + \tau^2 = 0.} \tag{17}$$

In Worten:

Satz von Gauss. *Sind $\bar{O}, \bar{X}, \bar{Y}, \bar{Z}$ die Normalprojektionen des Nullpunkts und der Einheitspunkte eines Kartesischen Koordinatensystems auf irgendeine Bildebene, und faßt man $\bar{O}\bar{X}$, $\bar{O}\bar{Y}$, $\bar{O}\bar{Z}$ als komplexe Zahlen ϱ, σ, τ in der Bildebene auf, so gilt $\varrho^2 + \sigma^2 + \tau^2 = 0$ und $|\varrho|^2 + |\sigma|^2 + |\tau|^2 = 2$.*

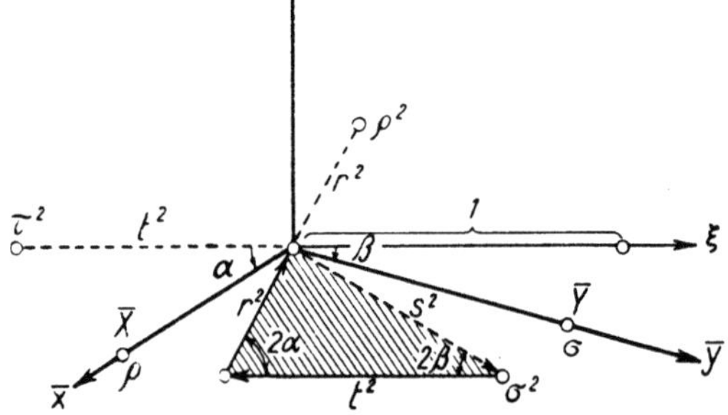

Fig. 36

Wir haben zwar eben nur denjenigen Spezialfall bewiesen, wo $\bar{O}\bar{Z}$ in der rein imaginären Achse (η-Achse) der Bildebene liegt. Der allgemeine Fall läßt sich aus diesem Spezialfall erzeugen, indem man die Figur $\bar{O}\,\bar{X}\,\bar{Y}\,\bar{Z}$ in der Bildebene als

Ganzes um $\bar{O}$ als Drehzentrum dreht[1]). Bezeichnet man den Drehwinkel mit γ, so bewirkt diese Drehung nur, daß jede der Zahlen ϱ, σ, τ mit der komplexen Zahl $\mu = \cos\gamma + i\sin\gamma$ multipliziert wird; dies ändert nichts an den Beziehungen (16) und (17).

Die Formel (17) wurde in *Fig. 36* illustriert (Achsenkreuz Nr. 5 der Tabelle). Zunächst wurden aus ϱ, σ, τ die komplexen Zahlen $\varrho^2, \sigma^2, \tau^2$ konstruiert. (Das Quadrat einer komplexen Zahl ω wird bekanntlich gefunden, indem man den Winkel von ω mit der reellen Achse verdoppelt und den absoluten Betrag von ω quadriert; die Beträge von $\varrho^2, \sigma^2, \tau^2$ sind also die Verkürzungsquadrate r^2, s^2, t^2.) Sodann wurden $\varrho^2, \sigma^2, \tau^2$ geometrisch addiert, was wegen (17) ein geschlossenes

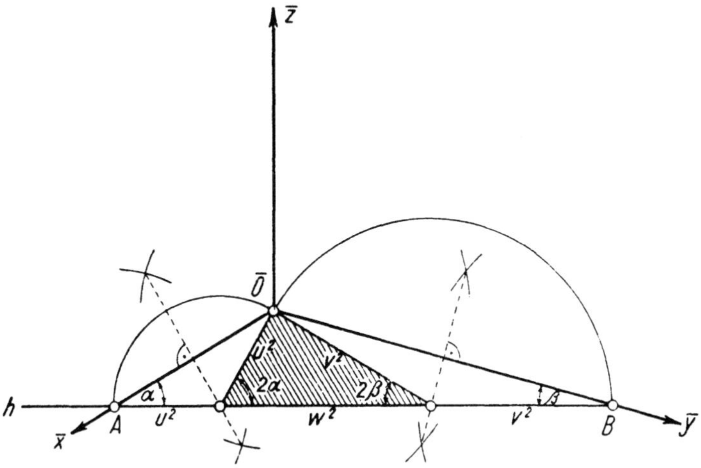

Fig. 37

Dreieck ergeben muß. Dieses in Fig. 36 schraffierte Dreieck heißt *Verkürzungsdreieck;* seine Seiten sind die Verkürzungsquadrate und es enthält die Winkel 2α, 2β, wobei wie in der Tabelle α und β die Winkel der $\bar{x}$-Achse und der $\bar{y}$-Achse mit der Horizontalen sind.

Dieses Dreieck erlaubt die geometrische Lösung folgender beider Aufgaben:

1) Gegeben die axonometrischen Einheiten u, v, w (vgl. § 3), gesucht die Bilder $\bar{x}, \bar{y}, \bar{z}$ der Achsen. Lösung (*Fig. 37*): Man legt u^2, w^2, v^2 auf eine Horizontale h und baut aus diesen Strecken das schraffierte Dreieck mit der Spitze $\bar{O}$ auf. Da die axonometrischen Einheiten proportional zu den Verkürzungen sind (§ 3, Formel 13), ist dieses Dreieck ähnlich zum Verkürzungsdreieck, enthält daher die Winkel 2α, 2β. Die Gerade $\bar{O}A$ bildet den Winkel α mit der Horizontalen, ist also die Achse $\bar{x}$, analog folgt $\bar{y} = OB$.

2) Gegeben die Bilder der Achsen, gesucht die Verkürzungen. Lösung (*Fig. 37*): Man wählt eine Horizontale h und konstruiert mittels der gezeichneten Mittelsenkrechten das schraffierte Dreieck. Seine Seiten sind proportional zu den Verkürzungsquadraten.

Spinoren. Die Gaußsche Gleichung (17) kann erfüllt werden durch den folgenden Ansatz

$$\boxed{\varrho = p^2 - q^2, \quad \sigma = i\,(p^2 + q^2), \quad \tau = 2pq.} \tag{18}$$

[1]) Die gedrehte Figur ist nun durch die drei Winkel ψ, ϑ, γ eindeutig bestimmt, daher kann γ als der dritte Eulersche Winkel bezeichnet werden.

Wählt man nämlich hierin p und q als beliebige komplexe Zahlen, so gilt von selbst $\varrho^2 + \sigma^2 + \tau^2 = 0$. Ein solches Paar p, q komplexer Zahlen nennt man einen *Spinor*. Man kann daher gemäss (18) die Normalprojektion eines Kartesischen Koordinatensystems (und damit das Koordinatensystem selbst) durch einen Spinor festlegen. Der Name «Spinor» rührt davon her, daß man in der theoretischen Physik von dieser Möglichkeit bei der Behandlung des Spins des Elektrons Gebrauch machen kann.

3. Abschnitt: Konstruktive Behandlung gekrümmter Flächen

Eine elementare Theorie allgemeiner Raumkurven und Flächen ist unmöglich, da die Hilfsmittel der *Differentialgeometrie* und der *algebraischen Geometrie* fehlen. Wir werden daher im folgenden nur spezielle – aber für die Anwendungen wichtige – Kurven und Flächen behandeln können. Immerhin wird auch dem theoretisch orientierten Leser das damit gewonnene Anschauungsmaterial für ein späteres Studium der höheren Geometrie willkommen sein.

§ 1. Die Schraubenlinie als Beispiel einer Raumkurve

Eine *Schraubung* einer räumlichen Figur mit der z-Achse als Schraubungsachse (*Fig. 38:* Grund- und Aufriß) besteht darin, daß der Grundriß der Figur um einen Winkel φ gedreht wird (Drehzentrum = Nullpunkt O), während zugleich die Koten aller Punkte der Figur um denselben Betrag $\Delta z = p \cdot \varphi$ wachsen. Dabei ist p eine gegebene Konstante, welche *Parameter* der Schraubung heißt. Die verschraubte Figur ist natürlich kongruent zur ursprünglichen Figur. Mißt man φ im Bogenmaß (rechter Winkel $= \pi/2$), so entspricht also einer vollen Umdrehung der Kotenzuwachs

$$h = 2\pi p . \qquad (19)$$

h heißt *Ganghöhe* der Schraubung. In Fig. 38 wurde p gegeben durch die erste Hauptebene π_1 von der Kote p; diese im folgenden öfters auftretende Ebene nennen wir die *Hauptebene der Schraubung*. Die Fig. 38 enthält die Schraubung eines Dreiecks um einen rechten Winkel; der zugehörige Kotenzuwachs $h/4$ wurde aus (19) mit dem Rechenschieber bestimmt.

Läßt man den Schraubungswinkel φ vom Anfangswert $\varphi = 0$ an kontinuierlich wachsen, so beschreibt ein Punkt P_0 unserer Figur eine Bahnkurve, die *Schraubenlinie* heißt (*Fig. 39*). Ihr Grundriß ist der gezeichnete Kreis vom Radius r; die Schraubenlinie liegt also auf dem Zylinder, der den Kreis als Basis und die z-Achse als Achse hat (*Zylinder der Schraubenlinie*). Der Aufriß der Kurve wurde gefunden durch Konstruktion der Punkte 1 bis 8. Ihre Grundrisse 1′ bis 8′ wurden gleichmäßig verteilt auf dem Kreis angenommen, so daß die Koten beziehlich $h/8$, $2h/8$, . . ., $7h/8$, h betragen.

Für die Koordinaten eines allgemeinen Punktes P der Schraubenlinie ergibt sich nun (schraffiertes rechtwinkliges Dreieck im Grundriß):

$$x = r\cos\varphi, \quad y = r\sin\varphi, \quad z = p\,\varphi, \tag{20}$$

woraus folgt:

$$y = r\sin\frac{z}{p}.$$

Der Aufriß der Schraubenlinie ist daher eine *Sinuskurve.*

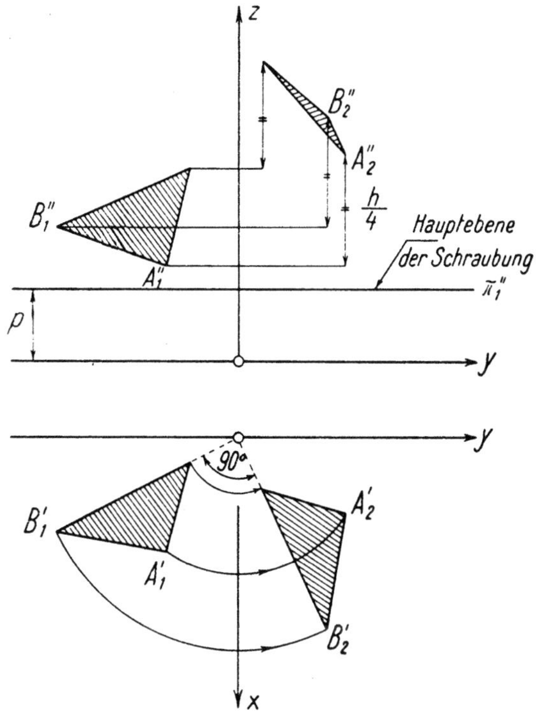

Fig. 38

Tangentenkonstruktion. Um die Tangente an die Schraubenlinie in P_0 zu finden, ziehen wir zunächst die Sekante P_0P, berechnen ihren Neigungswinkel σ zur Grundrißebene und lassen dann P auf der Schraubenlinie gegen P_0 streben. Im rechtwinkligen Dreieck $P_0'P'P$ ergibt sich

$$\operatorname{tg}\sigma = \frac{z}{P_0'P'}.$$

Nun ist $P_0'P' = 2r\cdot\sin\varphi/2$ (gestricheltes rechtwinkliges Dreieck im Grundriß) und unter Berücksichtigung von $z = p\,\varphi$ folgt

$$\operatorname{tg}\sigma = \frac{p}{r}\,\frac{\frac{\varphi}{2}}{\sin\frac{\varphi}{2}}.$$

Strebt nun φ gegen 0, so strebt in dieser Formel der zweite Bruch gegen 1, also erhalten wir für den Neigungswinkel τ der Tangente

$$\operatorname{tg}\tau = \frac{p}{r}. \tag{21}$$

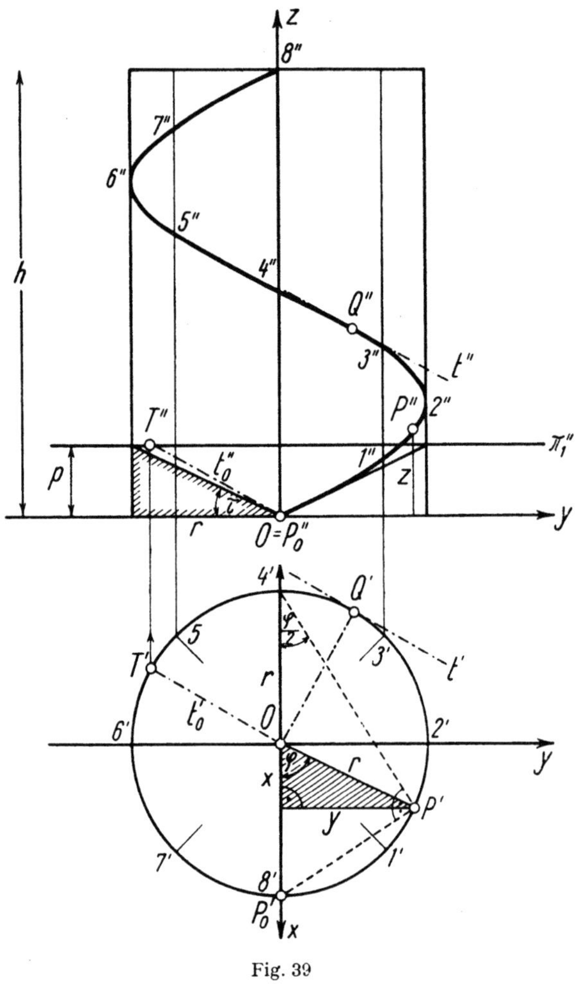

Fig. 39

Da sämtliche Tangenten der Schraubenlinie durch Verschraubung auseinander hervorgehen, haben sie alle denselben Neigungswinkel τ. Man nennt allgemein eine Kurve, deren Tangenten alle denselben Neigungswinkel zur Horizontalebene haben, eine *Böschungskurve*.

Zur praktischen Konstruktion der Schraublinientangente in einem Punkt benutzt man am besten den Schnittkreis des Zylinders der Schraubenlinie mit der Hauptebene der Schraubung. Verbindet man seine Punkte mit dem Nullpunkt O, so erhält man den in Fig. 39 dargestellten, auf der Spitze stehenden

Kegel. Da das schraffierte Dreieck im Aufriß die Katheten r und p hat, haben gemäß (21) die Mantellinien dieses Kegels den Neigungswinkel τ zur Grundrißebene, sind also parallel zu den Schraublinientangenten. Daher heißt der Kegel der *Richtungskegel* der Schraubenlinie.

Soll nun die Tangente t in Q bestimmt werden, so zeichnet man ihren Grundriß t' und den Grundriß t_0' der Parallelen t_0 durch O. Da t_0 Mantellinie des Richtungskegels ist, kann t_0'' mit Hilfe des Punktes T sofort gefunden werden, und t'' liegt dann parallel zu t_0''.

Abwicklung des Zylinders. Die Schraubenlinie schneidet alle Mantellinien ihres Zylinders unter demselben Winkel $(90^\circ - \tau)$. Schneidet man daher den Zylinder längs einer Mantellinie auf und breitet ihn in die Ebene aus, so geht die Schraubenlinie in eine Gerade über. Daraus folgt, daß die Schraubenlinie eine *geodätische Linie* ihres Zylinders ist, das heißt, die kürzeste auf dem Zylinder verlaufende Verbindung zwischen zwei (genügend benachbarten) Punkten P, Q der Schraubenlinie ist der Bogen PQ der Schraubenlinie selbst.

§ 2. Flächen, Tangentialebene

Wir betrachten vorerst nur krumme Flächen, welche durch Bewegung einer Kurve e_0 entstehen. Die verschiedenen aus e_0 durch die Bewegung entstehenden Kurven heißen die *Erzeugenden* e der Fläche; sie bilden eine erste Kurvenschar, welche die Fläche überzieht. Ein Punkt von e_0 beschreibt bei der

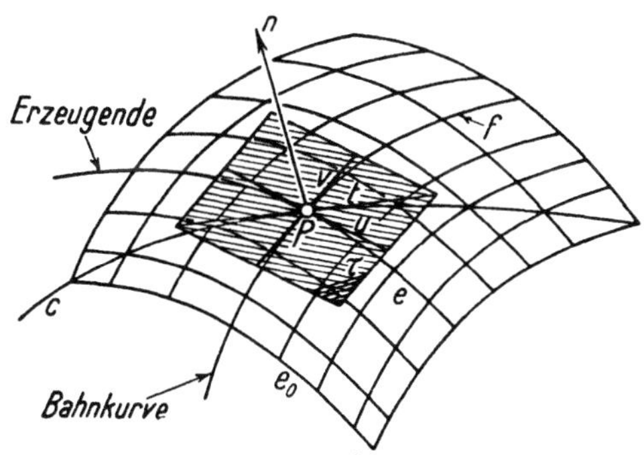

Fig. 40

Bewegung eine *Bahnkurve* f, und alle Bahnkurven ergeben eine zweite Kurvenschar auf der Fläche (*Fig. 40*). Die Schar der Erzeugenden und die Schar der Bahnkurven bezeichnen wir zusammen als das die Fläche überdeckende *Kurvennetz*. Dieses Netz bildet die Grundlage für die Lösung aller konstruktiven Aufgaben an der Fläche. Vorausgesetzt wird, daß das Kurvennetz folgende Eigenschaften hat:

a) Durch jeden Punkt P der Fläche soll genau eine Erzeugende e und genau eine Bahnkurve f gehen.

b) Die Tangenten u, v an diese beiden Netzkurven e, f im Punkt P sollen voneinander verschieden sein.

Definition: Die von den beiden Tangenten u und v aufgespannte Ebene heißt die *Tangentialebene* τ der Fläche im Punkt P; die Normale n zu dieser Tangentialebene in P heißt *Flächennormale.*

Die folgenden Beispiele sollen diese Grundbegriffe erläutern.

1) **Rotationsflächen** (*Fig. 41*). Gegeben sei im Grund- und Aufriß eine vertikale Rotationsachse a. Als Ausgangserzeugende e_0 wählen wir eine in der zweiten Hauptebene durch a liegende ebene Kurve, welche auch *Nullmeridian* der Fläche genannt wird. Diese Kurve wurde in Fig. 41 im Aufriß angenommen. Die Bewegung, welche die Fläche erzeugt, sei die Rotation um a; die Erzeugenden sind also die verdrehten Lagen von e_0 und heißen *Meridiane* der Rotationsfläche. Ein Punkt P_0 von e_0 beschreibt einen horizontalen Kreis f als Bahnkurve (*Parallelkreis* der Fläche). Auf ihm wurde ein allgemeiner Punkt P der Fläche gewählt.

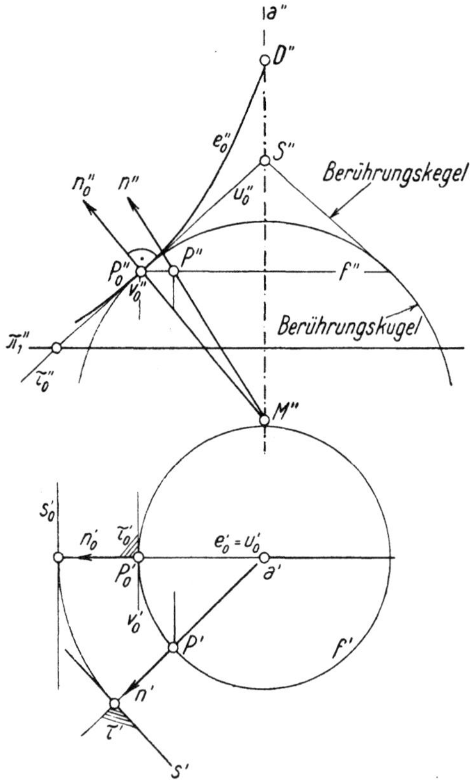

Fig. 41

Um nun zunächst die Tangentialebene τ_0 in P_0 zu konstruieren, müssen also die Tangenten u_0, v_0 an den Nullmeridian e_0 und den Parallelkreis f gelegt werden. u_0 liegt in der Nullmeridianebene und die Kreistangente v_0 steht senkrecht zur Aufrißebene, daher ist τ_0 die zweite projizierende Ebene durch die Nullmeridiantangente u_0. In der Figur wurde noch ihre Spur s_0 in der ersten Hauptebene π_1 konstruiert. Die Flächennormale n_0 in P_0 ist eine zweite Hauptgerade; sie schneidet die Rotationsachse in M.

Die Tangentialebene im allgemeinen Flächenpunkt P wird nun gefunden, indem man τ_0 bei der Rotation mitdreht. In Fig. 41 wurde einfach durch Drehen der Spur s_0 die Spur s der gesuchten Tangentialebene τ ermittelt. Die aus τ_0 durch die Rotation hervorgehenden Ebenen umhüllen einen Kegel mit der Spitze S; er berührt die Rotationsfläche längs des Parallelkreises f und heißt daher *Berührungskegel.* Die Flächennormale n in P wurde ebenfalls durch Drehen von n_0 bestimmt; zur Konstruktion von n'' beachte man, daß der Punkt M bei dieser Drehung fest bleibt. Die Kugel mit dem Zentrum M, welche durch den Parallelkreis f geht, berührt die Rotationsfläche ebenfalls längs f und heißt *Berührungskugel.*

Im Durchstoßpunkt D der Achse a mit der Fläche ist die obige Bedingung a) verletzt, da durch D unendlich viele Meridiane laufen. In D kann also die Tangentialebene nicht definiert werden. In der Tat zeigt die Anschauung, daß D eine «Spitze» der Fläche mit unbestimmter Tangentialebene ist.

2) **Schraubenflächen.** Es sei wie in § 1 eine Schraubung gegeben durch die z-Achse als Schraubungsachse und die Hauptebene π_1 der Schraubung. Wird irgendeine Raumkurve e_0 der Schraubung unterworfen, so entsteht eine Schraubenfläche; ihre Erzeugenden e sind die verschraubten Lagen von e_0, und die Bahnkurven sind Schraubenlinien. In *Fig. 42* wurde eine Erzeugende e und auf ihr ein Punkt P angenommen. Die Bahnschraubenlinie f durch P wurde nur im Grundriß gezeichnet. Die Tangentialebene τ an die Fläche in P wird aufgespannt durch die Tangente u an die Erzeugende e und die Tangente v an die Bahnschraubenlinie f. Dabei wurde v konstruiert nach der Methode von § 1 unter Benutzung des Richtungskegels der Bahnschraubenlinie und der Parallelen v_0 durch O.

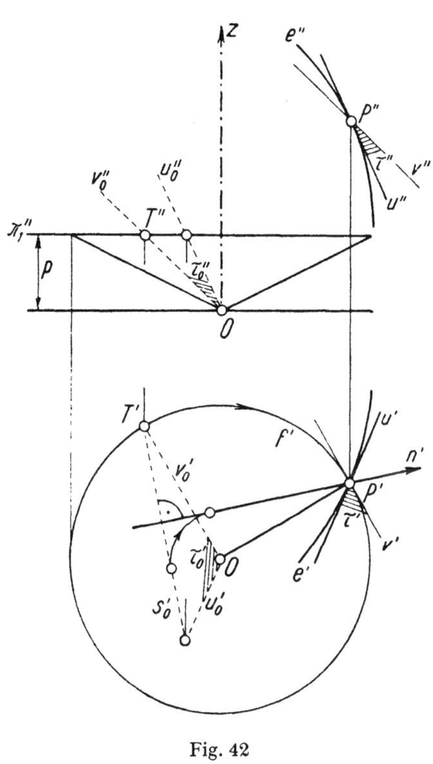

Fig. 42

Die Flächennormale n wurde nur im Grundriß konstruiert. Man hat zu diesem Zweck durch O die Parallelebene τ_0 zur Tangentialebene gelegt und ihre Spur s_0 in der Hauptebene π_1 der Schraubung ermittelt; n' steht senkrecht zu s_0'. Da nun bei einer Drehung um 90^0 der Punkt T' nach P' kommt, folgt aus der Figur, daß n' auch erhalten werden kann, indem man s_0' um 90^0 dreht. Wir formulieren dieses Resultat, welches uns später noch gute Dienste leisten wird:

20. *Gegeben sei eine Schraubenfläche (Schraubungsachse = z-Achse). Verschiebt man die Tangentialebene in einem Flächenpunkt parallel an den Nullpunkt O und dreht die Spur dieser Parallelebene in der Hauptebene der Schraubung um 90^0 um O, so erhält man den Grundriß der Flächennormalen.*

3) **Kegelflächen.** Eine Kegelfläche entsteht durch Bewegung einer Geraden, wobei ein Punkt S der Geraden festgehalten wird und die Gerade dauernd längs einer gegebenen Raumkurve L, der *Leitkurve*, gleitet. In der räumlichen

Skizze (*Fig. 43*) wurde eine allgemeine Lage der Erzeugenden e und auf ihr ein allgemeiner Flächenpunkt P gewählt. Die Tangentialebene τ in P wird aufgespannt durch die Erzeugende e (die ja ihre eigene Tangente ist) und die Tangente v an die Bahnkurve f. Um letztere zu finden, wurde eine Nachbarerzeugende e_1 angenommen. Die Sekante PP_1 der Bahnkurve und die Sekante QQ_1 der Leitkurve liegen in einer Ebene. Läßt man e_1 gegen e streben, so folgt daraus, daß auch die Tangente v an die Bahnkurve und die Tangente t an die Leitkurve in einer Ebene liegen. Da diese Ebene die Erzeugende e enthält, ist sie die gesuchte Tangentialebene τ in P. Es folgt:

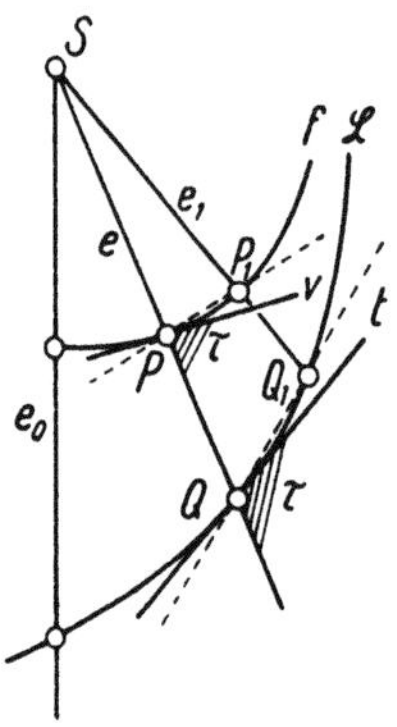

Fig. 43

21. *Die Tangentialebene in einem Punkt P einer Kegelfläche wird aufgespannt von der durch P laufenden Erzeugenden e und von der Tangente an die Leitkurve in ihrem Schnittpunkt mit e. Die Tangentialebenen in den verschiedenen Punkten einer Erzeugenden fallen also zusammen.*

Zylinderflächen entstehen, wenn eine erzeugende Gerade so parallel verschoben wird, daß ein Punkt längs einer gegebenen Leitkurve gleitet. Sie sind als Kegel mit unendlich ferner Spitze aufzufassen.

4) **Regelflächen.** Wird eine Fläche speziell durch Bewegung einer Geraden erzeugt, so heißt sie Regelfläche. Ihre Erzeugenden e sind also gerade Linien. Die eben behandelten Kegel gehören zu diesem Flächentypus. Im Gegensatz zu Satz 21 können aber bei einer allgemeinen Regelfläche die Tangentialebenen in den verschiedenen Punkten einer Erzeugenden voneinander verschieden sein. Es soll dies am einfachen Beispiel der *Wendelfläche* gezeigt werden; es ist dies eine Schraubenfläche, wobei die Ausgangserzeugende e_0 eine Gerade ist, welche die Schraubungsachse senkrecht schneidet. *Fig. 44a* zeigt ein anschauliches (axonometrisches) Bild der Fläche. In *Fig. 44b* wurde im Grund- und Aufriß wie immer die Schraubungsachse als z-Achse angenommen und die Ausgangserzeugende e_0 der Wendelfläche senkrecht zur Aufrißebene gewählt.

Läßt man nun einen Punkt P auf e_0 von außen her gegen die Achse zu wandern und konstruiert für einige Lagen $P_1, P_2 \ldots$ dieses Punktes die zugehörigen Tangentialebenen $\tau_1, \tau_2 \ldots$ nach dem Verfahren der obigen Nr. 2, so erkennt man, daß die Tangentialebene in P sich um die Gerade e_0 dreht und immer steiler wird. Speziell ist in P_3 die Tangentialebene vertikal.

Der Hauptsatz über die Tangentialebene. Wir kehren noch einmal zu den allgemeinen Eigenschaften der Flächen und zu Fig. 40 zurück. Es sei c eine beliebige Kurve auf der Fläche, P ein Punkt auf ihr und τ die Tangentialebene an die Fläche in P. Dann gilt die wichtige Tatsache, daß die Tangente an c in P in der Tangentialebene τ liegt. Kurz ausgedrückt:

22. *Die Tangente einer Flächenkurve liegt in der Tangentialebene der Fläche.*

In *Fig. 45* erbringen wir den Beweis für Rotationsflächen, dürfen aber nicht verschweigen, daß für allgemeinere Flächen kein so elementarer Beweis existiert. Wir haben schematisch gezeichnet: c = Flächenkurve, P = Punkt auf ihr,

P_1 = Nachbarpunkt, e, e_1 = Meridiane durch P bzw. P_1 und f, f_1 = Parallelkreise durch P bzw. P_1. Nun ist das Viereck $P\,Q\,P_1 Q_1$ ein ebenes Viereck, da die Gerade $P_1 Q_1$ parallel zu $P\,Q$ liegt. Also enthält die Ebene $P\,Q\,Q_1$ die Sekante $P\,P_1$ der Kurve c. Lassen wir nun P_1 gegen P streben, so geht diese Ebene $P\,Q\,Q_1$ in die Tangentialebene τ über (denn $P\,Q$ wird zur Parallelkreistangente und $P\,Q_1$ zur Meridiantangente). Außerdem strebt die Sekante $P\,P_1$ gegen die Tangente an c. Also enthält die Tangentialebene τ diese Tangente.

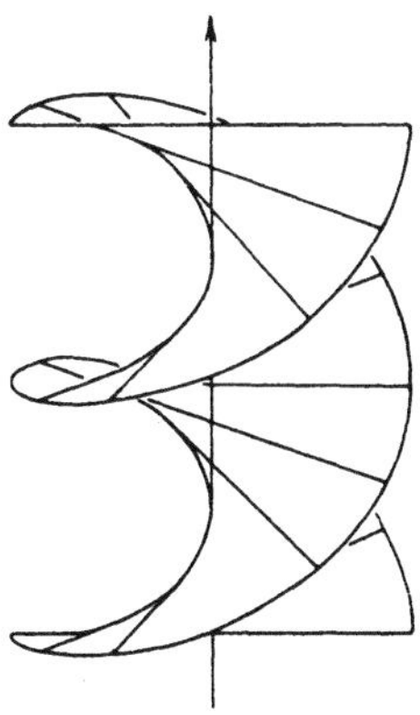

Fig. 44 a

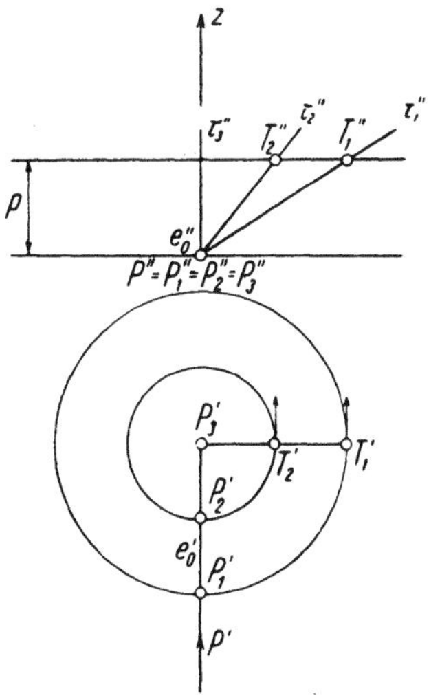

Fig. 44 b

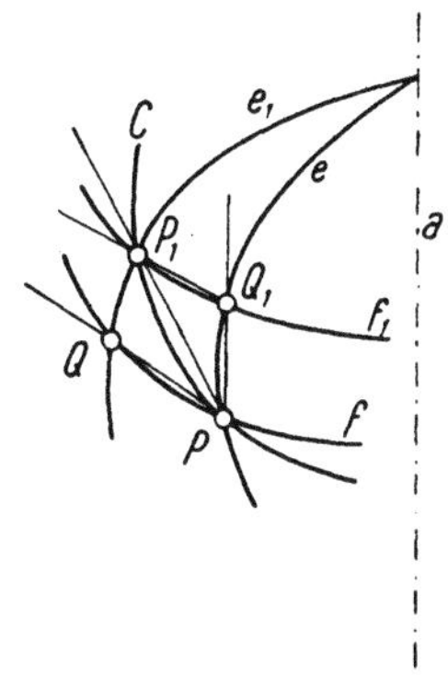

Fig. 45

Ähnlich läßt sich der Beweis des Hauptsatzes für Kegelflächen erbringen. Denken wir uns durch einen Punkt P einer Fläche alle Flächenkurven gezogen, so bilden die Tangenten dieser Kurven in P nach dem Hauptsatz eine Ebene, nämlich die Tangentialebene. Daher kann die Tangentialebene als erste Annäherung der Fläche in der Umgebung von P angesehen werden. Dies ist analog zu der Annäherung einer Kurve durch ihre Tangente in der ebenen Geometrie.

§ 3. Umriß

In *Fig. 46* wurde im Grund- und Aufriß eine Schraubenlinie dargestellt (Punkte 0–9 usw.), und es soll nun die Schraubenfläche anschaulich dargestellt werden, welche durch Schraubung der Sehne $e = 07$ der Schraubenlinie entsteht. Sobald man einige der verschraubten Lagen (18, 29 usw.) dieser Erzeugenden im Aufriß zeichnet, merkt man, daß die Begrenzung der Fläche im Aufriß nicht allein von der gegebenen Schraubenlinie geliefert wird, sondern daß sich eine Umrißkurve ausbildet, welche von allen Erzeugenden umhüllt wird. Um diese Kurve genau zu konstruieren, müssen wir folgende allgemeine Überlegungen vorausschicken.

Definition. Eine Fläche werde in der Projektionsrichtung l projiziert. Dann versteht man unter einem *Umrißpunkt* der Fläche einen Punkt U, in welchem die Tangentialebene parallel zu l ist. Die von allen Umrißpunkten gebildete und *auf der Fläche verlaufende Raumkurve* u heißt der *Umriß* der Fläche.

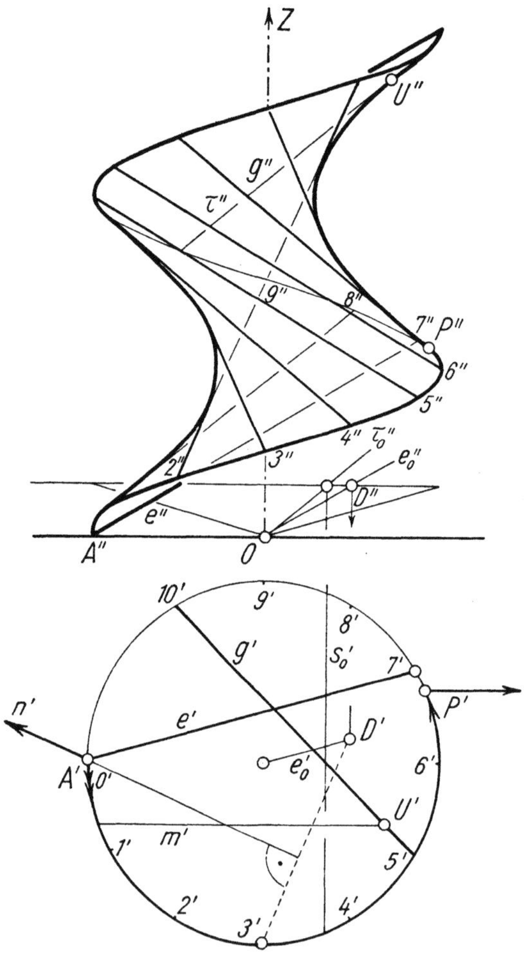

Fig. 46

Handelt es sich zum Beispiel um den *Grundriß* einer Fläche, so ist l senkrecht zur Grundrißebene, also muß in einem Umrißpunkt U die Tangentialebene eine erste *projizierende Ebene* sein. u wird dann auch als *erster Umriß* bezeichnet. Analog definiert man den zweiten Umriß, wenn die Fläche im Aufriß dargestellt werden muß.

Beispiel: Der erste Umriß einer Kugel ist der Großkreis in der ersten Hauptebene, welche durch das Kugelzentrum läuft.

Bemerkung: Gemäß obiger Definition kann der Umriß einer Fläche auch aufgefaßt werden als die *Eigenschattengrenze* der Fläche, wenn die Lichtstrahlen parallel zu l einfallen. Die im folgenden entwickelten Methoden zur Umrißkonstruktion können daher auch auf die Konstruktion der Eigenschattengrenze einer Fläche bei Parallelbeleuchtung angewendet werden.

Nun beweisen wir folgenden Satz: Es sei c eine Kurve auf der Fläche, welche den Umriß u in U trifft. Dann berühren sich die Projektionen von c und u im Bild von U. (Ausnahme: Die Tangente an c oder an u liegt in U parallel zur Projektionsrichtung.) Kurz ausgedrückt:

23. *Die Projektion einer Flächenkurve berührt im allgemeinen die Projektion des Umrisses.*

Beweis: Die Tangenten an c und u in U liegen in der Tangentialebene τ der Fläche (Hauptsatz über die Tangentialebene). Da definitionsgemäß τ parallel zu l ist, fallen die Projektionen dieser beiden Tangenten zusammen, also berühren sich die Projektionen von c und u. Tritt jedoch der Spezialfall ein, daß eine dieser Tangenten parallel zu l ist, so ist ihre Projektion ein Punkt, und es kann nichts ausgesagt werden.

Der Satz 23 zeigt, daß die Projektion des Umrisses als Enveloppe[1]) der Projektionen der Erzeugenden der Fläche gefunden werden kann, womit der Zusammenhang mit dem anschaulichen Beispiel der Fig. 46 hergestellt ist. Wir kehren nun zu diesem Beispiel zurück. Es soll zunächst der zweite Umrißpunkt U auf einer gegebenen Erzeugenden g der Schraubenfläche konstruiert werden. Die Tangentialebene τ in U ist zum vornherein bekannt, es ist die zweite projizierende Ebene durch g. Es sei τ_0 die Parallelebene durch O und s_0 deren Spur in der Hauptebene der Schraubung. Indem man s_0 um 90^0 dreht, erhält man nach Satz 20 den Grundriß m' der Flächennormalen, welcher aus g' den Grundriß U' des gesuchten Umrißpunktes schneidet.

Sodann soll noch der Umrißpunkt P auf einer Bahnschraubenlinie, zum Beispiel auf der gegebenen Randschraubenlinie, gefunden werden. Zu diesem Zweck wurde zunächst im Ausgangspunkt A dieser Schraubenlinie die Flächennormale n im Grundriß konstruiert. (Nach der Methode von Fig. 42.) Im gesuchten Umrißpunkt P muß die Tangentialebene zweite projizierende Ebene, also die Flächennormale zweite Hauptgerade sein. Man muß daher A' im Grundriß so lange drehen, bis die mitgedrehte Gerade n' horizontal wird. Dann ist man in P' angelangt.

Rotationsfläche. Es soll eine Rotationsfläche mit der z-Achse als Achse axonometrisch dargestellt werden. In *Fig. 47* haben wir das Achsenkreuz Nr. 1 der Tabelle auf Seite 47 rechts im Aufriß und links im Seitenriß dargestellt und den Nullmeridian e_0 der Fläche im Seitenriß gegeben. Er ist eine gleichseitige Hyperbel mit der z-Achse als Asymptote. Um die Fläche im axonometrischen Bild (= Aufriß) darzustellen, müssen wir also den zweiten Umriß u konstruieren.

---

[1]) Enveloppe = eingehüllte Kurve.

Wir suchen zu diesem Zweck den Umrißpunkt U auf einem gegebenen Parallelkreis f (nur im Seitenriß eingezeichnet). Diese Aufgabe löst man mit der folgenden *Methode der Berührungskugel* (§ 2, Nr. 1). In der Figur wurde die Berührungskugel längs f eingezeichnet (Zentrum M). U ist nun auch Umrißpunkt der Berührungskugel, da die Tangentialebene τ an die Kugel in U überein-

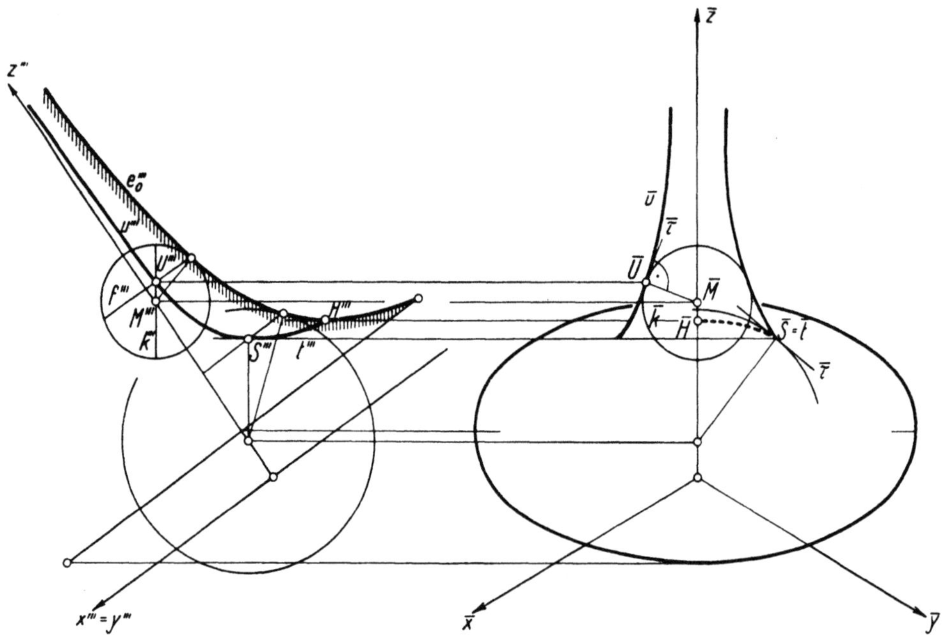

Fig. 47

stimmt mit der Tangentialebene an die Fläche, also ebenfalls zweite projizierende Ebene sein muß. Daher wird U gefunden als Schnittpunkt von f mit dem Kugelumriß; dieser ist der Großkreis k in der zweiten Hauptebene durch M.

τ erscheint nun im Aufriß als Gerade, und zwar als die Tangente $\bar{\tau}$ an $\bar{k}$; da die Tangente an den Umriß u in τ liegt (Hauptsatz über die Tangentialebene) ist also $\bar{\tau}$ die Tangente an $\bar{u}$. Die Tangente an den Seitenriß u''' kann elementar nicht gefunden werden.

Nachdem man so die Umrißkurve punktweise konstruiert hat, erkennt man, daß es auf ihr einen Punkt S gibt, in welchem die Tangente im Seitenriß horizontal ist. (Die genaue Lage von S kann mit elementaren Mitteln nicht bestimmt werden.) Da die Tangentialebene τ in S zweite projizierende Ebene ist, muß die Tangente t an die Raumkurve u in S senkrecht zur Aufrißebene sein. Ihr Aufriß ist daher ein Punkt, und zwar $\bar{S}$. Nun folgt andererseits durch Grenzübergang, daß auch in $\bar{S}$ der Aufriß $\bar{u}$ den Aufriß $\bar{\tau}$ der Tangentialebene berühren muß. Da nun einerseits $\bar{u}$ oberhalb der Ordnungslinie $S'''\bar{S}$ bleiben muß (wie man im Seitenriß abliest) und andererseits $\bar{u}$ von beiden Seiten her mit der Tangente $\bar{\tau}$ in $\bar{S}$ einlaufen muß, ergibt sich, daß $\bar{S}$ ein *Rückkehrpunkt*, und zwar eine *Spitze* von $\bar{u}$ ist. Diese Spitze kommt allerdings anschaulich nicht zur Geltung, da die Umrißkurve vom Punkt S an unsichtbar wird. Für die Anschauung ist also $\bar{S}$ ein *Endpunkt* des Umrisses (vgl. den linken Teil der Figur).

Denken wir uns nun die Fläche entfernt und nur die Raumkurve u vorhanden, so können wir folgendes Resultat formulieren:

24. *Liegt die Tangente t in einem Punkt S einer Raumkurve u parallel zur Projektionsrichtung, so kann die Projektion der Kurve im Bildpunkt von S einen Rückkehrpunkt haben.*

Als einfaches Beispiel für diesen Satz denke man sich einen Kreis, dessen Ebene senkrecht zur Grundrißebene steht. Der Grundriß des Kreises ist dann eine doppelt durchlaufene Strecke, deren Endpunkte Rückkehrpunkte sind.

Bemerkung: Für die Umrißkonstruktion einer Rotationsfläche kann man an Stelle der Berührungskugel auch den *Berührungskegel* verwenden (§ 2).

Kegelfläche. Der Umriß eines Kegels besteht immer aus einer (oder mehreren) Erzeugenden (Mantellinien). Beweis: Sei U ein Umrißpunkt der Fläche, also die Tangentialebene τ in U parallel zur Projektionsrichtung l. Sei ferner e die durch U laufende Erzeugende. Nach Satz 21 fällt die Tangentialebene in jedem anderen Punkt Q von e mit τ zusammen, ist also auch parallel zu l und daher ist Q ebenfalls Umrißpunkt.

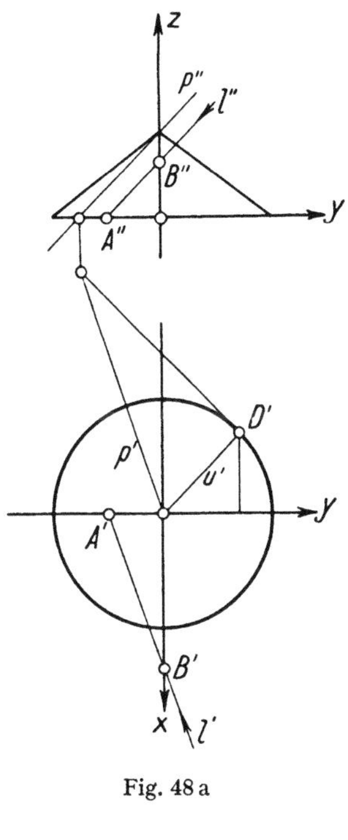

Fig. 48 a

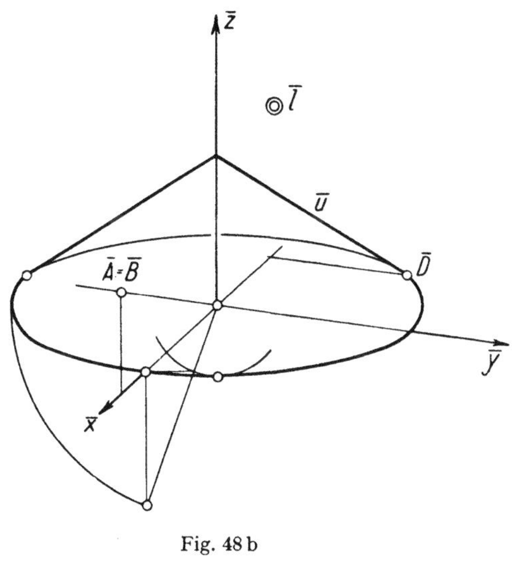

Fig. 48 b

Als Beispiel wurde in *Fig. 48a* ein gerader Kreiskegel im Grund- und Aufriß angenommen und in Fig. 48b durch Auftragen der Koordinaten axonometrisch dargestellt. (Achsenkreuz Nr. 2 der Tabelle auf Seite 47, axonometrische Einheiten 1,2,2.) Zur Umrißkonstruktion muß die zur Bildebene der Axonometrie senkrechte Projektionsrichtung l in die Fig. 48a übertragen werden. Zu diesem Zweck wurden in Fig. 48b zwei Punkte A, B angenommen, deren axonometrische

Bilder sich decken. (A auf der negativen y-Achse und B in der x, z-Ebene.) Die Koordinaten von A, B wurden im axonometrischen Bild abgelesen und in Fig. 48a aufgetragen; damit ist l als Verbindungsgerade AB bestimmt. Sodann wurde nach dem Verfahren von Fig. 24 eine zu l parallele Tangentialebene an den Kegel gelegt; ihre Berührungsmantellinie u ergibt eine Umrißmantellinie im axonometrischen Bild. Gemäß Satz 23 muß $\bar{u}$ Tangente an die Ellipse sein, welche in Fig. 48b das axonometrische Bild des Grundkreises ist. Man hätte daher die Umrißmittellinien auch finden können als Tangenten vom Bild der Kegelspitze aus an die genannte Ellipse.

Die in Fig. 48 benutzte Methode der Umrißkonstruktion durch *Zurückgehen in das Grund- und Aufrißverfahren* ist auch in der allgemeinen Axonometrie und Perspektive anwendbar (vgl. den dritten Teil des Buches).

Regelfläche. Als Beispiel für die Umrißkonstruktion bei einer Regelfläche kann die Schraubenfläche von Fig. 46 dienen. Allgemein wäre noch folgendes festzuhalten:

Es werde der Umrißpunkt U auf einer gegebenen (geradlinigen) Erzeugenden e der Regelfläche gesucht. Die Tangentialebene in U wird aufgespannt durch e und die Projektionsrichtung l, ist also bekannt. Die Konstruktion von U läuft also auf folgende *Grundaufgabe über Regelflächen* hinaus:

Gegeben eine Erzeugende e einer Regelfläche und eine Ebene τ durch e. Gesucht der Punkt auf e, in welchem τ Tangentialebene ist.

§ 4. Ebener Schnitt

Eine Fläche soll mit einer gegebenen Ebene α geschnitten werden. Methode zur Konstruktion von Punkten der Schnittkurve:

25. *Um allgemeine Punkte des ebenen Schnittes einer Fläche zu finden, lege man eine Schar von Hilfsebenen, welche aus der Fläche Erzeugende oder Bahnkurven oder andere einfache Kurven schneiden.*

Wir erläutern dieses Grundprinzip am Beispiel einer Rotationsfläche in *Fig. 49a.* Es wurde speziell ein Rotationskegel angenommen, jedoch gelten die meisten der folgenden Konstruktionen auch für eine beliebige Rotationsfläche. Die Schnittebene α wurde durch die beiden Hauptgeraden h_1, h_2 gegeben. Bei jeder Rotationsfläche kann man die Schar der Hilfsebenen auf zwei verschiedene Arten wählen:

a) Hilfsebenen durch die Rotationsachse schneiden aus der Fläche die erzeugenden Meridiane.

b) Erste Hauptebenen als Hilfsebenen schneiden aus der Fläche Bahnkurven, das heißt Parallelkreise.

Wir haben uns zunächst für die zweite Variante entschieden und eine erste Hauptebene π_1 als Hilfsebene gelegt. Sie schneidet aus der Fläche den Kreis k und aus der Schnittebene α deren erste Hauptgerade h. Die Schnittpunkte P und Q von h und k sind Punkte der Schnittkurve.

Methode zur Konstruktion von Tangenten der Schnittkurve:

26. *Sei P ein Punkt der Schnittkurve einer Fläche mit der Ebene α. Dann ist die Tangente an die Schnittkurve in P die Schnittgerade von α mit der Tangentialebene an die Fläche in P.*

Beweis: Die Tangente t muß nach dem Hauptsatz über die Tangentialebene in τ (=Tangentialebene in P) liegen. Da andererseits die Schnittkurve ganz in der Ebene α liegt, muß t auch in α liegen.

Bemerkung: Der Beweis versagt, wenn α und τ zusammenfallen, das heißt, wenn die Schnittebene selbst Tangentialebene der Fläche ist. Auf diesen Ausnahmefall werden wir unten zurückkommen.

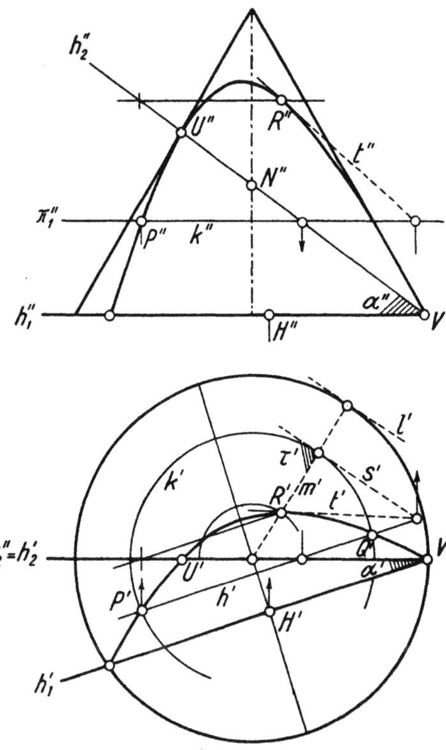

Fig. 49 a

In Fig. 49a wurde die Tangentenkonstruktion im Punkt R durchgeführt, der auf die gleiche Weise wie P und Q gefunden wurde. Die Tangentialebene τ in R wird nach Satz 21 aufgespannt durch die Mantellinie m und die Tangente l an die Leitkurve (=Grundkreis). Ihre Schnittgerade mit α wurde nach der Methode der Spuren konstruiert, indem die Spuren s und h der beiden Ebenen τ, α in der ersten Hauptebene π_1 miteinander geschnitten wurden. Die Schnittgerade ist die gesuchte Tangente t.

Ausgezeichnete Punkte. Bei der Konstruktion einer Flächenkurve (auch eines Umrisses oder einer Eigenschattengrenze) treten verschiedene Sorten ausgezeichneter Kurvenpunkte auf, welche wichtiger sind als beliebige allgemeine Punkte.

a) *Umrißpunkte.* Es sollen in Fig. 49a die zweiten Umrißpunkte auf der Schnittkurve gefunden werden. Der zweite Umriß der Rotationsfläche wird gebildet durch den Nullmeridian, welcher beim Kegel aus den beiden äußersten Mantellinien besteht. Dieser Nullmeridian liegt in der zweiten Hauptebene π_2 durch die Achse und diese Ebene ist nun als Hilfsebene einzuführen. Sie schneidet aus α die zweite Hauptgerade h_2, welche nun aus dem Nullmeridian die gesuchten Umrißpunkte U, V schneidet. In diesen Punkten muß nach Satz 23 der Aufriß der Schnittkurve den Nullmeridian berühren.

b) *Punkte in Symmetrieebenen.* Häufig hat die ganze Konfiguration, welche der Konstruktion einer Kurve zugrunde liegt, eine Symmetrieebene, so daß auch die Kurve symmetrisch zu dieser Ebene verlaufen muß. Ein Punkt der Kurve in der Symmetrieebene ist ein ausgezeichneter Punkt; falls die Kurve in ihm eine eindeutig bestimmte Tangente hat, so steht diese Tangente senkrecht zur Symmetrieebene oder liegt in speziellen Fällen in ihr.

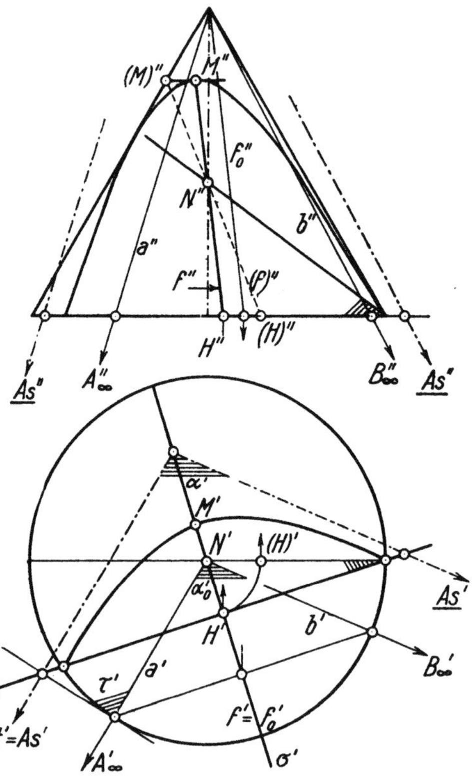

Fig. 49 b

Bei unserem Kegel wurde diese Konstruktion in *Fig. 49b* durchgeführt. Eine Symmetrieebene der Konfiguration ist die erste projizierende Ebene σ, welche durch die Achse normal zu h_1 geht. Sie muß nun als Hilfsebene eingeführt werden. σ schneidet aus α die Gerade $f = HN$. Es ist dies die steilste Gerade in α, auch *Fallgerade* von α genannt. Um nun f mit der Rotationsfläche zu durchstoßen, wurde f in die Nullmeridianebene gedreht (N bleibt fest, H wurde nach (H) gedreht) und die gedrehte Gerade (f) mit dem Nullmeridian in (M) geschnitten. Zurückdrehen ergibt den gesuchten Punkt M der Schnittkurve in σ; in ihm ist die Tangente horizontal.

c) *Unendlich ferne Punkte.* Hier benutzen wir eine Verallgemeinerung der Variante a) für die Wahl der Hilfsebenen, nämlich Hilfsebenen durch die Kegelspitze. Jede solche Ebene schneidet aus dem Kegel zwei Mantellinien a, b, deren Durchstoßpunkte A, B mit α Punkte der Schnittkurve ergeben. Die Tangenten in A, B sind die Schnittgeraden von α mit den Tangentialebenen, welche den Kegel längs a, b berühren. Nähern wir nun diese Hilfsebene der Parallelebene α_0 zu α durch die Kegelspitze, so entfernen sich A, B immer mehr und die Tangenten in diesen Punkten werden zu *Asymptoten* der Schnittkurve.

In Fig. 49b wurde dies durchgeführt. Die Parallelebene α_0 wurde mittels der parallel verschobenen Fallgeraden f_0 gefunden. α_0 schneidet aus dem Kegel die Mantellinien a, b, welche nach den «unendlich fernen» Punkten A_∞, B_∞ der Schnittkurve zeigen. Die Asymptoten sind als Grenzlagen von Tangenten nach dem eben Gesagten die Schnittgeraden von α mit den Tangentialebenen an den Kegel längs a, b. Wir haben zum Beispiel die Asymptote t konstruiert, indem wir die Spur der Tangentialebene τ in der Grundkreisebene mit der Spur h_1 von α geschnitten haben. t liegt parallel zu a.

Bemerkung: Bei einer allgemeinen Rotationsfläche hat die Schnittkurve nur dann eine Asymptote, wenn der Nullmeridian selbst eine Asymptote hat. Sie beschreibt bei der Rotation den *Asymptotenkegel* der Fläche. Für die Asymptotenkonstruktion der Schnittkurve kann die Fläche durch diesen Asymptotenkegel ersetzt werden.

Kegelschnitt. Wir werden im 2. Teil des Buches beweisen, daß der ebene Schnitt eines (geraden oder schiefen) Kreiskegels eine *Ellipse*, *Parabel* oder *Hyperbel* ist[1]). (Den Spezialfall, wo die Schnittebene α durch die Kegelspitze geht, also die Schnittkurve aus Mantellinien besteht, lassen wir beiseite.) Im Fall der Fig. 49 ist die Kurve also eine Hyperbel, da sie zwei Asymptoten besitzt. Der zweite Ast der Hyperbel verläuft auf dem oberen Teil des Kegels, der entsteht, wenn man die Mantellinien über die Spitze hinaus verlängert. Wenn die Schnittebene α so flach angenommen wird, daß die Parallelebene α_0 durch die Spitze keine Mantellinien aus dem Kegel schneidet, so hat die Schnittkurve keine Asymptoten und keine unendlich fernen Punkte, ist also eine Ellipse[2]). Als Übergangsfall entsteht eine Parabel, wenn α_0 den Kegel berührt. Zusammengefaßt:

27. *Der ebene Schnitt eines (geraden oder schiefen) Kreiskegels ist eine Hyperbel, Parabel oder Ellipse, je nachdem ob die Parallelebene zur Schnittebene durch die Kegelspitze aus dem Kegel zwei, eine oder keine Mantellinie schneidet.*

Zylinderschnitt. Wird ein Kreiszylinder als Grenzfall eines Kegels aufgefaßt und läßt man den trivialen Fall beiseite, daß die Schnittebene parallel zu den Mantellinien des Zylinders ist, so trifft jede Mantellinie des Zylinders die Schnittebene im Endlichen und daher ist der Schnitt eine Ellipse.

27a. *Der ebene Schnitt eines (geraden oder schiefen) Kreiszylinders ist eine Ellipse.*

Bemerkung: In beiden Sätzen kann als Spezialfall der Ellipse natürlich ein Kreis auftreten.

---

[1]) Daher nennt man diese drei Kurven auch *Kegelschnitte*.

[2]) Vgl. auch 2. Teil, § 4, Fig. 71, 72.

Schnitt einer Fläche mit einer ihrer Tangentialebenen. In *Fig. 50* wurde eine Rotationsfläche mit der z-Achse als Achse durch den Nullmeridian e_0 gegeben. Die Fläche soll nun mit ihrer eigenen Tangentialebene α im Punkt A geschnitten werden (α ist erste projizierende Ebene). Hier liegt also der anläßlich des Beweises von Satz 26 erwähnte Spezialfall vor. Der allgemeine Punkt P der Schnittkurve und seine Tangente t wurden genau nach den eben besprochenen Methoden gefunden (Konstruktion der Tangentialebene an die Fläche in P gemäß Fig. 41). In A versagt die in Satz 26 angegebene Tangentenkonstruktion, und zwar zeigt die Figur, daß A ein *Doppelpunkt* der Schnittkurve wird, so daß in A nicht eine, sondern zwei Tangenten – die sogenannten *Haupttangenten* – existieren. Wir halten fest:

28. *Die Schnittkurve einer Fläche mit ihrer Tangentialebene im Punkt A kann in A einen Doppelpunkt haben*[1]).

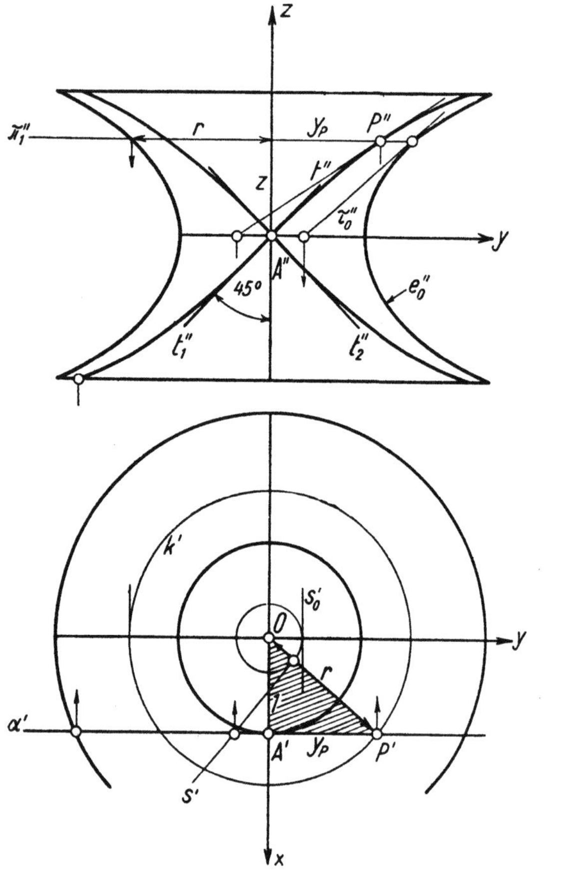

Fig. 50

Die Konstruktion der Haupttangenten im Doppelpunkt ist mit elementaren Mitteln nicht möglich; es soll jedoch eine Berechnung dieser Tangenten im speziellen Beispiel der Fig. 50 vorgeführt werden. Als Meridian e_0 wurde nämlich eine *Kettenlinie* gewählt, und zwar speziell die Kurve

$$y = \mathrm{Ch}\, z. \tag{22}$$

(Ch = hyperbolischer Cosinus.) Legen wir also eine erste Hauptebene in der Höhe z, so schneidet sie aus der Fläche den Kreis k vom Radius $r = \mathrm{Ch}\, z$. Speziell ist also der Radius des kleinsten Parallelkreises («*Kehlkreis*») $OA = \mathrm{Ch}\, O = 1$. Aus dem schraffierten rechtwinkligen Dreieck im Grundriß folgt daher für die y-Koordinate von P:

$$y_P = \pm \sqrt{r^2 - 1} = \pm \sqrt{\mathrm{Ch}^2 z - 1} = \pm\, \mathrm{Sh}\, z. \tag{23}$$

[1]) Man nennt dann A einen ***hyperbolischen Punkt*** der Fläche. Hingegen heißt ein Flächenpunkt A ***elliptisch***, wenn die in ihm konstruierte Tangentialebene in der Umgebung von A keine Punkte außer A mit der Fläche gemeinsam hat (zum Beispiel ist jeder Punkt der Kugel elliptisch). In der Differentialgeometrie definiert man noch eine dritte Sorte von Flächenpunkten, die ***parabolischen Punkte***, welche gewisse Übergangsfälle zwischen den elliptischen und hyperbolischen Punkten darstellen (zum Beispiel sind alle Punkte eines Kegels parabolisch).

Der Aufriß der Schnittkurve ist daher die Kurve $y = \pm Sh z$; ihre Tangenten t_1'', t_2'' im Nullpunkt sind bekanntlich unter 45^0 zur Horizontalen geneigt.

Diese Rotationsfläche der Kettenlinie heisst *Katenoid*.

Das Rotationshyperboloid. In *Fig. 51* wurde als Nullmeridian e_0 einer Rotationsfläche eine Hyperbel gewählt (Rotationsachse $= z$-Achse). Die entstehende Fläche heißt Rotationshyperboloid[1]). Wie in Fig. 50 soll die Fläche mit der Tangentialebene α im Punkt A des Kehlkreises geschnitten werden. Wieder wurde eine erste Hauptebene π_1 gewählt und mit ihrer Hilfe ein allgemeiner Punkt P des Schnittes konstruiert. Berechnung der Schnittkurve:

$$\text{Es sei} \quad \frac{y^2}{a^2} - \frac{z^2}{b^2} = 1, \qquad \text{also} \quad y^2 = a^2 + \frac{a^2}{b^2} z^2 \tag{24}$$

die Gleichung der Meridianhyperbel e_0. Die Halbachse a der Hyperbel ist auch der Radius OA des Kehlkreises. Die Hauptebene π_1 in der Höhe z schneidet aus der Fläche den Kreis k, für dessen Radius r nach (24) gilt:

$$r^2 = a^2 + \frac{a^2}{b^2} z^2. \tag{25}$$

Aus dem schraffierten Dreieck im Grundriß folgt daher für die y-Koordinate von P:

$$y_P^2 = r^2 - a^2 = \frac{a^2}{b^2} z^2. \tag{26}$$

Somit hat der Aufriß der Schnittkurve die Gleichung

$$z = \pm \frac{b}{a} \cdot y; \tag{27}$$

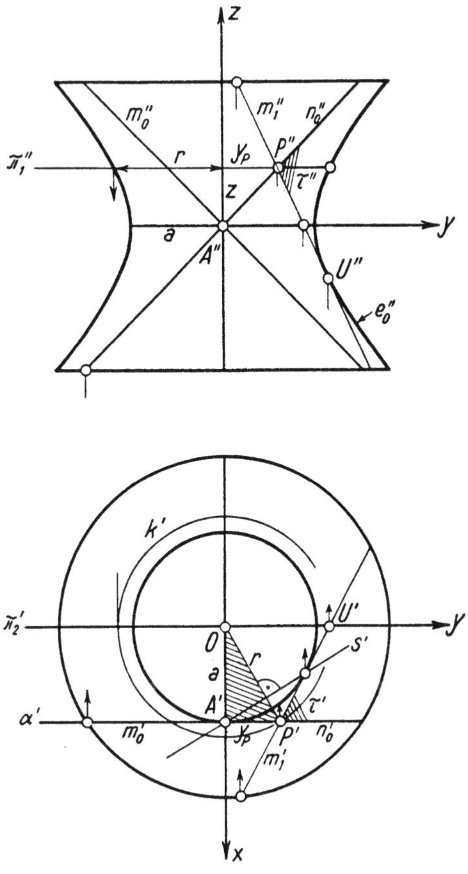

Fig. 51

dieser Aufriß besteht also aus den beiden *Asymptoten* der Meridianhyperbel und die Schnittkurve selbst zerfällt in zwei Geraden m_0, n_0, welche in α liegen und ganz auf der Fläche verlaufen. Alle durch die Rotation aus m_0 bzw. n_0 entstehenden Geraden m, n liegen ebenfalls auf der Fläche, so daß also das Rotationshyperboloid von *zwei Scharen von Geraden* (m-Schar und n-Schar) überzogen ist. Die Fläche kann nun zum Beispiel auch durch Rotation von m_0 erzeugt werden, ist also eine *Regelfläche.* In der Fig. 51 wurde noch die aus m_0 durch Rotation hervorgehende und durch P laufende Gerade m_1 der m-Schar eingezeichnet. Im Grundriß berührt sie den Kehlkreis und im Aufriß die Meridianhyperbel (= zweiter Umriß) in ihrem Durchstoßpunkt U mit der zweiten Hauptebene π_2. Nach dem

[1]) Genauer *einschaliges* Rotationshyperboloid zum Unterschied vom *zweischaligen* Rotationshyperboloid, welches durch Rotation einer Hyperbel um die Verbindungsgerade ihrer Scheitel entsteht und aus zwei getrennten Teilen besteht.

Hauptsatz über die Tangentialebene spannen n_0 und m_1 die Tangentialebene τ in P auf; ihre Spur s in der Kehlkreisebene ist also die Polare von P' in bezug auf den Kehlkreis. Allgemeiner folgt nun:

29. *Durch jeden Punkt P des Rotationshyperboloids geht eine Gerade der m-Schar und eine Gerade der n-Schar. Diese beiden Geraden spannen die Tangentialebene in P auf; ihre Spur in der Kehlkreisebene ist die Polare von P' in bezug auf den Kehlkreis.*

Bemerkung: Aus diesem Satz ergibt sich folgende einfache Lösung der *Grundaufgabe über Regelflächen* (vgl. Seite 64) im Fall des Rotationshyperboloids. Es sei eine Gerade m auf der Fläche und eine durch m gehende Ebene τ gegeben. Es sei ferner s die Spur von τ in der Kehlkreisebene. Dann ist der Pol von

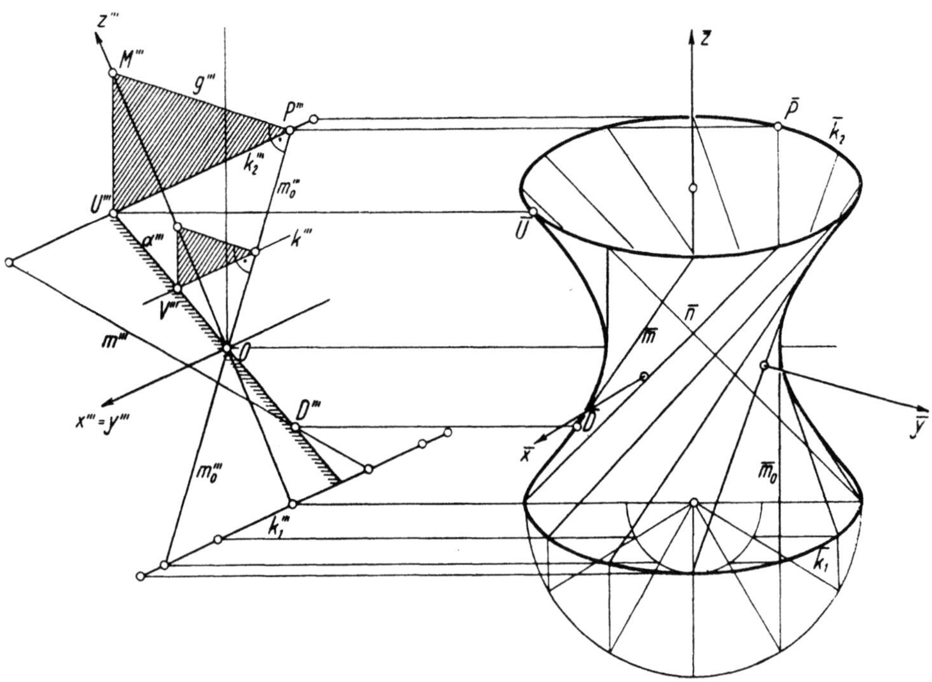

Fig. 52

s in bezug auf den Kehlkreis der Grundriß des Punktes P, in welchem τ Tangentialebene ist.

30. *Zwei Geraden a, b des Hyperboloids sind windschief oder schneiden sich jenachdem ob sie derselben Schar angehören oder nicht.*

Beweis: Seien P und Q die Punkte auf a bzw. b, deren Grundrisse in den Schnittpunkt von a' und b' zusammenfallen. Gehören a und b derselben Schar an, so liegen P und Q – wie man leicht sieht – auf verschiedenen Seiten der Kehlkreisebene. Stammen aber a und b aus verschiedenen Scharen, so liegen P und Q auf derselben Seite der Kehlkreisebene, fallen also zusammen. (Der Spezialfall, daß eine Gerade der m-Schar und eine Gerade der n-Schar zueinander parallel sind, ist in Satz und Beweis als Grenzfall einzubeziehen.)

Als etwas weitergehendes Konstruktionsbeispiel zum Inhalt von § 3 und § 4 soll nun in *Fig. 52* ein Rotationshyperboloid axonometrisch dargestellt werden. Es wurde in der üblichen Weise das Achsenkreuz Nr. 5 der Tabelle auf Seite 47 rechts im Aufriß und links im Seitenriß dargestellt. Um einfache Konstruktionen zu erhalten, wurden zwei Parallelkreise k_1, k_2 symmetrisch zum Nullpunkt angenommen und mittels der bekannten Ellipsenkonstruktion (vgl. den Aufriß) in 12 gleiche Teile geteilt. Als Erzeugende des Hyperboloids wurde die dritte Hauptgerade m_0 gewählt, welche zwei dieser Teilpunkte verbindet. Die 12 aus ihr durch die Rotation hervorgehenden Geraden der *m-Schar* können nun sofort eingezeichnet werden.

Die Umrißkonstruktion erfolgt nun nach der Methode der Berührungskugel (vgl. Fig. 47). Um zum Beispiel das Zentrum M der Berührungskugel zu finden, welche die Fläche längs k_2 berührt, kann im Schnittpunkt P von m_0 und k_2 die Normale g zur Tangentialebene τ errichtet werden. Da m_0 in τ liegt und dritte Hauptgerade ist, steht g''' einfach senkrecht zu m_0'''. Die Vertikale durch M''' ergibt dann den Umrißpunkt U auf k_2.

Wiederholt man diese Konstruktion für einen anderen Parallelkreis k, so folgt aus der Ähnlichkeit der schraffierten Dreiecke, daß U''' und V''' auf einer Geraden α''' durch den Nullpunkt O liegen. Der Seitenriß der Umrißkurve ist also diese Gerade α''' und die Umrißkurve selbst ist der ebene Schnitt[1]) der Fläche mit der dritten projizierenden Ebene α. Der Umrißpunkt D auf einer gegebenen Geraden m der m-Schar ist nun einfach der Durchstoßpunkt von m mit α.

In der Figur wurde noch eine Gerade n der zweiten Schar eingezeichnet.

[1]) Im zweiten Teil des Buches wird bewiesen, daß jeder ebene Schnitt des Rotationshyperboloids ein Kegelschnitt ist. Somit ist unsere Umrißkurve ein Kegelschnitt, und zwar eine Hyperbel.

§ 5. Schnitt von zwei Flächen (*Durchdringungen*)

Die Schnittkurve von zwei krummen Flächen wird mit analogen Methoden konstruiert wie der ebene Schnitt einer einzigen Fläche:

31. *Um allgemeine Punkte der Schnittkurve von zwei Flächen zu finden, lege man eine Schar von Hilfsebenen, welche aus beiden Flächen einfache Kurven schneiden* (zum Beispiel Erzeugende oder Bahnkurven).

Beispiel: In *Fig.53* ist die eine Fläche eine Rotationsfläche; Rotationsachse a, Nullmeridian e_0 = Kreis. Die Fläche heißt *Kreisring* oder *Torus*. Die zweite Fläche ist ein gerader Kreiszylinder, dessen Mantellinien senkrecht zur Grundrißebene stehen, so daß er im Grundriß als Kreis erscheint. Als Hilfsebenen wurden erste Hauptebenen gewählt; so schneidet zum Beispiel die erste Hauptebene π_1 aus beiden Flächen Kreise, deren Schnittpunkte P, Q Punkte der Durchdringungskurve sind.

Nun beachte man aber, daß die Schnittkurve im Grundriß von vornherein bekannt ist, sie fällt ja mit dem Grundkreis des Zylinders zusammen. Man kann also die Kurve auch konstruieren, indem man einen Punkt (zum Beispiel V) im Grundriß wählt und mit Hilfe des durch ihn laufenden Parallelkreises des Torus den Aufriß bestimmt. Auf diese Weise wurden die *ausgezeichneten Punkte* gefunden, nämlich die Umrißpunkte U, V auf Torus und Zylinder und der Punkt M in der Symmetrieebene σ (= erste projizierende Ebene durch die Achsen der beiden Flächen).

32. *Sei P ein Punkt der Schnittkurve von zwei Flächen. Dann ist die Tangente an die Schnittkurve in P die Schnittgerade der Tangentialebenen an die beiden Flächen in P.*

Beweis: Da die Schnittkurve auf beiden Flächen liegt, muß ihre Tangente nach dem Hauptsatz über die Tangentialebene in der Tangentialebene an jede der beiden Flächen liegen.

Im Beispiel Fig. 53 wurde die Tangentenkonstruktion in P gezeigt. Die Spur s der Tangentialebene an den Torus wurde gemäß Fig. 41 ermittelt; die Spur der Tangentialebene τ_1 an den Zylinder ist die Tangente an seinen Grundkreis in P'. Der Schnittpunkt H der beiden Spuren ergibt im Aufriß die Tangente t''.

Im Punkt D berühren sich beide Flächen; dort versagt also Satz 32. Analog zu Satz 28 zeigt die Figur, daß D ein *Doppelpunkt* der Schnittkurve wird:

33. *Berühren sich zwei Flächen in einem Punkt D, so kann ihre Schnittkurve in D einen Doppelpunkt haben.*

Die beiden Haupttangenten an die Schnittkurve im Doppelpunkt D können nicht mit elementaren Mitteln gefunden werden.

Der Punkt S der Schnittkurve liegt auf dem zweiten Umriß beider Flächen. Beide Tangentialebenen sind also dort zweite projizierende Ebenen, also ist nach Satz 32 die Tangente an die Schnittkurve in S senkrecht zur Aufrißebene und im Einklang mit Satz 24 hat der Aufriß der Schnittkurve in S'' eine *Spitze*.

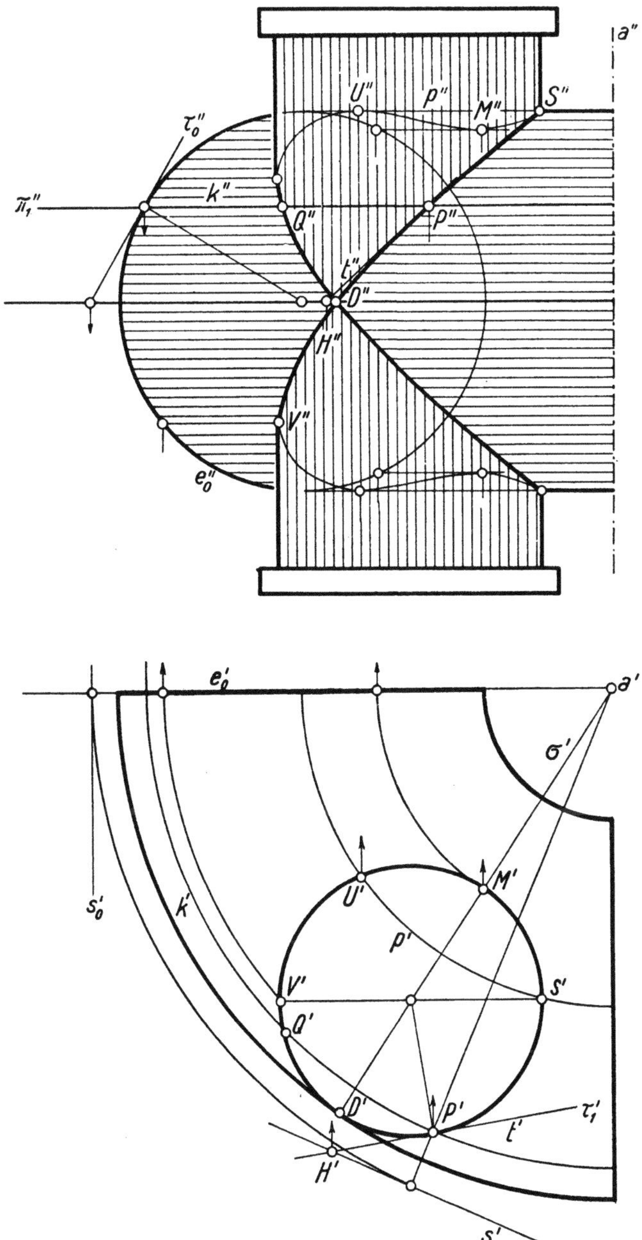

Fig. 53

Schnitt von zwei Kegelflächen. Hier führt das *Pendelebenenverfahren* immer zum Ziel (vgl. auch Seite 27 und Fig. 15). Es besteht darin, daß man Hilfsebenen durch die Verbindungsgerade p der beiden Spitzen legt. Die allgemeine Hilfsebene π pendelt also um p als *Pendelachse* und schneidet aus jeder der Kegelflächen Erzeugende, das heißt Mantellinien heraus.

Fig. 54 zeigt als Beispiel im Grund- und Aufrißverfahren die Schattenkonstruktion an einem auf der Spitze stehenden und oben offenen Rotationskegel. Es soll der Schatten des Randkreises k auf das Innere des Kegels ermittelt werden, wobei die Lichtstrahlen parallel zu der gegebenen Richtung l

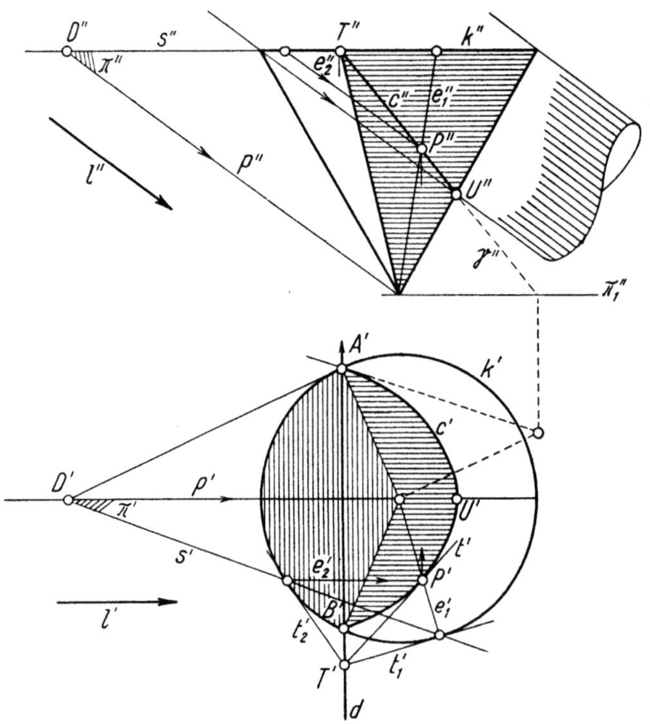

Fig. 54

einfallen. Diese Aufgabe kann auch aufgefaßt werden als die Konstruktion der Schnittkurve c des Kegels mit dem *Lichtzylinder*, dessen Leitkreis k ist und dessen Mantellinien parallel zur Lichtrichtung l liegen. Die Pendelachse p geht durch die Kegelspitze parallel zu den Erzeugenden des Zylinders, das heißt parallel zu l und möge die erste Hauptebene von k in D durchstoßen. Eine Pendelebene π legen wir fest durch ihre Spur s in dieser Hauptebene; sie schneidet aus den Flächen je eine Erzeugende e_1 bzw. e_2, deren Schnittpunkt P ein Punkt der gesuchten Schattenkurve ist. Die Konstruktion der Kurventangente t in P erfolgte, indem der Schnittpunkt T der Spuren t_1, t_2 der Tangentialebenen beider Flächen bestimmt wurde.

Nun beachte man aber: Der Punkt T' ist der Pol der Geraden s' in bezug auf den Kreis k', er muß also nach bekannten Sätzen über die Kreispolaren[1]) auf der Polaren d von D' liegen. Mit anderen Worten: Der Aufriß T'' ist fest und unabhängig von der Auswahl der Pendelebene π. Es müssen also die Tangenten in allen Punkten des Aufrisses c'' unserer Schnittkurve durch T'' laufen. Dies ist nur möglich, wenn dieser Aufriß c'' eine Gerade ist. Die Kurve selbst ist dann als Schnitt der zweiten projizierenden Ebene γ durch c'' mit dem Lichtzylinder nach Satz 27a eine Ellipse. Sie trifft k in den beiden Punkten A, B, von welchen übrigens die Eigenschattengrenze des Kegels ausgeht.

Es wurde noch die Tangente an c' in A' konstruiert, indem die Spuren der Kurvenebene γ und der Kegeltangentialebene in A in der Hauptebene π_1 geschnitten wurden (gestrichelt).

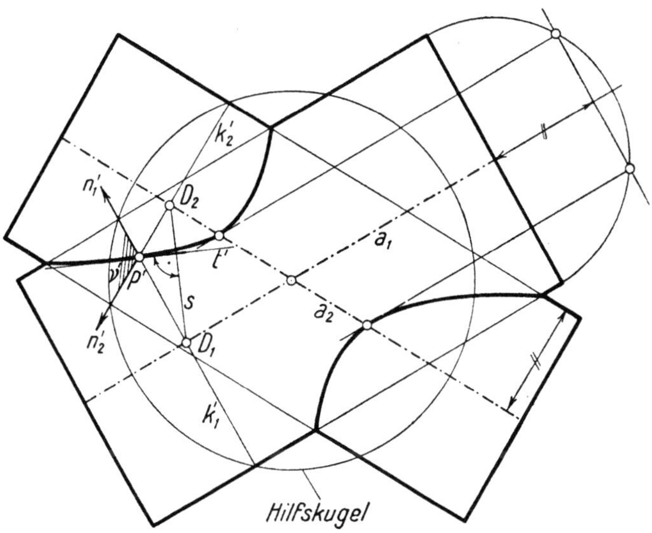

Fig. 55

Der eben vorgeführte Beweis, daß die Schnittkurve eben ist, läßt sich ohne weiteres übertragen auf den allgemeineren Fall des Schnittes zweier (eventuell schiefer) Kegelflächen, welche einen Kreis als gemeinsame Leitkurve haben:

34. *Haben zwei Kegelflächen einen Kreis als gemeinsame Leitkurve, so besteht ihre Durchdringung aus diesem Kreis und einem gemeinsamen (eventuell unendlich fernen) ebenen Schnitt* (vgl. auch den allgemeineren Satz 19 auf Seite 99).

Methode der Hilfsflächen zur Punktkonstruktion. Oft ist es vorteilhaft, das Grundprinzip 31 für die Konstruktion der Schnittkurve zweier Flächen zu verallgemeinern, indem man an Stelle der Hilfsebenen eine Schar von *Hilfsflächen* einführt. In *Fig. 55* sollen als Beispiel zwei Rotationszylinder geschnitten werden, deren Achsen a_1, a_2 in der Grundrißebene liegen. (Konstruktion im Grundriß allein.) Als Hilfsflächen wurden Kugeln mit dem Schnittpunkt von a_1 und a_2

[1]) Die Grundsätze der Polarentheorie werden im zweiten Teil des Buches bewiesen.

als Zentrum gewählt. Die eingezeichnete Hilfskugel schneidet aus den Zylindern Kreise k_1, k_2, die in unserem Grundriß als Strecken erscheinen. Der Schnittpunkt P dieser Kreise ist ein Punkt der Durchdringungskurve.

Diese *Methode der Hilfskugeln* kann immer angewendet werden beim Schnitt zweier Rotationsflächen, deren Achsen sich schneiden; die ursprüngliche Methode der Hilfsebenen versagt in diesem Fall im allgemeinen.

Methode der Flächennormalen zur Tangentenkonstruktion. Aus Satz 32 folgt auch

35. *Die Tangente an die Schnittkurve zweier Flächen im Punkt P steht senkrecht auf der Ebene v, welche durch die Flächennormalen der beiden Flächen in P aufgespannt wird.*

(Denn die Schnittgerade der beiden Tangentialebenen steht senkrecht auf den beiden Normalen dieser Ebenen.) Häufig ist es bequem, die Tangentenkonstruktion mit Hilfe dieses Satzes auszuführen. In Fig. 55 wurden die beiden Zylindernormalen n_1, n_2 in P eingetragen; sie durchstoßen die Grundrißebene in den auf den Zylinderachsen gelegenen Punkten D_1, D_2. Die Verbindungsgerade $s = D_1 D_2$ ist also die Spur der Ebene v, welche durch n_1, n_2 aufgespannt wird; nach Satz 35 steht der Grundriß t' der Tangente auf s normal.

§ 6. Kotierte Normalprojektion, Böschungsflächen

Wir haben bei unseren bisherigen Konstruktionen gelegentlich im Grundriß allein gearbeitet (Fig. 15, 26, 55). Diese Methode kann ausgebaut werden; die *Fig. 56* enthält das dazu Notwendige. Ein *Punkt P* im Raum wird gegeben durch seinen Grundriß P' und seine Kote (Höhe über der Grundrißebene),

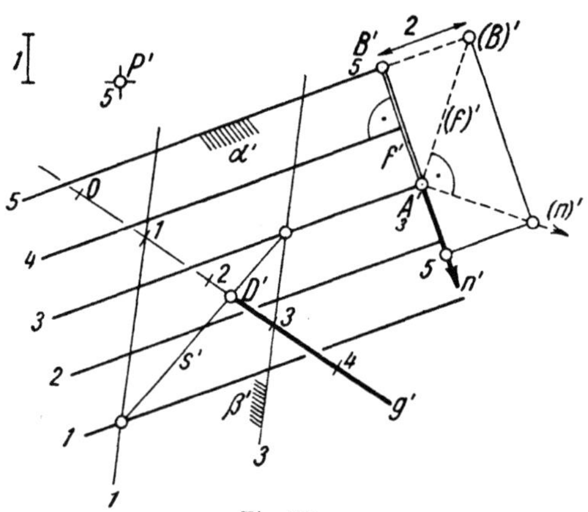

Fig. 56

welche man als Zahl bei P' anschreibt. (Die Längeneinheit wurde links oben als Strecke angegeben.) Eine *Gerade g* im Raum kann festgelegt werden durch ihren Grundriß g' und durch die auf ihr liegenden Punkte mit ganzzahligen Koten. Diese Punkte ergeben eine regelmäßige Skala auf g', die *Graduierung* der Geraden. Endlich wird eine *Ebene* α dargestellt durch ihre *Niveaulinien;* es sind dies ihre (ersten) Hauptgeraden mit ganzzahligen Koten.

In Fig. 56 wurde als Beispiel eine Lage- und eine Maßaufgabe gelöst (vgl. den 1. Abschnitt): a) Durchstoßpunkt D von g mit α. Zurückführung auf das Problem der Schnittgeraden (Seite 23) durch Legen einer Hilfsebene β durch g. (Die Niveaulinien 1 und 3 von β gehen durch die Graduierungspunkte 1 bzw. 3 von g.) Konstruktion der Schnittgeraden s von α und β durch Schneiden der Niveaulinien gleicher Kote. b) Gesucht die Normale n im Punkt A zur Ebene α. Es wurde die *Fallgerade* $f = AB$ von α konstruiert (sie schneidet alle Niveaulinien senkrecht). n' fällt mit f' zusammen. Um die Graduierung von n zu finden, wurde das Profildreieck von AB in die Hauptebene von A umgeklappt. Die Umklappung (n) von n steht senkrecht auf (f). In der Umklappung wurde dann der Punkt mit der Kote 5 auf n konstruiert.

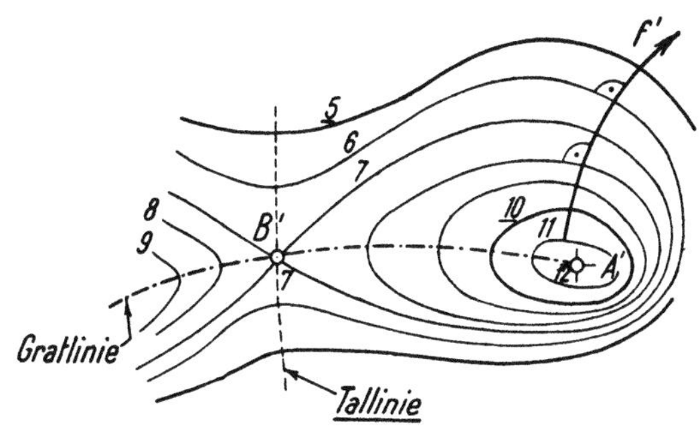

Fig. 57

Auch eine *krumme Fläche* kann durch ihre Niveaulinien dargestellt werden. Man definiert diese Kurven am besten als die Schnittkurven der Fläche mit den Hauptebenen von ganzzahliger Kote. Diese Art der Darstellung ist dem Leser wohl von der Darstellung des Geländes auf *topographischen Kurvenkarten* geläufig. *Fig. 57* zeigt so schematisch eine Geländepartie in kotierter Normalprojektion. In beiden Punkten A und B ist die Tangentialebene horizontal (erste Hauptebene), jedoch haben diese Punkte ganz verschiedenen Charakter. A ist ein *Gipfelpunkt*. Die Fläche liegt in der Umgebung von A tiefer als A selbst und daher hat die Tangentialebene in A in dieser Umgebung außer A keine Punkte mit der Fläche gemeinsam. Nach der Definition von Seite 68 (Fußnote) ist daher A ein elliptischer Punkt der Fläche. Im Gegensatz dazu ist B ein *Sattelpunkt* oder *Paßpunkt*. Es gibt nämlich in der Umgebung von B sowohl Flächenteile, die höher als B, als auch Flächenteile, die niedriger als B sind. Die Tangentialebene in B schneidet aus der Fläche die Niveaulinie 7, welche in B einen Doppelpunkt hat. B ist also hyperbolischer Punkt der Fläche.

Analog zur Ebene definieren wir als *Fallkurve* f der Fläche eine Kurve, welche alle Niveaulinien senkrecht schneidet. Die vom Sattelpunkt B aufsteigende Fallkurve (strichpunktiert) heißt *Gratlinie* oder Wasserscheide der Geländefläche; die vom Sattelpunkt B absteigende Fallkurve (gestrichelt) heißt *Tallinie*. Die Grat- und Tallinien erleichtern die Übersicht über die Gliederung des Geländes.

Erdbauten. In *Fig. 58* ist das Gelände wieder durch die Niveaulinien gegeben. (Nach links hin stärker abfallender Hang.) Es soll durch dieses Gelände die in der Figur ebenfalls durch die Niveaulinien gegebene geradlinige und gleichmäßig ansteigende Straße geführt werden. Man erkennt, daß in der Gegend L die Straße höher liegt als das Terrain, so daß dort ein Straßendamm notwendig wird, während in der Gegend R umgekehrt die Straße in das Gelände eingeschnitten werden muß. Die Dammkonstruktion wurde nur für die Straßenkante g durchgeführt. Es sei die Neigung ω des Dammes zur Grundrißebene gegeben, so daß man also die Aufgabe hat, durch g eine Ebene α von der vorgeschriebenen Neigung ω zu legen. Nun beachte man, daß alle Ebenen mit

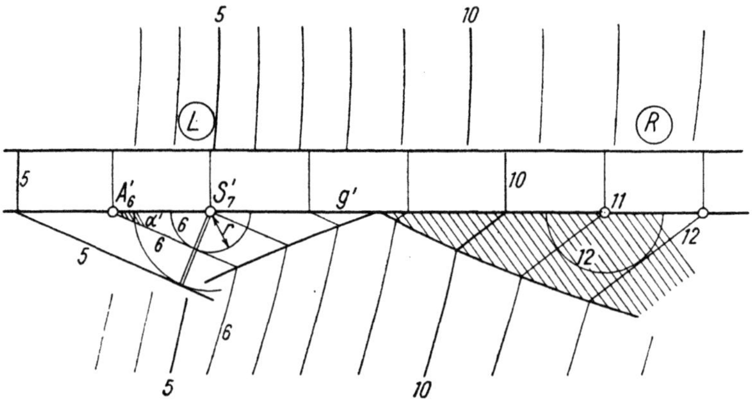

Fig. 58

der Neigung ω, welche durch einen ausgewählten Punkt S (Kote 7) von g gehen, einen Kegel umhüllen (*Böschungskegel*). Die Niveaulinien dieses Kegels sind Kreise. Denkt man sich etwa den Niveaukreis 6 als Grundfläche des Kegels, so wird die Kegelhöhe $= 1$ und für den Radius r dieses Niveaukreises gilt daher $r = \operatorname{cotg} \omega$. Die gesuchte Ebene α ist die Tangentialebene an den Kegel, welche durch g geht. Ihre Niveaulinie 6 wird gefunden als Tangente vom Punkt A (Kote 6) aus an den eben konstruierten Niveaukreis 6 des Böschungskegels. Die Schnittkurve des Dammes mit dem Gelände ergibt sich durch Schneiden gleich kotierter Niveaulinien des Dammes und des Geländes.

Analog wurde der Einschnitt rechts mit Hilfe eines im Punkte 11 auf der Spitze stehenden Böschungskegels gefunden.

Böschungsflächen. In *Fig. 59a* ist nun als Straßenkante eine Raumkurve c angenommen, welche durch ihren Grundriß c' und genügend viele kotierte Punkte 0–4 gegeben ist. Der Straßendamm wurde auf folgende Weise konstruiert. Nach Wahl einer Neigung ω wurden die Böschungskegel mit dieser Neigung in den Punkten 1–4 von c konstruiert und speziell ihre Niveaukreise von der Kote 0 eingezeichnet. Die Enveloppe[1]) dieser Niveaukreise sei die

[1]) Enveloppe = eingehüllte Kurve.

Niveaulinie 0 des Straßendamms. Im übrigen nehmen wir als Dammfläche eine Regelfläche, deren Erzeugende die Geraden sind, welche von den Punkten der Niveaulinie 0 senkrecht zu ihr auslaufen und die Neigung ω haben (zum Beispiel e_2, e_3, e_4). Diese Geraden treffen als Mantellinien der Böschungskegel auch wirklich die gegebene Kurve c. Ist c speziell als ebene Kurve in einer Horizontalebene gegeben, so fällt die vorbereitende Konstruktion der Niveaulinie 0 weg.

Die so gefundene Regelfläche heißt *Böschungsfläche* der Kurve c. Der Grundriß der Niveaulinie 1 dieser Fläche wird erhalten, indem man auf den Normalen e_2', e_3', e_4' der Niveaulinie 0 die konstante Länge $\Delta = \cot \omega$ abträgt;

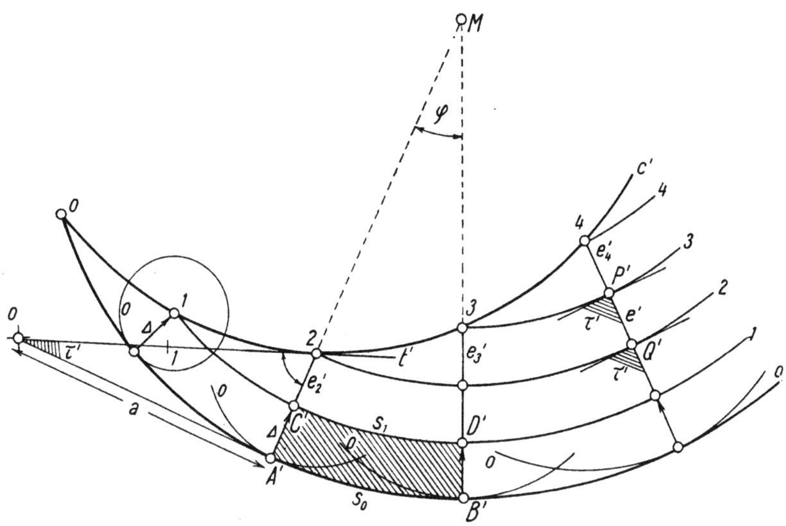

Fig. 59 a

die Grundrisse der Niveaulinien sind also die *Parallelkurven* zur Niveaulinie 0. Diese Parallelkurven schneiden die Geraden $e_2', e_3', e_4' \ldots$ wieder senkrecht, das heißt die Erzeugenden der Fläche schneiden alle Niveaulinien orthogonal, sie sind also die *Fallkurven* der Fläche.

Die Tangentialebene τ in einem Punkt P der Fläche wird aufgespannt von der Erzeugenden e und von der Tangente an die Niveaulinie durch P, welche also die zu e senkrechte Hauptgerade ist. Daraus folgt sofort, daß die Tangentialebenen in den verschiedenen Punkten $P, Q, \ldots$ einer Erzeugenden zusammenfallen (vgl. § 2, Nr. 4). Wir können daher einfach von der Tagentialebene τ längs einer Erzeugenden e sprechen. τ hat auch die Neigung ω und die Erzeugende e ist Fallgerade in ihrer Tangentialebene τ.

Diese letztere Eigenschaft kann man zu einer genaueren Konstruktion der Fläche benutzen. (Durchgeführt im Punkt 2 von c.) Man legt durch die Tangente t an c die Ebene τ von der Neigung ω nach dem Verfahren von Fig. 58. Diese Ebene ist die Tangentialebene an die Fläche im Punkt 2 von c und somit ist ihre Fallgerade in diesem Punkt eine Erzeugende e_2 der Fläche.

Abwicklung der Böschungsfläche. Die Böschungsfläche teilt also mit den Kegelflächen die Eigenschaft, daß die Tangentialebenen in den verschiedenen Punkten einer Erzeugenden zusammenfallen (vgl. Satz 21). In der Differentialgeometrie zeigt man, daß daraus die Abwickelbarkeit der Fläche folgt. Anschaulich bedeutet dies, daß die Fläche durch Verbiegen eines Stückes Papier hergestellt werden kann, also längen- und winkeltreu in die Ebene ausgebreitet («abgewickelt») werden kann. Wir wollen uns dieses Resultat noch plausibel machen und zugleich eine gute Näherungskonstruktion für die Abwicklung angeben (*Fig. 59b;* es wurde $\cos\omega = 0{,}8$ gewählt).

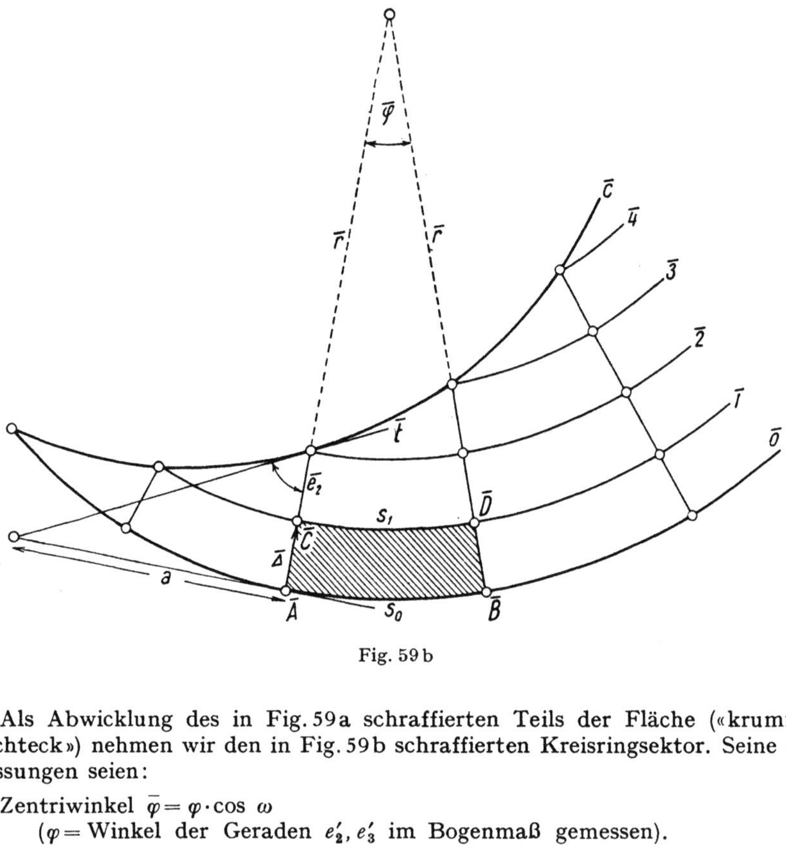

Fig. 59 b

Als Abwicklung des in Fig. 59a schraffierten Teils der Fläche («krummes Rechteck») nehmen wir den in Fig. 59b schraffierten Kreisringsektor. Seine Abmessungen seien:

Zentriwinkel $\bar{\varphi} = \varphi \cdot \cos\omega$

($\varphi =$ Winkel der Geraden e_2', e_3' im Bogenmaß gemessen).

Kreisbogen $\bar{A}\bar{B} = s_0 =$ Bogen AB der Niveaulinie 0. (28)

$\bar{\Delta} =$ wahre Länge von $AC = \dfrac{\Delta}{\cos\omega}$.

Der Radius $\bar{r}$ des Kreisbogens $\bar{A}\bar{B}$ beträgt also

$$\bar{r} = \frac{s_0}{\varphi \cdot \cos\omega}. \tag{29}$$

Dieser Ansatz wird durch folgende Überlegungen gerechtfertigt: Die Länge des Kreisbogens $\bar{C}\bar{D}$ beträgt

$$(\bar{r} - \bar{\Delta})\,\bar{\varphi} = \left(\frac{s_0}{\varphi \cdot \cos\omega} - \frac{\Delta}{\cos\omega}\right) \cdot \varphi \cdot \cos\omega = s_0 - \Delta \cdot \varphi.$$

Dies ist aber nach einer bekannten Formel über Parallelkurven (deren Beweis wir übergehen) genau die Länge s_1 des Bogens CD der Niveaulinie 1. Alle vier Seiten des krummen Rechtecks der Fläche erscheinen also in Fig. 59b in wahrer Größe.

Mit den übrigen krummen Rechtecken der Fläche verfahren wir analog und erhalten so die ganze Fig. 59b, in welcher also alle Bögen auf Niveaulinien, die zwischen zwei Nullkreisen in der Fig. 59a verlaufen, und alle Strecken auf Erzeugenden der Fläche dieselbe Länge haben wie auf der krummen Fläche selbst. Hingegen wird ein beliebiger Bogen auf einer Niveaulinie in Fig. 59b nicht seine richtige Länge bekommen; die Abwicklung ist also nur näherungsweise durchgeführt. Jedoch wird diese Annäherung um so besser, je feiner die Einteilung der Fläche in krumme Rechtecke gemacht wird, und um die streng richtige Abwicklung zu erhalten, müßte diese Einteilung unendlich fein sein[1]).

Bemerkung: Für das praktische Zeichnen ist die Konstruktionsvorschrift (28) unbequem und ungenau; man kann wie folgt vereinfachen. Für den Bogen s_0 ergibt sich nämlich in Fig. 59a annähernd $s_0 = r \cdot \varphi$, wobei r ein geschätzter Mittelwert der beiden in der Grundrißebene liegenden Strecken MA' und MB' ist. Aus (29) folgt:

$$\bar{r} = \frac{r}{\cos \omega}. \tag{30}$$

Der Kreisbogen $\bar{A}\bar{B}$ ist also mit diesem Radius zu zeichnen und so lang wie der Bogen AB zu machen.

In Fig. 59b wurde noch eine Tangente $\bar{t}$ an die Abwicklung $\bar{c}$ von c konstruiert. Zu diesem Zweck wurde die Strecke a aus Fig. 59a auf der Tangente in $\bar{A}$ angetragen. Die Richtigkeit dieser Konstruktion folgt daraus, daß der Winkel zwischen c und e_2 in der Abwicklung in wahrer Größe als Winkel zwischen $\bar{c}$ und $\bar{e}_2$ auftritt.

---

[1]) Die genaue Abwicklung verlangt also die Ausführung einer Integration.

ZWEITER TEIL

Reziprozität, Kurven und Flächen zweiter Ordnung

In den weiteren Teilen des Buches werden *geometrische Abbildungen* behandelt, welche sich für das Konstruieren eignen. Bis jetzt kennen wir als geometrische Abbildung nur die Normalprojektion eines Gegenstands auf eine Ebene (Grund- oder Aufriß). In diesem zweiten Teil führen wir nun eine wichtige Abbildung der *ebenen Geometrie* ein, welche jedem Punkt der Zeichenebene eine Gerade dieser Zeichenebene zuordnet.

§ 1. Die Reziprozität

In der Zeichenebene (= Grundrißebene) wählen wir einen festen Punkt H, den wir den *Hauptpunkt* der Reziprozität nennen. Als *Zentrum* Z der Reziprozität bezeichnen wir den Punkt im Raum, welcher in der Höhe 1 über H liegt. H ist also der Grundriß von Z. Einem beliebigen Punkt P der Zeichenebene wird nun eine Gerade p nach folgender Vorschrift zugeordnet: Man konstruiere die Gerade PZ, lege in Z die Normalebene zu ihr; dann sei p die Schnittgerade dieser Normalebene mit der Zeichenebene.

Zur Konstruktion von p (*Fig.60*) zeichnet man den Kreis k vom Radius 1 mit dem Mittelpunkt H und benutzt die Umklappung des Profildreiecks von PZ. Die Umklappung (Z) fällt auf den Kreis k. Die gesuchte Gerade p geht durch F *senkrecht zu* PH.

Ist noch r die Entfernung PH und ϱ der Abstand von p von H, so folgt aus dem Höhensatz im rechtwinkligen Dreieck $(Z)PF$ sofort

$$\boxed{\varrho = \frac{1}{r}} \tag{1}$$

Dabei ist zu beachten, daß P und p auf verschiedenen Seiten des Hauptpunktes liegen. Wegen (1) nennen wir den Punkt P und die Gerade p *reziprok* zueinander. Es gilt der wichtige Satz:

1. *Bei der Reziprozität bleiben Inzidenzen erhalten, das heißt wenn ein Punkt* P *auf einer Geraden* q *liegt, so geht die reziproke Gerade* p *von* P *durch den reziproken Punkt* Q *von* q (Fig.60).

Der Beweis folgt unmittelbar aus der Definition. Die Gerade PZ liegt nämlich in der Ebene $\alpha = qZ$, welche ja normal ist zu QZ. Daher stehen PZ und QZ senkrecht aufeinander. Also geht die Normalebene zu PZ durch QZ, das heißt die Gerade p geht durch Q.

Eine direkte Folge dieses Satzes ist

2. *Gegeben zwei Punkte* P_1, P_2 *und ihre reziproken Geraden* p_1, p_2. *Dann ist die Gerade* P_1P_2 *reziprok zum Schnittpunkt von* p_1 *und* p_2.

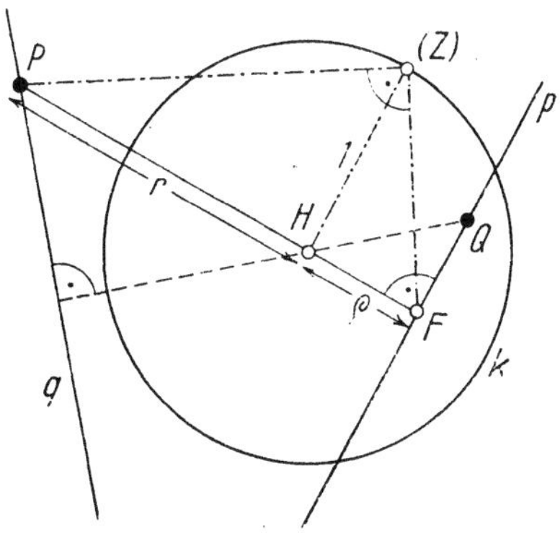

Fig. 60

Zu jeder Figur der ebenen Geometrie kann man nun die reziproke Figur zeichnen. Dabei entspricht also dem Verbinden von zwei Punkten in der ersten Figur das Schneiden der reziproken Geraden in der zweiten Figur und umgekehrt. Die Operationen «Schneiden» und «Verbinden» sind also in der ebenen Geometrie vollständig gleichberechtigt. Die Ausnutzung dieser Gleichberechtigung nennt man das *Dualitätsprinzip* der ebenen Geometrie. Punkt und Gerade sind zueinander «dual». Bevor wir Beispiele zu diesem Prinzip machen können, müssen wir aber noch eine Ergänzung unserer Definition der Reziprozität vornehmen.

Unendlich ferne Elemente

1) Die unendlich ferne Gerade. Unsere ursprüngliche Definition hat folgende Lücke: Der Hauptpunkt H selbst hat keine (im Endlichen gelegene) reziproke Gerade. In der Formel (1) ist nämlich in diesem Spezialfall $r = 0$, also $\varrho = \infty$. Um diese Lücke zu schließen, sagen wir, das Reziproke zum Hauptpunkt sei *die*[1]) *unendlich ferne Gerade* der Zeichenebene.

2) Unendlich ferne Punkte. Ist p eine beliebige Gerade, so liegt ihr reziproker Punkt P auf der Normalen n zu p durch H. Verschieben wir nun p parallel gegen den Hauptpunkt hin, so wandert P gemäß (1) auf n immer weiter weg und kommt schließlich ins Unendliche, wenn p durch den Hauptpunkt

[1]) Man führt also nur eine einzige unendlich ferne Gerade ein, da es nur einen einzigen Punkt (nämlich den Hauptpunkt) gibt, dessen reziproke Gerade nicht im Endlichen liegt.

geht: Wir sagen daher, der reziproke Punkt zu einer Geraden p, welche durch den Hauptpunkt läuft, sei der *unendlich ferne Punkt* in der zu p senkrechten Richtung.

Nun muß noch das Verbinden und Schneiden von unendlich fernen Elementen definiert werden. Dabei wird man darauf achten, daß die Sätze 1 und 2 gültig bleiben. Wir behandeln als Beispiel folgendes Problem: Gegeben ein Punkt P_1 und ein unendlich ferner Punkt P_2 durch die nach ihm hin zeigende

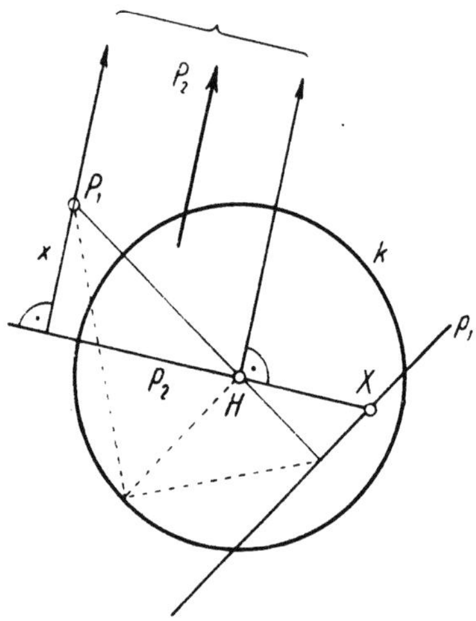

Fig. 61

Richtung. Gesucht die Verbindungsgerade $x = P_1 P_2$ (*Fig. 61*). Entsprechend Satz 2 konstruieren wir statt dessen den Schnittpunkt X der reziproken Geraden p_1, p_2. Dabei ist p_2 die Normale zur gegebenen Richtung durch H. Die gesuchte Gerade x ist reziprok zu X, steht daher senkrecht auf $XH = p_2$ und geht durch P_1. Mit anderen Worten: x ist einfach die *Parallele* zur gegebenen Richtung durch P_1. In derselben Weise leite der Leser die übrigen Regeln der nachfolgenden Aufstellung ab.

Die Verbindungsgerade		Der Schnittpunkt	
von	ist	von	ist
P und Q_∞	die Parallele durch P zu der nach Q_∞ zeigenden Richtung.	2 Parallelen	der unendlich ferne Punkt in ihrer gemeinsamen Richtung.
P_∞ und Q_∞	die unendlich ferne Gerade.	a und b_∞	der unendlich ferne Punkt in der Richtung von a.

Dabei bedeutet der Index ∞ einen unendlich fernen Punkt oder die unendlich ferne Gerade. Wichtig ist, daß in dieser Tabelle die Reziprozität keine Rolle mehr spielt.

Durch diese Erweiterung der Begriffe «Punkt» und «Gerade» haben wir dem Dualitätsprinzip zur allgemeinen Geltung verholfen. Außerdem haben wir damit erreicht, daß in den Sätzen der Geometrie der Lage die Ausnahme- und Spezialfälle, welche durch das Parallelwerden von Geraden gekennzeichnet sind, nun verschwinden (vgl. auch erster Teil, Satz 7). Dementsprechend bedeutet im folgenden «Punkt» schlechthin immer einen endlichen oder unendlich fernen Punkt. Dasselbe gilt für die Gerade.

Es sei dem Leser überlassen, diese Betrachtungen auf die räumliche Geometrie auszudehnen.

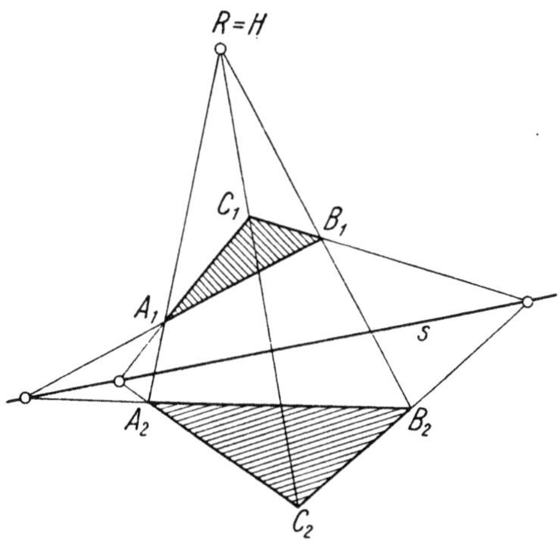

Fig. 62a

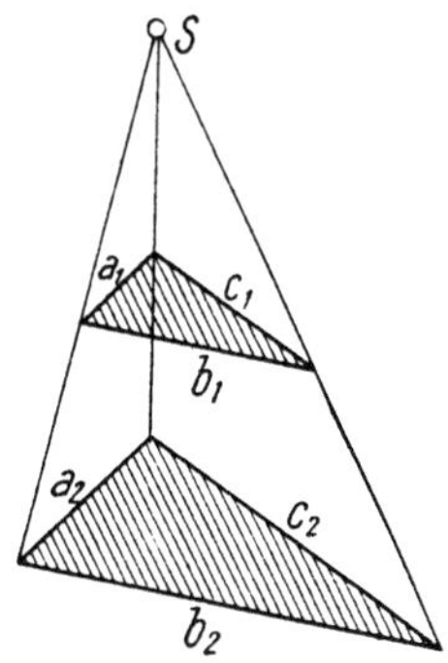

Fig. 62b

Um nun ein Beispiel für das Dualitätsprinzip vorzuführen, beweisen wir den **Satz von Desargues.** In der Zeichenebene sollen zwei Dreiecke $A_1B_1C_1$ und $A_2B_2C_2$ liegen (*Fig. 62a*). Dann gilt

3. *Gehen die Verbindungsgeraden* A_1A_2, B_1B_2, C_1C_2 *entsprechender Ecken durch einen Punkt R, so schneiden sich die Verlängerungen entsprechender Seiten auf einer Geraden s.*

3′. *Umkehrung. Schneiden sich entsprechende Dreieckseiten auf einer Geraden s, so gehen die Verbindungsgeraden entsprechender Ecken durch einen Punkt R.*

Um zunächst 3. zu beweisen, wählen wir R als Hauptpunkt H einer Reziprozität. *Fig. 62b* zeigt die Eigenschaften der reziproken Figur. (Die Reziprozität wurde nicht wirklich konstruiert.) Die Dreiecksecken A_1, B_1, C_1 gehen über in drei Geraden a_1, b_1, c_1, welche wieder ein Dreieck bilden. Analog erhalten wir ein zweites Dreieck a_2, b_2, c_2. Da in Fig. 62a die Gerade A_1A_2 durch den Hauptpunkt H geht, schneiden sich in Fig. 62b die Geraden a_1, a_2 auf der reziproken Geraden von H, das heißt auf der unendlich fernen Geraden. a_1 und a_2 sind daher parallel. Somit haben die beiden Dreiecke in Fig. 62b parallele Seiten. Nach einem bekannten Satz der Ähnlichkeitslehre gehen dann die Verbindungsgeraden entsprechender Ecken durch einen Punkt S. Indem man die reziproke Gerade s zu S in der Fig. 62a aufsucht, beweist man die Behauptung.

Den Beweis von 3'. stellen wir als Übungsaufgabe. (Anleitung: Man übe eine Reziprozität aus, deren Hauptpunkt beliebig gewählt ist. Dann geht der zu beweisende Satz 3'. in den schon bewiesenen Satz 3. über. Mit anderen Worten: Der Satz von DESARGUES ist dual zu seiner eigenen Umkehrung.)

Dieses Beispiel zeigt die Kraft der Methode, geometrische Sätze durch geometrische Abbildung zu beweisen.

Polarentheorie. Als weitere Anwendung werde kurz gezeigt, wie man durch eine Abänderung der Reziprozität die Eigenschaften der Polaren in bezug auf

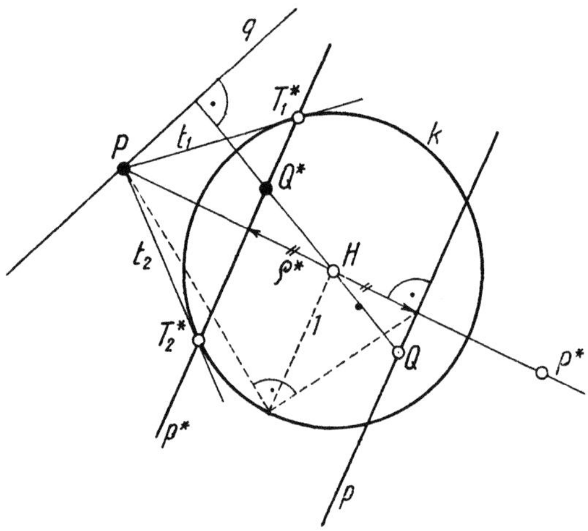

Fig. 63

einen Kreis herleiten kann (*Fig. 63*). Es sei wieder H der Hauptpunkt, k der oben eingeführte Kreis (Mittelpunkt $= H$, Radius $= 1$), P ein Punkt der Ebene und p seine reziproke Gerade.

Unter der *Polaren* p^* von P in bezug auf den Kreis k verstehen wir nun die zu p in bezug auf den Hauptpunkt als Symmetriezentrum symmetrische Gerade. Sie liegt also auf derselben Seite von H wie der gegebene Punkt P und für ihren Abstand ϱ^* von H gilt nach (1) wieder

$$\varrho^* = \frac{1}{r}. \tag{2}$$

P heißt auch der *Pol* der Geraden p^*. Die Formel (2) zeigt, daß man umgekehrt diesen Pol finden kann, indem man den reziproken Punkt P^* der Polaren p^* konstruiert und seinen Spiegelpunkt in bezug auf das Symmetriezentrum H aufsucht (Fig. 63).

4. *Liegt ein Punkt P auf einer Geraden q, so geht die Polare p^* von P durch den Pol Q^* von q.*

Beweis: p^* ist definitionsgemäß symmetrisch zur Reziproken p von P und Q^* ist nach dem eben Gesagten symmetrisch zum reziproken Punkt Q von q. Da nach Satz 1 p durch Q geht, muß auch p^* durch Q^* gehen.

Jetzt nehmen wir einen Punkt P außerhalb des Kreises an und legen von ihm aus die Tangenten t_1, t_2 an den Kreis. Die Formel (2) zeigt, daß die Pole T_1^*, T_2^* von t_1, t_2 einfach die Berührungspunkte dieser Tangenten sind. Nach Satz 4 ist damit die Polare p^* von P die Verbindungsgerade $T_1^* T_2^*$. Es folgt:

5. *Liegt ein Punkt P außerhalb des Kreises k, so kann seine Polare konstruiert werden, indem man die Tangenten von P aus an den Kreis legt und ihre Berührungspunkte verbindet.*

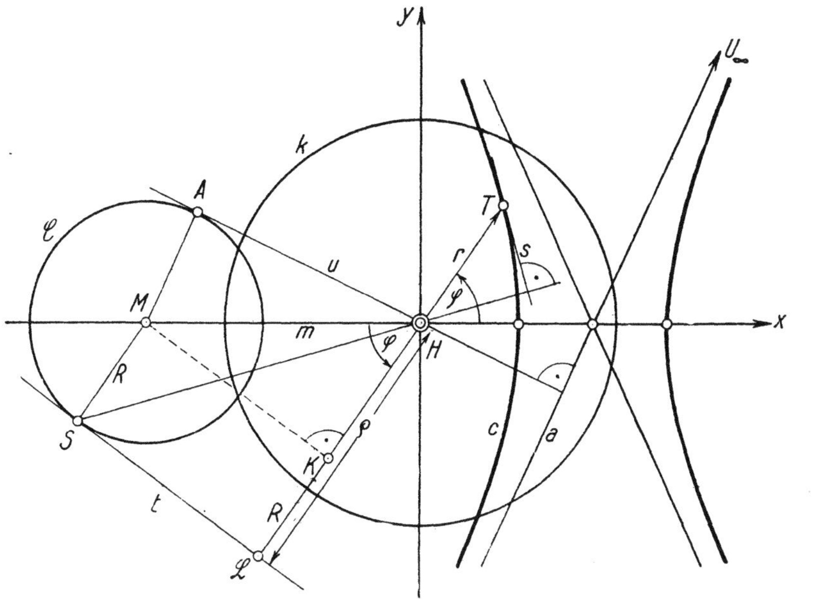

Fig. 64

Reziproke Figur des Kreises (*Fig. 64*). Es wurde der Hauptpunkt H und der Grundkreis k einer Reziprozität angenommen und ein Kreis C vom Radius R gewählt, dessen Mittelpunkt M die Entfernung m von H hat. Es soll die reziproke Kurve c dieses Kreises konstruiert werden. Zu diesem Zweck wurde der reziproke Punkt T einer beliebigen Tangente t des Kreises C bestimmt. (Konstruktion nicht eingezeichnet.) T ist dann allgemeiner Punkt der gesuchten Kurve c.

Berechnung der Kurve c. Für den Abstand ϱ der Tangente t gilt

$$\varrho = HK + KL = HK + R.$$

Das rechtwinklige Dreieck HKM ergibt $HK = m \cdot \cos\varphi$, also folgt

$$\varrho = m \cos\varphi + R. \tag{3}$$

Somit findet man aus (1) für die Entfernung r des reziproken Punktes T:

$$r = \frac{1}{\varrho} = \frac{1}{R + m\cos\varphi} = \frac{\frac{1}{R}}{1 + \frac{m}{R}\cos\varphi}.$$

Dies ist also die Gleichung der reziproken Kurve c in *Polarkoordinaten.* (Nullpunkt des Koordinatensystems in H; man beachte, daß φ der Winkel des Abstands r mit der Horizontalen ist.) Wir führen noch die Größen ein

$$p = \frac{1}{R}, \quad \varepsilon = \frac{m}{R}, \tag{4}$$

und erhalten endgültig die Gleichung

$$\boxed{r = \frac{p}{1 + \varepsilon \cos \varphi}} \tag{5}$$

Wie aus der analytischen Geometrie geläufig ist, stellt diese Gleichung eine *Ellipse*[1]), *Parabel* oder *Hyperbel* dar. Diese drei Kurven bezeichnen wir gemeinsam als *Kegelschnitte.* Ferner liest man aus (5) ab, daß H ein *Brennpunkt* des Kegelschnitts ist; außerdem ist ε die *numerische Exzentrizität* und p der *Parameter* des Kegelschnitts[2]). Wir finden also:

6. *Die reziproke Figur eines Kreises ist ein Kegelschnitt, dessen einer Brennpunkt im Hauptpunkt der Reziprozität liegt.*

Weiter folgt aus unserer Betrachtung, daß jeder Kegelschnitt so erhalten werden kann, denn die Größen p, ε können beliebig vorgegeben werden. Man hat ja gemäß (4) für den Kreis C einfach zu wählen

$$R = \frac{1}{p}, \quad m = \frac{\varepsilon}{p}.$$

Anders ausgedrückt:

6a. *Jeder Kegelschnitt kann durch Reziprozität aus einem Kreis erzeugt werden; als Hauptpunkt ist einer der Brennpunkte des Kegelschnittes zu wählen.*

Wir kehren zu Fig. 64 zurück und wollen noch die Tangente im Punkt T des Kegelschnitts c konstruieren. Zu diesem Zweck denken wir uns eine zur Kreistangente t benachbarte Kreistangente t_1 und den Schnittpunkt S dieser beiden Tangenten konstruiert. Sind T, T_1, s die reziproken Elemente, so ist $s = T\,T_1$ eine Sekante des Kegelschnitts. Läßt man t_1 gegen t streben, so dreht sich diese Sekante um T und wird schließlich zur gesuchten Tangente. Diese ist also die reziproke Gerade des Berührungspunktes S von t und steht somit senkrecht auf SH. Etwas allgemeiner formuliert:

7. *Bei einer Reziprozität gehen die Tangenten einer Kurve C in die Punkte der reziproken Kurve c über und umgekehrt werden die Punkte von C in die Tangenten von c übergeführt.*

In Fig. 64 ist noch $m > R$, also nach (4) die Exzentrizität $\varepsilon > 1$. Der Kegelschnitt c ist also eine Hyperbel. Um einen unendlich fernen Punkt U_∞ der Hyperbel zu finden, beachte man, daß U_∞ auf der unendlich fernen Geraden liegt, also seine reziproke Gerade u durch den Hauptpunkt laufen muß. u wird daher gefunden als eine Tangente von H aus an den Kreis C. Der Berührungspunkt A von u geht bei der Reziprozität über in die Hyperbeltangente a in U_∞; a ist daher eine *Asymptote* der Hyperbel.

---

1) Ein Kreis ist immer als spezielle Ellipse aufzufassen.

2) Die Gleichung (5) hat in der Astronomie eine fundamentale Bedeutung. Sie stellt dort die Bahn eines Himmelskörpers dar, welcher allein der Anziehung durch die Sonne (welche sich in H befindet) unterworfen ist.

Soll der Kegelschnitt eine *Parabel* werden, so muß $\varepsilon = 1$ also $m = R$ gewählt werden. Der Kreis C muß daher durch den Hauptpunkt laufen. Da nun nach Satz 7 jeder Punkt von C in eine Tangente an die Parabel übergeht, muß auch die reziproke Gerade von H, das heißt die unendlich ferne Gerade als Tangente an die Parabel angesehen werden. Ihr Berührungspunkt liegt unendlich fern in der Richtung der Parabelachse. Wir merken uns:

8. *Die Parabeln sind diejenigen Kegelschnitte, welche die unendlich ferne Gerade berühren.*

Der Satz 6a gestattet viele Anwendungen. Soll zum Beispiel ein Kegelschnitt mit einer Geraden g geschnitten werden, so hat man einfach vom reziproken Punkt G von g aus die Tangenten an den reziproken Kreis zu legen. Ferner wird jedem Satz über den Kreis ein reziproker Satz über Kegelschnitte entsprechen. So kann man zum Beispiel unsere Polarentheorie für den Kreis (Sätze 4, 5) sofort auf Kegelschnitte übertragen. Wir müssen es dem Leser überlassen, diese Andeutungen auszuführen und weiter zu entwickeln.

Übungen. 1) Man beweise: Geht der Umkreis eines Dreiecks durch den Hauptpunkt H einer Reziprozität, so geht auch der Umkreis des reziproken Dreiecks durch H.

2) Daraus ist der *Satz von* LAMBERT herzuleiten: Der Umkreis des von drei Parabeltangenten gebildeten Dreiecks geht durch den Brennpunkt der Parabel.

3) Gegeben 4 Geraden in der Ebene. Man konstruiere Achse und Scheitel einer Parabel, welche diese 4 Geraden berührt. (Mit Hilfe des Satzes von LAMBERT.)

§ 2. Die Sätze von Pascal und Brianchon

Es handelt sich um zwei zueinander duale Sätze über Kegelschnitte, welche folgendermaßen lauten:

9. *Satz von* PASCAL. *Gegeben seien sechs Punkte 1–6 eines Kegelschnitts. Dann liegen die drei Punkte*

I = Schnittpunkt der Verbindungsgeraden von 1,2 und 4,5

II = Schnittpunkt der Verbindungsgeraden von 2,3 und 5,6

III = Schnittpunkt der Verbindungsgeraden von 3,4 und 6,1

auf einer Geraden p, der «Pascalgeraden».

9′. *Satz von* BRIANCHON. *Gegeben seien sechs Tangenten 1–6 eines Kegelschnitts. Dann gehen die drei Geraden*

I = Verbindungsgerade der Schnittpunkte von 1,2 und 4,5

II = Verbindungsgerade der Schnittpunkte von 2,3 und 5,6

III = Verbindungsgerade der Schnittpunkte von 3,4 und 6,1

durch einen Punkt P den «Brianchonpunkt».

Wir beweisen zunächst den Satz von BRIANCHON speziell für einen Kreis (*Fig. 65a*). Zu diesem Zweck fassen wir die Zeichenebene als Grundrißebene und die gegebenen Kreistangenten 1–6 als Grundrisse g_1'–g_6' von sechs Raumgeraden g_1–g_6 auf, welche den Neigungswinkel 45^0 zur Grundrißebene haben.

Und zwar soll zum Beispiel g_1 die Grundrißebene im Berührungspunkt B_1 von $g_1' = 1$ durchstoßen und es wurde ferner in Fig. 65a der Teil von g_1, der oberhalb der Grundrißebene verlaufen soll, ausgezogen und der unterhalb der Grundrißebene liegende Teil gestrichelt. Analoges soll für die übrigen Geraden $g_2 - g_6$ gelten.

Wir behaupten nun, daß alle in Fig. 65a durch Nullkreise markierten Punkte Schnittpunkte der Raumgeraden sind. Zum Beweis sehen wir uns etwa den Punkt S' an. Er ist Grundriß eines Punktes S_1 von g_1 und die Kote von S_1 ist $= S'B_1$, da g_1 unter 45^0 zur Grundrißebene geneigt ist. S' ist aber auch

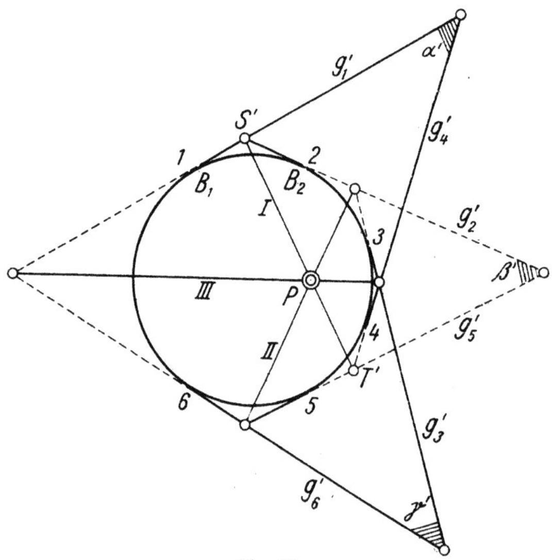

Fig. 65a

Grundriß eines Punktes S_2 von g_2, dessen Kote $= S'B_2$ ist. Nun sind aber die Strecken $S'B_1$ und $S'B_2$ gleich lang als Tangenten an den Kreis vom selben Punkt aus. Also haben S_1 und S_2 gleiche Kote, fallen also in einen Punkt S zusammen.

Jetzt legen wir die Ebenen $\alpha = g_1 g_4$, $\beta = g_2 g_5$, $\gamma = g_3 g_6$. Der Punkt S gehört als Schnittpunkt von g_1 und g_2 den beiden Ebenen α, β an und analog liegt der Schnittpunkt T von g_4 und g_5 in α und in β. Also ist ST die Schnittgerade von α und β. Ihr Grundriß ist die Gerade I. Ebenso folgt, daß II der Grundriß der Schnittgeraden von β und γ und daß III der Grundriß der Schnittgeraden von γ und α ist. Da die drei Schnittgeraden der Ebenen α, β, γ durch einen Punkt gehen, müssen auch ihre Grundrisse I, II, III durch einen Punkt P gehen. Damit ist der Satz von Brianchon für den Kreis bewiesen.

Nun vergessen wir unsere räumliche Interpretation, sehen also die Fig. 65a wieder als Figur in der Zeichenebene an, bestehend aus 6 Tangenten 1–6 eines Kreises und gewissen Verbindungsgeraden ihrer Schnittpunkte. Nun wird auf diese Brianchon-Figur irgend eine Reziprozität ausgeübt. *Fig. 65b* zeigt die Eigenschaften der reziproken Figur. Aus dem Kreis entsteht ein Kegelschnitt (es wurde eine Ellipse gezeichnet) und aus den 6 Kreistangenten werden 6 Punkte des Kegelschnitts, welche wieder die Namen 1–6 erhalten sollen. Der Schnittpunkt der Kreistangenten 1, 2 geht über in die Verbindungsgerade der Kegelschnittpunkte 1, 2 und die Gerade *I* der Fig. 65a wird in den Punkt *I* der Fig. 65b abgebildet. Endlich müssen die drei Punkte *I*, *II*, *III* der Fig. 65b auf der reziproken Geraden *p* von *P* liegen. Es ergibt sich also der Satz von PASCAL für den Kegelschnitt. Da wir jeden Kegelschnitt durch Reziprozität aus einem Kreis herstellen können, ist also nun der Pascalsche Satz für jeden Kegelschnitt bewiesen.

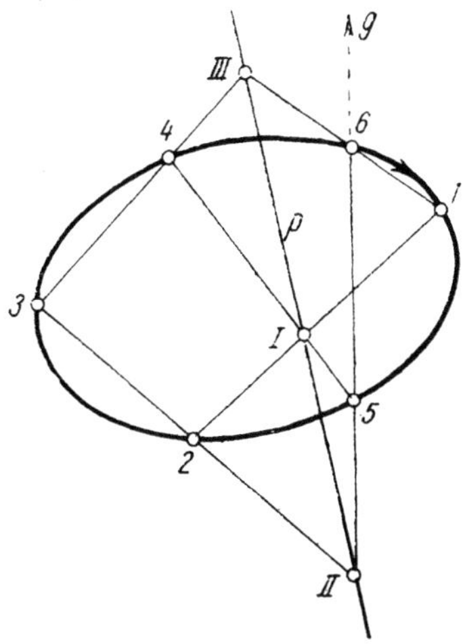

Fig. 65b

Der Kreis ist ein spezieller Kegelschnitt, also gilt für ihn der Pascalsche Satz. Indem man auch dieses Resultat wieder reziprok umformt, erhält man endlich den Satz von BRIANCHON für einen beliebigen Kegelschnitt.

Grenzfälle. Wir halten in Fig. 65b die Ellipse und ihre Punkte 1–5 fest, lassen aber den Punkt 6 auf der Ellipse gegen den Punkt 1 streben. Der Pascalsche Satz gilt dauernd während des Grenzübergangs und in der Grenzlage ist die Gerade 61 der Pascal-Konfiguration zur Ellipsentangente in 1 geworden. Analog kann man die Punkte 3 und 4 oder zwei andere Punkte mit aufeinanderfolgenden Nummern[1]) zusammenrücken lassen. Es folgt:

10. *Der Satz von* PASCAL *gilt auch dann, wenn zwei der gegebenen Punkte mit aufeinanderfolgenden Nummern zusammenfallen. Als Verbindungsgerade dieser beiden Punkte ist die Tangente des Kegelschnitts anzusehen.*

10′. *Der Satz von* BRIANCHON *gilt auch dann, wenn zwei der gegebenen Tangenten mit aufeinanderfolgenden Nummern zusammenfallen. Als Schnittpunkt dieser beiden Tangenten ist der Berührungspunkt mit dem Kegelschnitt anzusehen.*

[1]) Die Punkte 6 und 1 gelten auch als Punkte mit aufeinanderfolgenden Nummern.

Ein anderer Grenzfall ergibt sich, wenn wir den Satz von PASCAL für eine Hyperbel betrachten, die Asymptoten der Hyperbel festhalten und die Achse der Hyperbel gegen Null streben lassen, so daß die Hyperbel in ihre Asymptoten übergeht. Der Pascalsche Satz gilt also auch für einen *«ausgearteten» Kegelschnitt,* der aus zwei Geraden besteht (*Fig. 66*). Die Formulierung des dualen Satzes überlassen wir dem Leser.

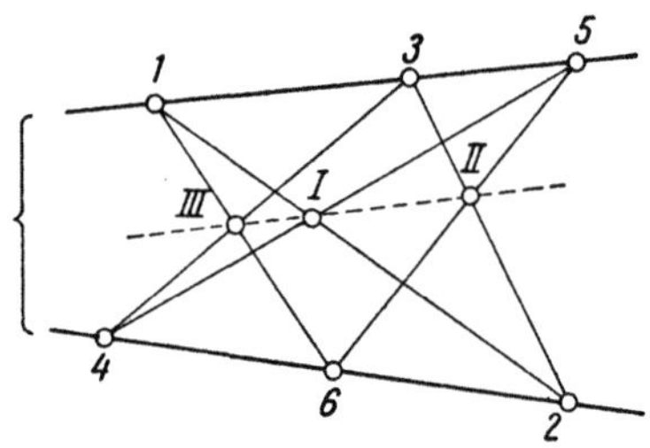

Fig. 66

Anwendungen. Mit Hilfe der Sätze 9 und 9′ kann man viele Kegelschnittaufgaben lösen. Wir behandeln zunächst

Aufgabe 1. Gegeben fünf Punkte 1–5 eines Kegelschnitts und eine Gerade g durch 5. Man konstruiere ihren zweiten Schnittpunkt 6 mit dem Kegelschnitt.

Aufgabe 1′. Gegeben fünf Tangenten 1–5 eines Kegelschnitts und ein beliebiger Punkt G auf 5. Man lege die zweite Tangente 6 durch G an den Kegelschnitt.

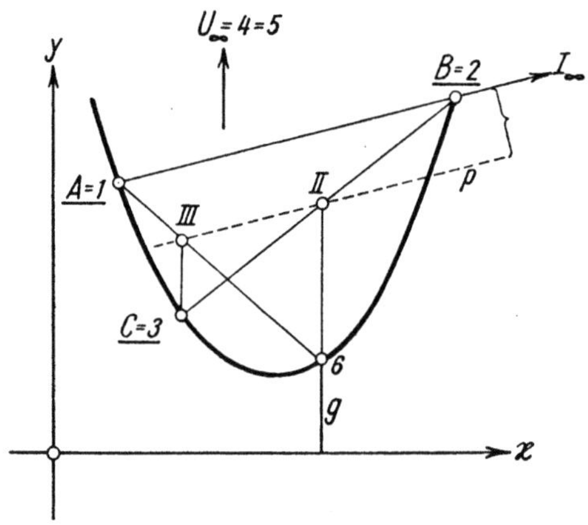

Fig. 67

Bemerkung: In Aufgabe 1 können zwei der gegebenen Punkte gemäß Satz 10 durch einen Punkt samt Tangente ersetzt werden. Das Duale gilt für die Aufgabe 1′.

Die Lösung der Aufgabe 1 zeigt die Fig. 65b. Die beiden Punkte I, II können sofort konstruiert werden. (Man beachte, daß 56 die gegebene Gerade g ist.) Damit ist die Pascal-Gerade p bekannt. Die Gerade 34 bestimmt auf ihr den Punkt III, durch welchen 61 gehen muß. Daraus ergibt sich 6. Die Aufgabe 1′ wird dual gelöst.

Um das Operieren mit unendlich fernen Elementen noch einzuüben, behandeln wir das folgende Beispiel zur Aufgabe 1 (*Fig. 67*). Es seien drei Punkte A, B, C gegeben. Man lege durch sie eine Parabel mit vertikaler Achse und bestimme deren Schnittpunkt mit einer gegebenen Vertikalen g[1]). Lösung: Man kennt als vierten Punkt U der Parabel ihren unendlich fernen Punkt. (Die nach ihm hin zeigende Richtung ist vertikal.) Außerdem kennt man in diesem Punkt die Tangente; nach Satz 8 ist sie nämlich die unendlich ferne Gerade. U ist also mit zwei konsekutiven Nummern zu bezeichnen. Damit hat man 5 Punkte des Kegelschnitts.

Die gegebene Gerade g geht durch U. Daher muß entsprechend der Formulierung von Aufgabe 1 dieser Punkt U mit 5 (und außerdem mit 4) numeriert werden. Die gegebenen Punkte A, B, C erhalten die Nummern 1,2,3. Bei der Durchführung der Pascal-Konstruktion beachte man: 45 ist die unendlich ferne Gerade, also liegt I unendlich fern in der Richtung von 12 und p läuft parallel zu dieser Richtung.

Übungen. 4) Man konstruiere die Achse und den Scheitel der Parabel. (Anleitung: Parabel mit einer Horizontalen durch A schneiden; daraus Parabelachse. Schnitt dieser Achse mit der Parabel ergibt den Scheitel.) 5) Gegeben eine Hyperbel durch ihr Zentrum, eine Asymptote und zwei Tangenten. Gesucht die andere Asymptote.

Aufgabe 2. Gegeben fünf Punkte 1–5 eines Kegelschnitts. Gesucht die Tangente in 1.

Aufgabe 2′. Gegeben fünf Tangenten 1–5 eines Kegelschnitts. Gesucht der Berührungspunkt von 1.

Zur Lösung der Aufgabe 2 numeriert man den Punkt 1 außerdem noch mit 6 und konstruiert die Pascal-Konfiguration. (Es ist $56 = 51$.) Die letzte Gerade 61 ist nach Satz 10 die gesuchte Tangente.

Die *Fig. 68* ist ein Beispiel für die Aufgabe 2′. Es wurde eine Hyperbel gegeben durch ihre beiden Asymptoten und eine Tangente. Gesucht ist der Berührungspunkt der Tangente. Zunächst muß die gegebene Tangente mit 1 und 6 bezeichnet werden. Ferner ist ja eine Asymptote eine Tangente, deren Berührungspunkt gegeben ist. (Er liegt unendlich fern.) Daher erhält jede Asymptote zwei aufeinanderfolgende Nummern ($2 = 3$ und $4 = 5$). Bei der Brianchonkonstruktion ist zum Beispiel als Schnittpunkt von 4 und 5 der unendlich ferne Punkt der untern Asymptote zu nehmen. Die Gerade III schneidet aus der Tangente 1 den gesuchten Berührungspunkt. Aus dem entstandenen Parallelogramm folgt, daß er die Strecke auf der Tangente zwischen den Asymptoten halbiert.

[1]) Die Aufgabe kann auch aufgefaßt werden als die Interpolation einer durch drei Wertepaare gegebenen Funktion durch eine quadratische Funktion.

Prinzipiell ist zu diesen Aufgaben folgende Bemerkung zu machen. Das Operieren mit den Sätzen von PASCAL und BRIANCHON geschieht durch Ziehen und Schneiden von geraden Linien. Analytisch bedeutet dies das Auflösen einer Kette von linearen Gleichungen. Es lassen sich also mit diesen Sätzen nur Aufgaben lösen, die auf Gleichungen ersten Grades führen (*Aufgaben ersten Grades.*) Aufgaben höheren Grades, welche das Auflösen von quadratischen oder höheren Gleichungen verlangen, lassen sich mit diesen Sätzen nicht behandeln. (Beispiele: Bestimmung der Schnittpunkte eines Kegelschnitts mit einer beliebigen Geraden, Konstruktion der Achsen und Asymptoten eines durch 5 Punkte gegebenen Kegelschnitts usw.)

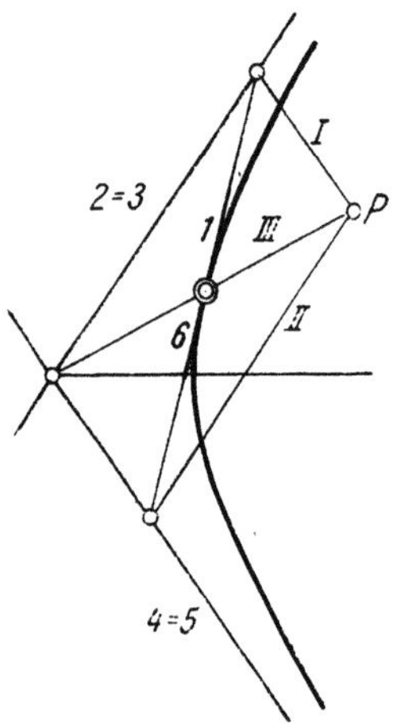

Fig. 68

Wir ziehen aus diesen Anwendungen noch einige theoretische Folgerungen. Es seien etwa fünf Punkte 1—5 eines Kegelschnitts gegeben. Indem man nun die Gerade g von Aufgabe 1 um den Punkt 5 dreht, kann man alle weiteren Punkte des Kegelschnitts aus den fünf angegebenen Punkten konstruieren. Dieses Verfahren funktioniert auch im Fall des Geradenpaars (ausgearteter Kegelschnitt), falls wie in Fig. 66 die gegebenen Punkte so verteilt sind, daß jede Gerade des Paars höchstens drei enthält. Diese *Pascalsche Konstruktion* eines Kegelschnitts aus 5 Punkten ist also immer möglich, wenn nicht vier der gegebenen Punkte auf einer Geraden liegen. Daraus folgt:

11. *Ein Kegelschnitt ist durch 5 seiner Punkte eindeutig bestimmt, falls nicht vier unter diesen Punkten auf einer Geraden liegen*[1]).

Übung 6. Man schließe daraus, daß zwei nicht-ausgeartete Kegelschnitte höchstens 4 Schnittpunkte haben.

Umkehrung des Satzes von Pascal. Es sei eine ebene Kurve gegeben, auf welcher man 5 Punkte 1—5 auswählen kann, von denen nicht vier auf einer Geraden liegen. Außerdem gelte für 1—5 und jeden weiteren Punkt 6 der Kurve der Satz von PASCAL. Dann ist die Kurve ein Kegelschnitt.

Beweis: Man kann aus den Punkten 1—5 mit Hilfe der Pascalschen Konstruktion jeden weiteren Punkt der Kurve ermitteln. Daher stimmt die Kurve mit dem durch 1—5 gelegten Kegelschnitt überein[2]).

---

[1]) Falls etwa die Punkte 1—4 auf einer Geraden g liegen, gibt es tatsächlich mehrere Kegelschnitte durch die 5 gegebenen Punkte, nämlich alle ausgearteten Kegelschnitte, die aus g und einer beliebigen Geraden durch den Punkt 5 bestehen.

[2]) Daß man durch 5 Punkte immer einen (eventuell ausgearteten) Kegelschnitt legen kann, bestätigt man am schnellsten analytisch. Man setzt die Gleichung des fraglichen Kegelschnitts in Kartesischen Koordinaten x, y als quadratische Gleichung an:

$$ax^2+bxy+cy^2+dx+ey+f=0.$$

Indem man nacheinander die Koordinaten der 5 gegebenen Punkte einsetzt, erhält man 5 lineare Gleichungen für die 6 Unbekannten a—f, welche homogen sind. Dieses Gleichungssystem ist immer lösbar, und zwar so, daß nicht alle Lösungen a—f Null sind, so daß obige Gleichung wirklich einen Kegelschnitt darstellt.

Man kann den Inhalt dieser Betrachtungen kurz so formulieren:

12. *Die Kegelschnitte sind diejenigen Kurven der ebenen Geometrie, für welche der Satz von* PASCAL *gilt.*

Als erste Anwendung ergibt sich:

13. *Die reziproke Kurve eines (nicht-ausgearteten) Kegelschnitts C ist wieder ein Kegelschnitt.*

Denn für C gilt der Satz von BRIANCHON, also gilt für die reziproke Kurve der Satz von PASCAL.

Übung 7. Gegeben eine Hyperbel durch 5 Punkte. Man konstruiere ihre Asymptoten, indem man sie durch Reziprozität in eine Parabel überführt. (Anleitung: Entweder mit Hilfe des Satzes von BRIANCHON oder mittels Übung 3 Seite 89 den Scheitel und die Achse der Parabel konstruieren.)

Zentralprojektion eines Kegelschnitts. Wir befassen uns jetzt mit Anwendungen auf die räumliche Geometrie. Es seien im Raum zwei Ebenen α_1 und α_2 und ein Punkt Z außerhalb dieser Ebenen gegeben. Unter der Zentralprojektion der Ebene α_1 auf die Ebene α_2 versteht man dann die folgende Abbildung: Einem Punkt P_1 von α_1 wird zugeordnet der Durchstoßpunkt P_2 der Geraden ZP_1 mit der *Bildebene* α_2. Man nennt Z das *Projektionszentrum* und P_2 die Zentralprojektion von P_1. Anders ausgedrückt: P_2 ist der Schatten von P_1 auf die Ebene α_2, wenn die Lichtquelle in Z aufgestellt wird.

Es gilt der wichtige Satz:

14. *Die Zentralprojektion eines Kegelschnitts ist wieder ein Kegelschnitt.*

Für einen in α_1 liegenden Kegelschnitt c_1 gilt nämlich der Pascalsche Satz. Sechs seiner Punkte bilden also eine Pascal-Konfiguration. Bei der Zentralprojektion geht diese Figur wieder in eine Pascal-Konfiguration über. Somit gilt der Satz von PASCAL auch für die Projektion c_2 von c_1 auf die Ebene α_2. Nach Satz 12 ist also c_2 ein Kegelschnitt.

Dies zeigt deutlich den *projektiven Charakter* des Pascalschen Satzes. (Eine Eigenschaft einer Figur heißt projektiv, wenn sie bei Zentralprojektion erhalten bleibt.)

Bemerkung: Die Art des Kegelschnitts braucht aber bei der Zentralprojektion nicht erhalten zu bleiben. Es kann zum Beispiel eine Ellipse c_1 sich in eine Hyperbel c_2 projizieren. Um dies einzusehen, lege man durch das Projektionszentrum Z eine Parallelebene π zur Bildebene α_2. Durchstößt nun unsere Ellipse diese Parallelebene in zwei Punkten U_1, V_1, so liegen die Projektionsstrahlen ZU_1 und ZV_1 dieser beiden Punkte parallel zu α_2. Die Projektionen U_2, V_2 sind daher unendlich fern und der Bildkegelschnitt hat zwei unendlich ferne Punkte, ist also eine Hyperbel.

Ist hingegen das Projektionszentrum unendlich fern, handelt es sich also um *Parallelprojektion*, so gilt:

15. *Die Parallelprojektion eines Kegelschnitts ist ein Kegelschnitt derselben Art.*

Denn bei Parallelprojektion können nicht (wie oben) endliche Punkte ins Unendliche geraten.

Speziell folgt, daß der Grundriß eines Kegelschnitts ein Kegelschnitt derselben Art ist, also zum Beispiel eine Ellipse im Grundriß wieder als Ellipse erscheint. Durch weitere Spezialisierung findet man den auf Seite 36 bewiesenen Satz wieder, daß der Grundriß eines Kreises eine Ellipse ist.

§ 3. Flächen zweiter Ordnung

Die Kegelschnitte (Ellipse, Parabel, Hyperbel, Geradenpaar) nennt man auch *Kurven zweiter Ordnung*, da sie von einer beliebigen Geraden «im allgemeinen» in zwei Punkten geschnitten werden.

Definition. Eine im Raum liegende krumme Fläche heißt *Fläche zweiter Ordnung*, wenn jede Ebene (die mehr als einen Punkt mit der Fläche gemeinsam hat) aus ihr einen Kegelschnitt schneidet.

Beispiel: Die Kugel. Weiter gilt für *Kegelflächen* (vgl. Seite 57):

16. *Eine Kegelfläche, die als Leitkurve einen Kegelschnitt hat, ist eine Fläche zweiter Ordnung.*

Beweis: Sei c_1 die Leitkurve (Kegelschnitt), ferner Z die Kegelspitze und α_2 eine beliebige Schnittebene. Geht α_2 durch die Kegelspitze Z, so hat diese Ebene entweder nur den Punkt Z mit der Fläche gemeinsam, oder sie schneidet zwei Geraden aus der Fläche (welche zusammenfallen können, wenn α_2 Tangentialebene ist). Geht hingegen α_2 nicht durch die Spitze, so ist die Schnittkurve c_2 von α_2 mit dem Kegel doch einfach die Zentralprojektion der Leitkurve c_1 auf α_2 vom Projektionszentrum Z aus. Nach Satz 14 ist daher c_2 ein Kegelschnitt. Die Forderungen der Definition sind also in jedem Fall erfüllt.

In Satz 16 ist das auf Seite 67 benutzte Resultat enthalten, daß ein schiefer Kreiskegel von jeder Ebene, die nicht durch die Spitze geht, in einer Ellipse, Parabel oder Hyperbel geschnitten wird.

Einen Kegel, dessen Leitkurve ein Kegelschnitt ist, nennt man wegen Satz 16 auch *Kegel zweiter Ordnung.*

Allgemein beweisen wir für Flächen zweiter Ordnung:

17. *Eine gegebene Gerade g hat mit einer Fläche zweiter Ordnung höchstens zwei Durchstoßpunkte oder dann liegt g ganz auf der Fläche.*

Um nämlich g mit der Fläche zu durchstoßen, lege man eine Hilfsebene α durch g. Fall 1: α schneidet aus der Fläche eine Ellipse, Parabel oder Hyperbel. Dann kann g höchstens zwei Punkte mit dieser Kurve (und damit auch mit der Fläche) gemeinsam haben. Fall 2: α schneidet aus der Fläche ein Geradenpaar. Dann hat g höchstens zwei Punkte mit diesem Geradenpaar gemeinsam oder fällt mit der einen Geraden zusammen. Fall 3: α hat einen oder keinen Punkt mit der Fläche gemeinsam. Dann gilt dasselbe auch für g.

Eine *Aufzählung* aller Flächen zweiter Ordnung ist nicht Aufgabe der darstellenden Geometrie. Wir müssen in dieser Hinsicht auf die Lehrbücher der analytischen Geometrie des Raumes verweisen. Es sei nur (ohne Beweis) das Resultat zitiert, daß jeder Kegel zweiter Ordnung in einem Kreis geschnitten werden kann, also ein gerader oder schiefer Kreiskegel ist. Hingegen hat man bei den Zylindern drei Fälle zu unterscheiden, je nachdem ob die Leitkurve eine Ellipse, Parabel oder Hyperbel ist.

Wir können aber mit unseren Mitteln folgenden speziellen Typus von Flächen zweiter Ordnung noch etwas diskutieren:

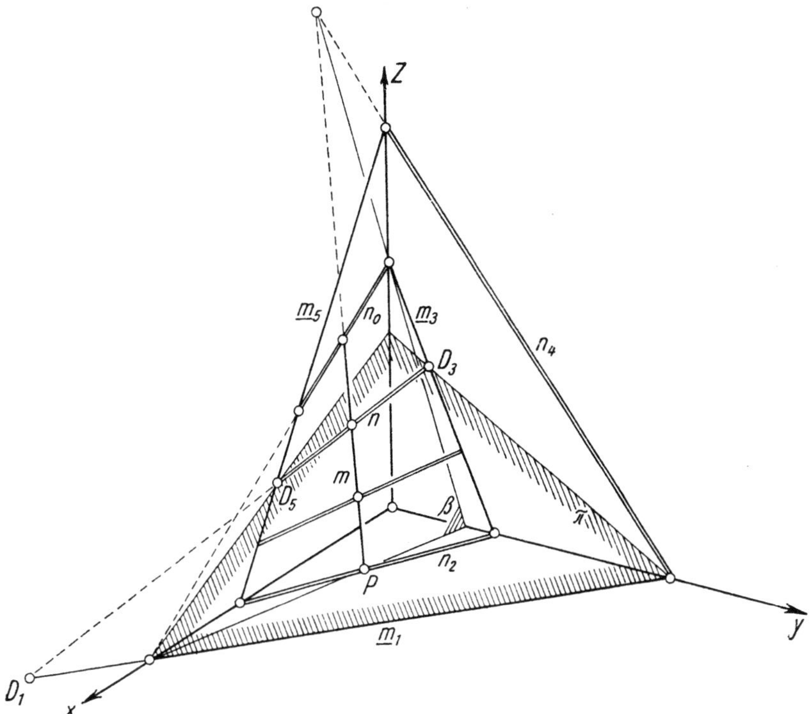

Fig. 69

Regelflächen zweiter Ordnung. Es seien im Raum drei zueinander windschiefe Geraden gegeben, welche – wegen einer späteren Betrachtung – mit m_1, m_3, m_5 bezeichnet werden sollen. *Fig. 69* zeigt eine axonometrische Skizze der Konfiguration, wobei die drei Geraden der Anschaulichkeit halber in den Koordinatenebenen angenommen wurden (m_1 in der xy-, m_3 in der yz- und m_5 in der zx-Ebene). Es soll nun die Regelfläche konstruiert werden, die aus allen Transversalen n der drei «*Leitgeraden*» m_1, m_3, m_5 besteht; die Fläche wird also erzeugt von allen Geraden n, welche jede der drei gegebenen Geraden schneiden. Um eine solche Gerade n zu konstruieren, lege man irgend eine Hilfsebene π durch m_1; sie wurde in Fig. 69 durch das schraffierte Dreieck dargestellt, das sie aus dem Koordinatensystem schneidet. π trifft m_3 in D_3 und m_5 in D_5, so daß also $n = D_3D_5$ eine der gewünschten Transversalen ist. Denn n liegt in π und trifft daher auch m_1 in D_1. Die Gesamtheit aller Transversalen nennen wir die *n-Schar* der Fläche. In Fig. 69 wurden noch die drei speziellen Geraden n_0, n_2, n_4 der n-Schar eingezeichnet, welche in den Koordinatenebenen liegen.

Jetzt beweisen wir, daß unsere Regelfläche eine Fläche zweiter Ordnung ist. Zu diesem Zweck legen wir irgend eine Schnittebene α (nicht gezeichnet) und bezeichnen noch irgend eine allgemeine Gerade der n-Schar mit n_6. Es ist zu zeigen, daß die Durchstoßpunkte 1–6 der sechs Geraden $m_1, n_2, m_3, n_4, m_5, n_6$ mit α auf einem Kegelschnitt liegen und dazu genügt es, zu verifizieren, daß diese 6 Punkte eine Pascal-Konfiguration bilden (Satz 12). Diese Verifikation aber gelingt so:

Es sei A = Schnittpunkt von m_1 mit n_4,
B = Schnittpunkt von n_2 mit m_5,
C = Schnittpunkt von m_3 mit n_6.

Die erste Gerade 12 der fraglichen Pascal-Konfiguration ist die Schnittgerade der Ebene (m_1, n_2) mit α. Diese Ebene (m_1, n_2) enthält die Gerade AB, also enthält die genannte Schnittgerade den Durchstoßpunkt D_{AB} von AB mit α. Es folgt also

12 geht durch D_{AB} und analog 45 geht durch D_{AB}.

Somit ist D_{AB} der Punkt I der Pascal-Konfiguration. Also:

$$I = D_{AB} \text{ und ebenso } II = D_{BC},\ III = D_{CA}.$$

Bezeichnet man noch die Ebene ABC mit σ, so liegen diese drei Durchstoßpunkte auf der Schnittgeraden von σ und α, welche also die Pascal-Gerade p wird. Damit ist der Beweis beendigt.

Eine weitere Eigenschaft der Fläche ergibt sich, wenn man als Schnittebene α speziell eine Ebene β durch eine Gerade der n-Schar wählt. In Fig. 69 wurde β speziell durch die in der zx-Ebene gelegene Gerade n_0 und durch den Punkt P der Fläche gelegt. β schneidet aus der Fläche einen Kegelschnitt. Da die Fläche mit β aber bereits die Gerade n_0 gemeinsam hat, muß dieser Kegelschnitt ausarten und zerfallen in n_0 und eine weitere Gerade m, welche also alle Geraden der n-Schar trifft. Durch jeden Punkt P der Fläche geht also eine gemeinsame Transversale aller Geraden der n-Schar und somit ist die Fläche von einer zweiten Geradenschar, der *m-Schar* überzogen. Die gegebenen Leitgeraden m_1, m_3, m_5 sind spezielle Geraden dieser Schar. Zusammengefaßt:

18. *Eine Regelfläche zweiter Ordnung ist von zwei Scharen von Geraden überzogen. Geraden derselben Schar sind windschief zueinander und zwei Geraden aus verschiedenen Scharen schneiden sich.*

Zwei Beispiele sind noch zu notieren:

1) Das *Rotationshyperboloid* (vgl. Seite 69) ist offenbar ein Spezialfall der eben behandelten Fläche; denn greift man auf ihm 3 windschiefe Geraden heraus, so besteht es ebenfalls aus allen gemeinsamen Transversalen dieser 3 Geraden. Somit ist auch das Rotationshyperboloid eine Fläche zweiter Ordnung, wird also von jeder Ebene in einem Kegelschnitt geschnitten. Unsere allgemeinere Regelfläche wird daher auch als *allgemeines Hyperboloid* bezeichnet.

2) Man könnte in Fig. 69 speziell die Leitgerade m_1 als unendlich ferne Gerade der xy-Ebene wählen. Alle Geraden der n-Schar werden dann parallel zur xy-Ebene, welche daher *Richtungsebene* der Fläche genannt wird. Die Fläche selbst ist in diesem Spezialfall unter dem Namen *hyperbolisches Paraboloid* bekannt.

Durchdringung von zwei Flächen zweiter Ordnung. Es soll die Anzahl der Durchstoßpunkte abgezählt werden, welche die Durchdringungskurve c der beiden Flächen mit einer beliebigen Ebene α haben kann. α schneidet aus beiden Flächen je einen Kegelschnitt und diese beiden Kegelschnitte haben höchstens vier Schnittpunkte (vgl. Seite 94, Übung 6).

Ausnahmen: 1) Die beiden Kegelschnitte fallen in einen zusammen, welcher also ein Teil der Durchdringungskurve ist.

2) Die beiden Kegelschnitte sind ausgeartet und haben eine Gerade gemeinsam; dann ist diese Gerade ein Teil der Durchdringungskurve.

Im allgemeinen hat c also mit α höchstens 4 Durchstoßpunkte. Aus diesem Grund heißt c eine *Raumkurve vierter Ordnung*. Wir wollen nun den beiden Ausnahmefällen noch etwas nachgehen. Im ersten Fall haben also die beiden Flächen einen Kegelschnitt gemeinsam. Ist die Durchdringungskurve damit noch nicht erschöpft, gibt es also noch eine Restkurve, welche beiden Flächen gemeinsam ist, so gilt:

19. *Haben zwei Flächen zweiter Ordnung einen Kegelschnitt c_1 gemeinsam, so ist der Rest ihrer Durchdringungskurve eine Gerade oder ein Kegelschnitt.*

Einem Spezialfall dieses Satzes sind wir auf Seite 75 begegnet. Mit unseren Hilfsmitteln können wir den Satz nur unter einer zusätzlichen Annahme beweisen. Wir wählen auf der Restkurve drei Punkte A, B, C, die nicht auf einer Geraden liegen. (Ist dies unmöglich, so ist die Restkurve eben eine Gerade, und wir sind fertig.) Die Ebene $\alpha = ABC$ schneide die Ebene von c_1 in einer Geraden s. Wir nehmen nun an, daß s den Kegelschnitt c_1 in zwei Punkten D, E schneidet und nicht an ihm vorbeigeht. Von den 5 Punkten $A-E$ können niemals 4 auf einer Geraden liegen. α schneidet aus den beiden Flächen zwei Kegelschnitte, welche die 5 Punkte $A-E$ gemeinsam haben und daher nach Satz 11 in einen Kegelschnitt c_2 zusammenfallen müssen. c_2 ist also Bestandteil der Durchdringungskurve.

Nun muß noch gezeigt werden, daß die beiden Flächen keinen weiteren (außerhalb von c_1 und c_2 gelegenen) Punkt P gemeinsam haben können. Beweis indirekt: Man wähle auf c_1 einen Punkt Q_1 und auf c_2 einen Punkt Q_2. Die Ebene PQ_1Q_2 trifft c_1 in einem weiteren Punkt R_1 und c_2 in einem weiteren Punkt R_2; sie hätte also mit der Durchdringungskurve die 5 Punkte P, Q_1, Q_2, R_1, R_2 gemeinsam, was nicht sein kann.

Falls die oben eingeführte Schnittgerade s am Kegelschnitt c_1 vorbei geht, ist man zur Rettung der Schlußweise gezwungen, von den *imaginären Schnittpunkten* von s und c_1 zu sprechen. Die Einführung der imaginären Punkte des Raumes und die korrekte Arbeit mit ihnen ist Sache der *algebraischen Geometrie.*

Im Ausnahmefall 2 haben die Flächen eine Gerade gemeinsam. Die Restkurve hat dann mit einer allgemeinen Ebene höchstens drei Durchstoßpunkte und heißt daher *Raumkurve dritter Ordnung.*

Als Abschluß erwähnen wir noch folgenden Satz: Berühren sich die beiden gegebenen Flächen in zwei Punkten A und B, so liegt immer einer der Ausnahmefälle vor. Entweder liegt dann die Gerade AB auf beiden Flächen oder es existiert ein gemeinsamer Kegelschnitt. Der Leser kann dies selbst nach dem Muster des Beweises von Satz 19 einsehen, indem er eine Hilfsebene α durch A, B und einen ausgewählten Punkt C der Durchdringungskurve legt.

Das Ellipsoid ist wohl die für die Anwendungen wichtigste Fläche zweiter Ordnung. Um die Fläche zu konstruieren, wähle man in der y,z-Ebene eines räumlichen Koordinatensystems x, y, z eine *Grundellipse* C, deren Achsen auf der y- und z-Achse liegen. (In *Fig. 69a* wurde nur im Aufriß gezeichnet.) Ferner lege man in die Ellipse C ein System paralleler Sehnen AB, A_1B_1, A_2B_2 usw. Über jeder Sehne als Durchmesser denke man sich den Kreis konstruiert, dessen Ebene senkrecht zur y,z-Ebene steht. Der Aufriß dieses Kreises fällt also in die Sehne. Das Ellipsoid ist dann die von sämtlichen Kreisen gebildete Fläche.

Wir wollen gleich zeigen, daß das Ellipsoid noch von einem zweiten System von Kreisen überzogen ist. Diese zweite Kreisschar entsteht, indem man die Kreise der ersten Schar an der x,y-Ebene spiegelt. Um zu beweisen, daß die Kreise der zweiten Schar ganz auf der Fläche liegen, genügt es zu zeigen, daß ein beliebiger Kreis k_1 der ersten Schar und ein beliebiger Kreis k_2 der zweiten Schar sich im Raum schneiden.

Beweis: Es gilt (Fig. 69a) in der y,z-Ebene:

$$P''A_1 \cdot P''B_1 = P''D_1 \cdot P''E_1.$$

(Diese Beziehung ergibt sich sofort, wenn man die Ellipse C als Aufriß eines schief im Raum liegenden Kreises auffaßt, in diesem Kreis den bekannten Sehnensatz formuliert und in den Aufriß zurückgeht. Man beachte, daß die beiden angezeichneten Winkel gleich sind.) Aus dieser Gleichung folgt, daß die Punkte A_1, B_1, D_1, E_1 auf einem Kreis k liegen. K sei die Kugel, welche k als Großkreis hat. Da die beiden Kreise k_1, k_2 auf der Kugel K liegen, schneiden sie sich wirklich.

Das Ellipsoid hat also die drei Koordinatenebenen als Symmetrieebenen. Es schneidet auf den Koordinatenachsen die drei *Halbachsen* $a = OA$, b, c ab. Den Beweis, daß das Ellipsoid eine Fläche zweiter Ordnung ist, überlassen wir der

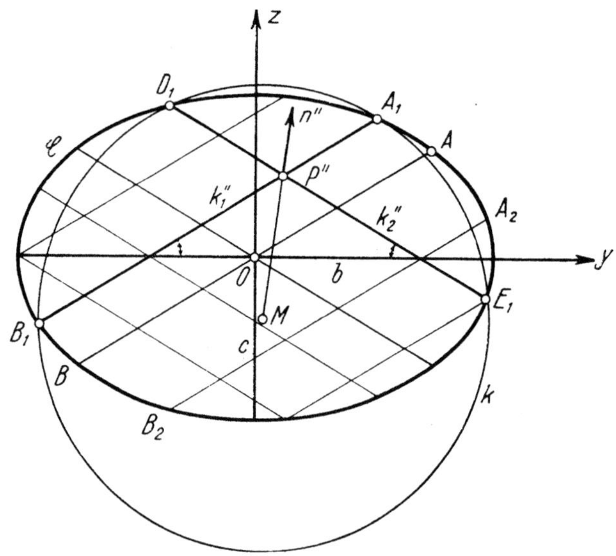

Fig. 69 a

analytischen Geometrie. Der Schnitt einer beliebigen Ebene mit der Fläche ist demnach ein Kegelschnitt, und zwar (da die Fläche ganz im Endlichen liegt) eine Ellipse. Die drei Schnittellipsen mit den Koordinatenebenen heißen *Hauptschnitte*.

Bemerkungen. 1. Mit Hilfe der beiden Systeme von Kreisen lassen sich alle konstruktiven Aufgaben über das Ellipsoid einfach lösen. Zum Beispiel ist die Flächennormale n im Punkt P einfach der Radius MP der Kugel K. 2. Werden die Sehnen der Grundellipse C parallel zur y-Achse gewählt, so entsteht eine Rotationsfläche (*Rotationsellipsoid*). 3. Wählt man an Stelle der Ellipse C einen anderen Kegelschnitt als Grundkurve, der symmetrisch zur y-Achse verläuft, so erhält man in analoger Weise andere Flächen zweiter Ordnung.

§ 4. Speziellere Methoden und Sätze der Kegelschnittlehre

Zur Abrundung der Theorie über Kurven und Flächen zweiter Ordnung sollen hier noch einige Hilfsmittel angegeben werden, die beim Konstruieren mit Kegelschnitten oft nützliche Dienste leisten.

Die Achsenkonstruktion von Rytz. Von einer Ellipse seien zwei konjugierte Durchmesser gegeben. Gesucht die Lage und Länge der Ellipsenachsen (vgl. Erster Teil, 1. Abschnitt, § 5). Zur Herleitung der Konstruktion ist in *Fig. 70a* die alte Fig. 27 teilweise abgezeichnet worden. Eine Ellipse wurde durch die beiden Halbachsen a, b gegeben und mit Hilfe der Kreise über diesen beiden Achsen wurden zwei konjugierte Durchmesser MP und MQ gefunden.

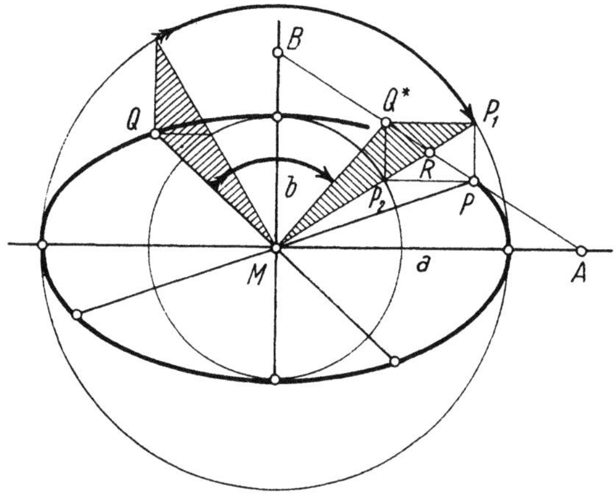

Fig. 70a

Dreht man nun die schraffierte Figur links so wie die Pfeile andeuten um 90^0 nach rechts, so entsteht die schraffierte Figur rechts und Q gelangt nach Q^*. Das entstandene Rechteck $PP_1Q^*P_2$ ergibt folgende Beziehungen:

$RA = RM = RB.$ (1)

$PB = MP_1 = a$ (als Radius des großen Kreises) (2)

$PA = MP_2 = b$ (als Radius des kleinen Kreises). (3)

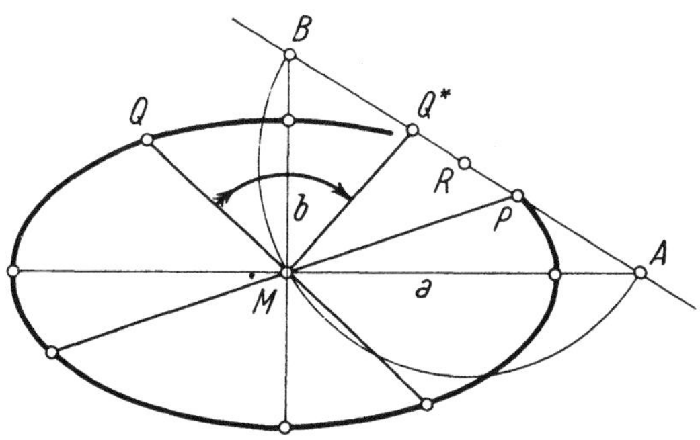

Fig. 70b

In *Fig. 70b* seien nun die konjugierten Durchmesser MP und MQ einer Ellipse gegeben, und es sollen die Achsen konstruiert werden. Als Konstruktionsvorschrift ergibt sich aus den obigen Überlegungen: Man dreht zunächst MQ um 90^0 nach MQ^*, konstruiert die Mitte R von PQ^* und trägt dann auf der Geraden PQ^* von R aus die Strecke RM nach beiden Seiten ab, womit man gemäß (1) die Punkte A, B und damit die Richtungen MA, MB der Achsen erhält. Die Längen der Halbachsen ergeben sich nun nach (2) und (3) als $a = PB$, $b = PA$.

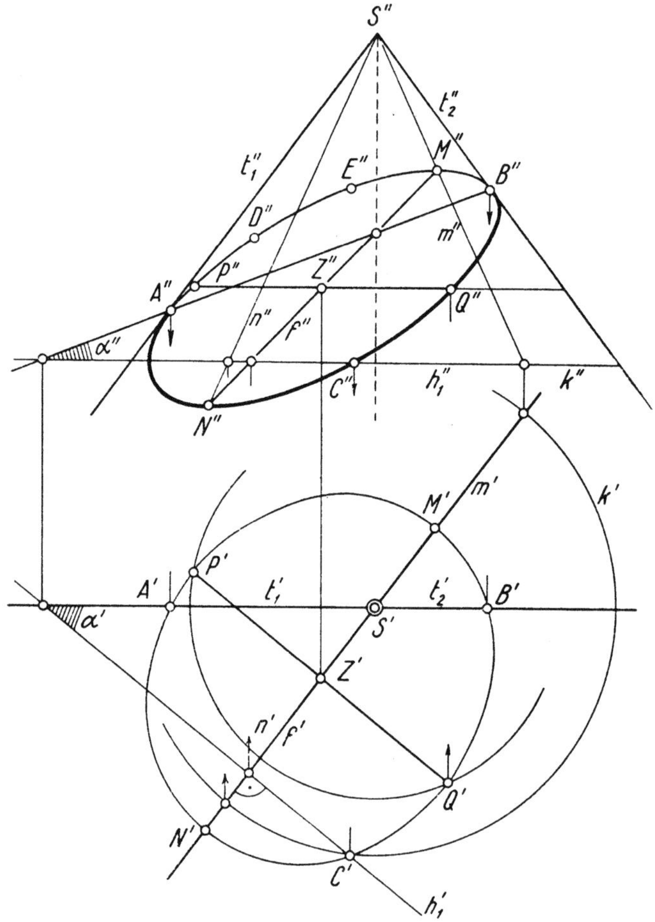

Fig. 71

Eine allgemeine Methode zur Lösung von Kegelschnittaufgaben. Die meisten Aufgaben über Kegelschnitte lassen sich lösen, indem man den gegebenen Kegelschnitt als ebenen Schnitt eines (geraden oder schiefen) Kreiskegels auffaßt und dann die Methoden der elementaren darstellenden Geometrie auf diesen Kegel anwendet. Als Beispiel lösen wir die Aufgabe: *Gegeben ein Kegelschnitt durch fünf Punkte, gesucht die Scheitel.* In *Fig. 71* wurden die gegebenen Punkte wegen der späteren Entwicklung der Konstruktion mit $A'' - E''$ bezeichnet. Wir konstruieren nun zunächst mit Hilfe des Satzes von Pascal die Tangenten t_1'', t_2'' an den Kegelschnitt in den Punkten A'', B''.

(Konstruktion nicht eingezeichnet.) Der Kegelschnitt ist nun auch durch die Punkte A'', B'' samt Tangenten und den weiteren Punkt C'' gegeben, so daß die beiden übrigen Punkte D'', E'' nicht mehr gebraucht werden.

Jetzt werden die Geraden t_1'', t_2'' als die Umrißmantellinien eines Rotationskegels im Aufriß aufgefaßt. Die Kegelachse ist also die Winkelhalbierende dieser beiden Geraden und liegt in Fig. 71 vertikal; es wurde der Grundriß der Konfiguration auf eine zur Kegelachse normale Projektionsebene hinzugefügt. t_1', t_2' sind als Grundrisse von zweiten Hauptgeraden in Fig. 71 dann horizontal. Soll nun der gegebene Kegelschnitt der Aufriß eines ebenen Schnittes unseres Kegels sein, so müssen A'', B'', C'' die Aufrisse von Punkten A, B, C des Kegelmantels sein. Die Grundrisse A', B' findet man sofort auf t_1', t_2', während C' mit Hilfe des Parallelkreises k gefunden wurde. Damit ist die Schnittebene $\alpha = ABC$ bekannt und unsere Aufgabe reduziert sich auf die Konstruktion des ebenen Schnittes des Kegels mit dieser Ebene α. In der Tat geht dann nach Konstruktion der Aufriß dieses ebenen Schnittes durch A'', B'', C'' und berührt – da A'', B'' Umrißpunkte sind – auch die Umrißmantellinien t_1'' und t_2''; er stimmt also mit dem gegebenen Kegelschnitt überein.

In Fig. 71 entsteht als Schnitt eine *Ellipse*, die wie folgt bestimmt wurde: Mit Hilfe der ersten Hauptgeraden h_1 von α ergibt sich die Fallgerade f von α. Die Durchstoßpunkte M, N von f mit dem Kegel sind die Hauptscheitel der Schnittellipse. (Konstruktion dieser Durchstoßpunkte mit Hilfe der Mantellinien m, n, welche die erste projizierende Ebene durch f aus dem Kegel schneidet.) Die Mitte von MN ist das Zentrum Z der Schnittellipse. Die Durchstoßpunkte P, Q der durch Z laufenden ersten Hauptgeraden von α mit dem Kegel ergeben die Nebenscheitel der Schnittellipse. (Den Parallelkreis auf der Höhe von Z benutzen!)

Im Aufriß sind nun $M''N''$ und $P''Q''$ konjugierte Durchmesser der Aufrißellipse; ihre Scheitel kann man mit der Achsenkonstruktion von Rytz ermitteln. (In Fig. 71 nicht mehr ausgeführt.)

Würde sich eine *Hyperbel* als Schnitt unseres Kegels ergeben, so müßte man gemäß Fig. 49 verfahren.

Aufgaben zweiten Grades. Bei den Anwendungen der Sätze von Pascal und Brianchon haben wir erwähnt, daß sich mit diesen Sätzen nur Aufgaben ersten Grades lösen lassen (vgl. Seite 94). Die eben beschriebene Methode erlaubt nun auch die Lösung von Aufgaben zweiten Grades, welche also bei rechnerischer Durchführung auf quadratische Gleichungen führen. Soll etwa eine gegebene Gerade g'' mit dem in Fig. 71 durch fünf Punkte gegebenen Kegelschnitt geschnitten werden, so fasse man g'' als Aufriß einer in der Ebene α liegenden Raumgeraden g auf. Die Durchstoßpunkte von g mit dem Kegel sind im Aufriß die gesuchten Schnittpunkte.

Um die Tangenten von einem gegebenen Punkt P'' an den Kegelschnitt zu legen, konstruiere man analog in α den Punkt P, der sich nach P'' projiziert, lege von P aus die Tangentialebenen an den Kegel und schneide sie mit α.

Der Satz von Dandelin. Die *Fig. 72* zeigt noch einmal (im Aufriß allein) den elliptischen Schnitt eines Rotationskegels, wie er eben in Fig. 71 konstruiert wurde. Außerdem sind die beiden Kugeln eingezeichnet worden, welche dem Kegel einbeschrieben sind und die Schnittebene α berühren (*Dandelinsche Kugeln*). Sie berühren den Kegel längs der beiden Kreise k_1, k_2 und die Ebene α in den beiden Punkten F_1, F_2.

Ist nun P ein beliebiger Punkt der Schnittellipse und m die durch ihn laufende Mantellinie des Kegels, so gilt $PF_1 = PQ_1$, denn diese beiden Strecken sind Tangenten von P aus an die untere Dandelinsche Kugel und alle diese

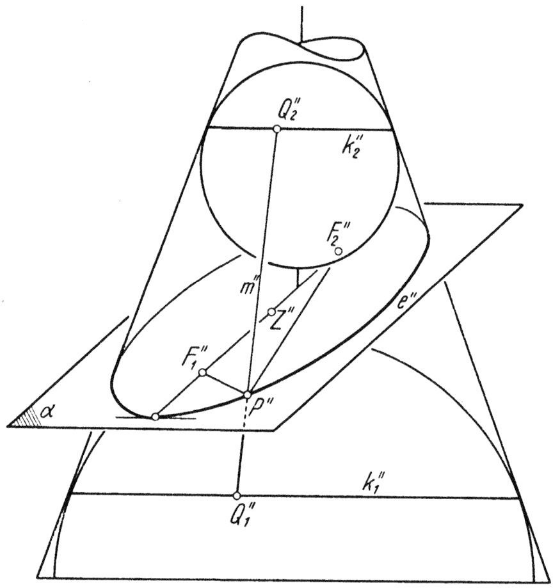

Fig. 72

Tangentenstücke sind gleich lang. Analog folgt $PF_2 = PQ_2$. Durch Addition gewinnt man $PF_1 + PF_2 = PQ_1 + PQ_2 = Q_1Q_2$. Die Strecke Q_1Q_2 hat aber konstante Länge, wenn P die Ellipse durchläuft, also $PF_1 + PF_2 =$ konstant. Nach einer bekannten Ellipseneigenschaft folgt daraus, daß F_1, F_2 die *Brennpunkte* der Schnittellipse sind.

Analoge Betrachtungen gelten für den Hyperbel- oder Parabelschnitt.

20. *Die Brennpunkte des ebenen Schnittes eines Rotationskegels sind die Berührungspunkte der Dandelinschen Kugeln mit der Schnittebene.*

Bemerkung: Aus diesen Überlegungen folgt auch ein neuer Beweis dafür, daß der ebene Schnitt eines *Rotations*kegels eine Ellipse, Parabel oder Hyperbel ist. Im Falle des schiefen Kreiskegels würde jedoch diese Schlußweise versagen.

DRITTTER TEIL

Projektive darstellende Geometrie

Die weiteren Methoden der darstellenden Geometrie sollen nun gemeinsam und von einem etwas höheren Standpunkt aus entwickelt werden. Es handelt sich im wesentlichen um die *Zentralprojektion*, *Perspektive* und *allgemeine Axonometrie* und um konstruktive Hilfsmittel wie die *Kollineation* und *Affinität*. Alle diese Verfahren bestehen aus geometrischen Abbildungen, welche lehren, von einem räumlichen Gegenstand oder einer ebenen Figur ein Bild in der Zeichenebene zu entwerfen. Gemeinsam ist ihnen, daß sie *geradentreu* sind, das heißt, daß eine gerade Linie des Gegenstands im Bild auch als Gerade erscheint.

Wir werden nun in diesem dritten Teil eine allgemeine geradentreue Abbildung kennen lernen – die sogenannte *projektive Abbildung* –, welche die genannten Spezialfälle umfaßt.

§ 1. Das Doppelverhältnis

Zur Definition der projektiven Abbildung brauchen wir Hilfsmittel aus der ebenen Geometrie, welche unter Berücksichtigung des *Dualitätsprinzips* (Zweiter Teil, § 1) hergeleitet werden sollen. Faßt man eine Gerade g als die Gesamtheit der auf ihr liegenden Punkte – also als *Punktreihe* – auf, so erkennt man, daß der duale Begriff das *Geradenbüschel* ist, nämlich die Gesamtheit aller Geraden, welche durch einen festen Punkt G laufen.

Definition

Unter dem Doppelverhältnis von vier Punkten A, B, C, D einer Punktreihe g (*Fig. 73a*) versteht man

$$(ABCD) = \frac{AC}{BC} : \frac{AD}{BD}$$

$$= \frac{\text{Teilverhältnis von } C \text{ in der Strecke } AB}{\text{Teilverhältnis von } D \text{ in der Strecke } AB}.$$

Dabei ist ein fester Richtungssinn auf g zu wählen und jede der vier Strecken

Unter dem Doppelverhältnis von vier Strahlen a, b, c, d eines Büschels (*Fig. 73b*) versteht man

$$(abcd) = \frac{\sin(ac)}{\sin(bc)} : \frac{\sin(ad)}{\sin(bd)},$$

wobei zum Beispiel (ac) den Winkel bedeutet, um den a gedreht werden muß, um mit c zur Deckung zu kommen. Dabei ist ein fester Um-

AC, BC, AD, BD ist positiv oder negativ zu rechnen, je nachdem, ob ihre Richtung mit dem gewählten Richtungssinn übereinstimmt oder nicht.

laufsinn um G herum zu wählen und jeder der vier Winkel (ac), (bc), (ad), (bd) ist positiv oder negativ zu rechnen, je nachdem, ob sein Drehsinn mit dem gewählten Umlaufsinn übereinstimmt oder nicht.

Bemerkungen. 1. Das Doppelverhältnis im Büschel ist zunächst wirklich nur für vier *Strahlen* definiert, das heißt für vier Halbgeraden, welche von G auslaufen. Nur dann sind nämlich die Winkel, von denen die Rede ist, eindeutig definiert. Man erkennt aber nachträglich leicht, daß sich das Doppelverhältnis nicht ändert, wenn man einen der Strahlen umkehrt (*Fig. 73c:* Umkehrung des Strahles d), so daß man vom Doppelverhältnis von vier *Geraden* eines Büschels sprechen kann.

2. Ebenso bleibt das Doppelverhältnis erhalten, wenn man den Richtungssinn auf g bzw. den Umlaufsinn um G umkehrt.

3. Die Reihenfolge, in welcher die vier Punkte im Symbol $(ABCD)$ aufgeführt werden, ist wesentlich. Es ist zum Beispiel

$$(BACD) = \frac{1}{(ABCD)}, \quad \text{hingegen} \quad (CDAB) = (ABCD). \qquad (1)$$

Dieselbe Bemerkung ist im Büschel zu machen.

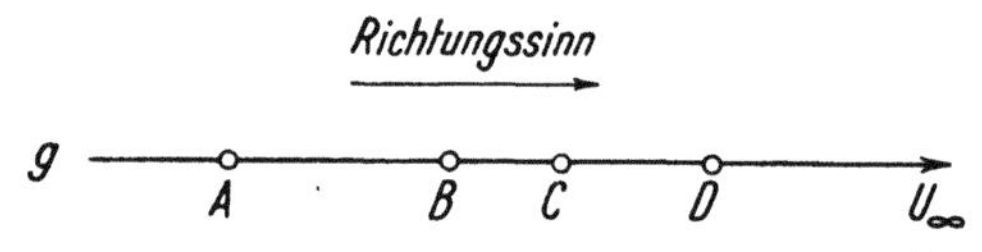

Fig. 73a

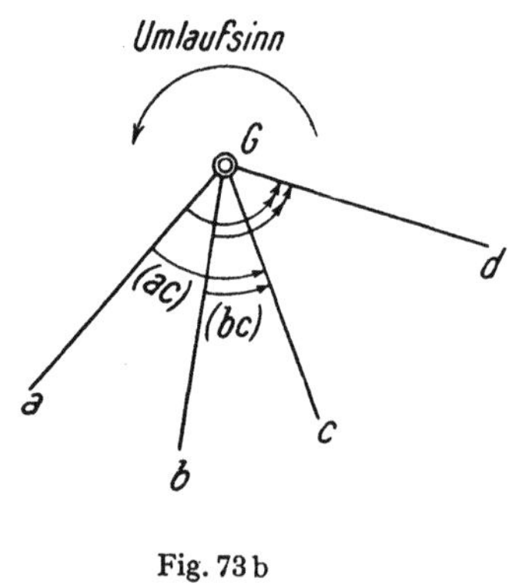

Fig. 73b

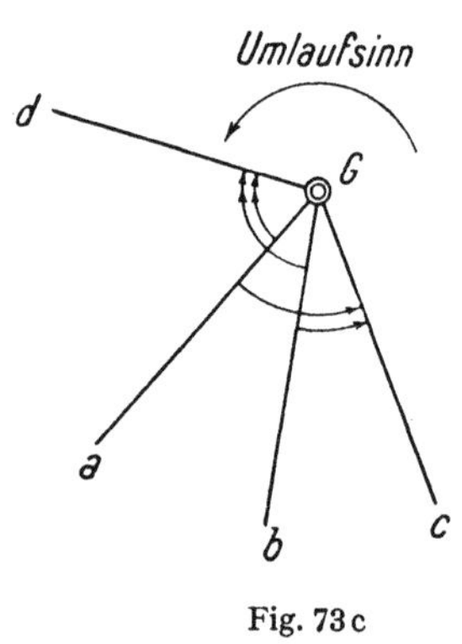

Fig. 73c

1. *Es seien auf einer Geraden g drei Punkte A, B, C gegeben. Dann ist ein vierter Punkt D auf g durch den Wert λ des Doppelverhältnisses* $(ABCD)$ *eindeutig festgelegt.*

Es seien drei Geraden a, b, c eines Büschels gegeben. Dann ist eine vierte Gerade d des Büschels durch den Wert λ des Doppelverhältnisses $(abcd)$ *eindeutig festgelegt.*

Beweis: Aus $(ABCD) = \lambda$ folgt $\frac{AC}{BC} : \frac{AD}{BD} = \lambda$, also $\frac{AD}{BD} = \frac{1}{\lambda}\,\frac{AC}{BC}$. Damit ist das Teilverhältnis von D in der Strecke AB gegeben, also D eindeutig bestimmt. Analog führt man den Beweis im Büschel. Das Doppelverhältnis kann also in gewissem Sinn als *Koordinate* in der Punktreihe oder im Büschel verwendet werden.

Spezialfälle. 1) Liegt im Fall der Punktreihe der Punkt D sehr weit von den übrigen Punkten entfernt, so ist das Teilverhältnis $\frac{AD}{BD}$ wenig von 1 verschieden. Im Grenzfall, wo D der unendlich ferne Punkt U_∞ der Geraden ist, hat man daher

$$(ABCU_\infty) = \frac{AC}{BC}, \tag{2}$$

das heißt, das Doppelverhältnis wird zum gewöhnlichen Teilverhältnis der drei Punkte A, B, C.

2) Es sei g speziell die x-Achse eines Koordinatensystems, O der Nullpunkt, X der Einheitspunkt $(OX = 1)$ und U_∞ der unendlich ferne Punkt dieser x-Achse. Ist dann P ein beliebiger Punkt der x-Achse mit der Abszisse x, so folgt

$$(PXOU_\infty) = \frac{PO}{XO} = \frac{OP}{OX} = \frac{x}{1} = x. \tag{3}$$

Die gewöhnliche Abszisse eines Punktes kann daher als spezielles Doppelverhältnis aufgefaßt werden.

3) Hat das Doppelverhältnis $(ABCD)$ den Wert -1, so sagt man, die beiden Punktepaare AB und CD liegen *harmonisch*. Es ist dann

$$\frac{AC}{BC} = -\frac{AD}{BD}, \tag{4}$$

das heißt die Punkte C, D teilen die Strecke AB im selben (absoluten) Verhältnis, jedoch liegt der eine innerhalb und der andere außerhalb der Strecke. Als speziellen Fall kann man für C den Mittelpunkt der Strecke AB und für D den unendlich fernen Punkt der Geraden AB nehmen. Der Mittelpunkt und der unendlich ferne Punkt einer Strecke liegen also harmonisch zu ihren Endpunkten.

Analog wird die harmonische Lage von vier Geraden eines Büschels durch $(abcd) = -1$ definiert. Der Leser möge sich etwa davon überzeugen, daß die beiden Winkelhalbierenden von zwei Geraden harmonisch zu diesen beiden Geraden liegen.

Zwischen dem Doppelverhältnis in der Punktreihe und im Büschel besteht eine grundlegende Beziehung, welche durch den folgenden *Satz von Pappus* ausgedrückt wird (*Fig. 74*):

2. *Werden vier Geraden a, b, c, d eines Büschels von einer Geraden g in den Punkten A, B, C, D geschnitten, so ist* $(ABCD) = (abcd)$.

Wir führen zum Beweis die beiden Strecken $AG = a$, $BG = b$ sowie die beiden angezeichneten Winkel γ, δ ein. Aus dem Sinussatz im Dreieck ACG folgt

$$AC = a\,\frac{\sin(ac)}{\sin\gamma}, \quad \text{analog } BC = b\,\frac{\sin(bc)}{\sin\gamma}. \tag{5}$$

Division ergibt das Teilverhältnis

$$\frac{AC}{BC} = \frac{a}{b} \frac{\sin(ac)}{\sin(bc)}. \tag{6}$$

Ebenso schließt man unter Benutzung des Winkels δ für das zweite Teilverhältnis

$$\frac{AD}{BD} = \frac{a}{b} \frac{\sin(ad)}{\sin(bd)}. \tag{7}$$

Division der beiden Gleichungen (6) und (7) ergibt die Behauptung

$$\frac{AC}{BC} : \frac{AD}{BD} = \frac{\sin(ac)}{\sin(bc)} : \frac{\sin(ad)}{\sin(bd)}. \tag{8}$$

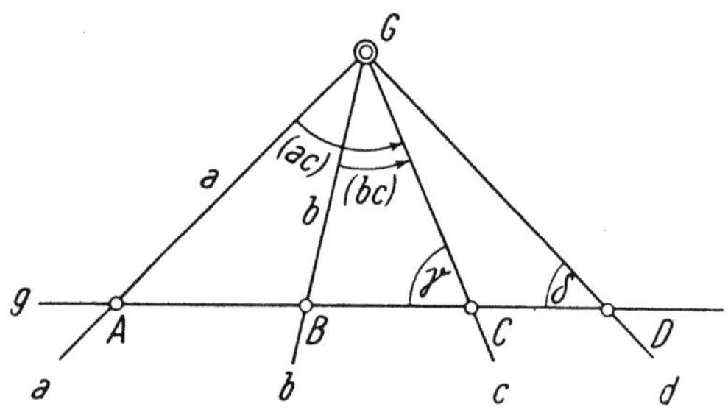

Fig. 74

Das Doppelverhältnis von vier Geraden eines Büschels kann also bestimmt werden, indem man eine beliebige Gerade g legt und das Doppelverhältnis der vier Schnittpunkte abliest. Diese Bemerkung benützen wir, um das Doppelverhältnis von vier Geraden eines *Parallelbüschels* zu definieren. (Ein Parallelenbüschel ist eine Schar von zueinander parallelen Geraden; der Punkt G liegt also unendlich fern in der gemeinsamen Richtung dieser Geraden.) Man schneide eben die vier parallelen Geraden a, b, c, d mit einer Geraden g und definiere $(abcd)$ als das Doppelverhältnis der vier Schnittpunkte. Sein Wert ist unabhängig von der Wahl der Geraden g, wie man leicht sieht.

Dual kann man das Doppelverhältnis von vier Punkten einer Geraden g bestimmen, indem man die vier Punkte mit einem festen Punkt G verbindet und das Doppelverhältnis der vier Verbindungsgeraden abliest. Dies nehmen wir zu Hilfe, um das Doppelverhältnis von vier *unendlich fernen Punkten* A, B, C, D zu definieren. (g ist also die unendlich ferne Gerade.) Wir verbinden A, B, C, D mit einem im Endlichen gelegenen Punkt G, das heißt wir ziehen durch G die Parallelen a, b, c, d zu den gegebenen Richtungen, welche nach den vier unendlich fernen Punkten hin zeigen. Dann sei $(ABCD) = (abcd)$.

§ 2. Projektive Abbildung einer Geraden auf eine andere

In *Fig. 75* wurden in der Zeichenebene zwei Geraden g und $\bar{g}$ und ein Projektionszentrum Z gewählt. Es soll g vom Zentrum Z aus zentral auf $\bar{g}$ projiziert werden. Der Bildpunkt $\bar{A}$ eines Punktes A von g wird also erhalten, indem man den Projektionsstrahl $a = ZA$ legt und ihn mit $\bar{g}$ schneidet. Die Durchführung derselben Konstruktion für weitere Punkte $B, C, D, \ldots$ ergibt sofort das wichtige Resultat:

3. *Bei der Zentralprojektion einer Geraden auf eine andere bleiben die Doppelverhältnisse erhalten.*

Denn das Büschel der Projektionsstrahlen ist einerseits mit g und andererseits mit $\bar{g}$ geschnitten; zweimalige Anwendung des Satzes von PAPPUS ergibt also zum Beispiel

$$(\bar{A}\,\bar{B}\,\bar{C}\,\bar{D}) = (a\,b\,c\,d) = (A\,B\,C\,D).$$

Der unendlich ferne Punkt U_∞ der Geraden g geht bei der Zentralprojektion über in den im Endlichen gelegenen Punkt $\bar{U}$ der Fig. 75. $\bar{U}$ heißt *Fluchtpunkt* der Geraden g. Umgekehrt wird der Punkt V von g (ZV parallel zu $\bar{g}$) in den unendlich fernen Punkt $\bar{V}_\infty$ von $\bar{g}$ abgebildet; daher heißt V der *Verschwindungspunkt* von g.

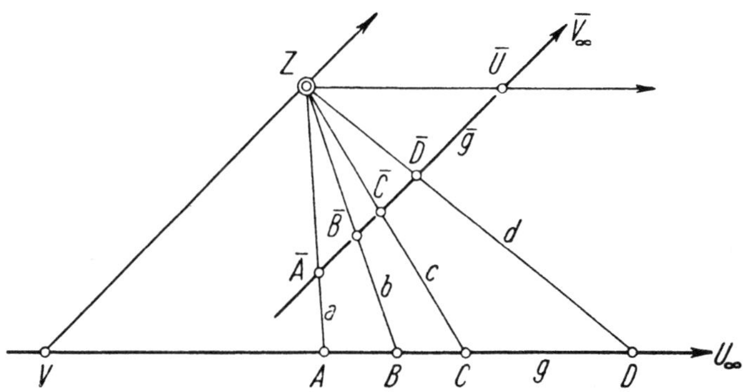

Fig. 75

Die *Parallelprojektion* der Geraden g auf die Gerade $\bar{g}$ ergibt sich als derjenige Spezialfall unserer Betrachtungen, wo Z ein unendlich ferner Punkt ist. Es bleiben dann nicht nur die Doppelverhältnisse, sondern sogar die Teilverhältnisse erhalten; der unendlich ferne Punkt von g geht wieder in den unendlich fernen Punkt von $\bar{g}$ über, so daß also auch Fluchtpunkt und Verschwindungspunkt unendlich fern liegen.

Denken wir uns nun die Gerade $\bar{g}$ aus der Fig. 75 entfernt und in irgend eine andere Lage gebracht, so wird zwar der durch die Zentralprojektion vermittelte

Zusammenhang zwischen g und $\bar{g}$ zerstört, es bleibt aber eine Zuordnung zwischen den Punkten von g und denjenigen von $\bar{g}$ bestehen, welche die wesentliche Eigenschaft hat, daß Doppelverhältnisse erhalten bleiben. Wir definieren daher:

Eine Abbildung einer Geraden g auf eine Gerade $\bar{g}$ heißt *projektiv*, wenn

1. *Jedem Punkt P von g ein-eindeutig*[1]) *ein Bildpunkt $\bar{P}$ auf $\bar{g}$ zugeordnet ist und*

2. *Doppelverhältnisse erhalten bleiben, das heißt das Doppelverhältnis von vier beliebigen Punkten von g gleich dem Doppelverhältnis ihrer Bildpunkte ist.*

Der große Vorteil dieser Abstraktion besteht darin, daß die gegenseitige Lage von g und $\bar{g}$ keine Rolle mehr spielt; g und $\bar{g}$ können zum Beispiel im Raum windschief zueinander liegen.

4. *Eine projektive Abbildung einer Geraden auf eine andere ist festgelegt, wenn man die Bildpunkte von drei gegebenen Punkten kennt.*

Beweis: Es seien etwa auf g die Punkte A, B, C und auf $\bar{g}$ die Bildpunkte $\bar{A}$, $\bar{B}$, $\bar{C}$ gegeben. D sei irgendein weiterer Punkt von g und $(ABCD)$ werde $=\lambda$ gesetzt. Da Doppelverhältnisse erhalten bleiben, gilt für den Bildpunkt $\bar{D}$ auch $(\bar{A}\bar{B}\bar{C}\bar{D})=\lambda$. Nach Satz 1 von § 1 ist $\bar{D}$ durch diesen Wert des Doppelverhältnisses eindeutig auf $\bar{g}$ bestimmt.

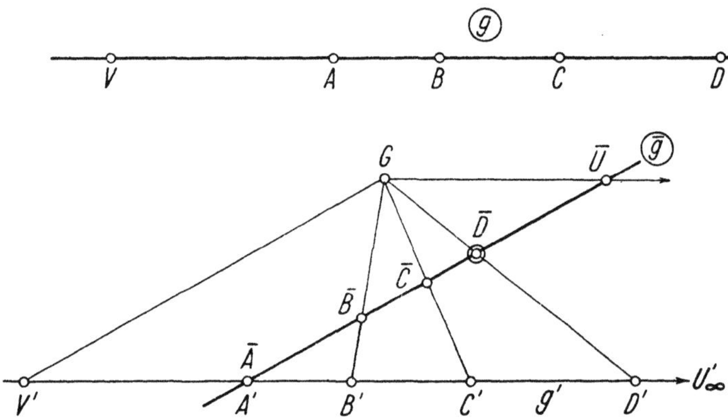

Fig. 76

Grundaufgabe. *Konstruktion der projektiven Abbildung einer Geraden g.* Die projektive Abbildung von g auf $\bar{g}$ sei wieder durch drei Paare entsprechender Punkte $A\bar{A}$, $B\bar{B}$, $C\bar{C}$ gegeben (*Fig. 76*). Es soll der Bildpunkt $\bar{D}$ eines beliebigen Punktes D nun konstruiert werden. Zu diesem Zweck legt man durch einen der gegebenen Punkte von $\bar{g}$ (etwa durch $\bar{A}$) eine Hilfsgerade g' und konstruiert auf ihr eine zur gegebenen Punktreihe $A, B, C, D, \ldots$ kongruente (oder ähnliche) Punktreihe $A', B', C', D, \ldots$, so daß A' auf $\bar{A}$ fällt. Durch Schnitt

[1]) Ein-eindeutig heißt: Jedem Punkt P entspricht genau ein Bildpunkt $\bar{P}$ und umgekehrt jedem Bildpunkt $\bar{P}$ genau ein Originalpunkt P.

der Verbindungsgeraden $B'\bar{B}$ und $C'\bar{C}$ entsteht der Punkt G und der gesuchte Punkt $\bar{D}$ ist dann der Schnittpunkt von GD' mit $\bar{g}$. Die Punktreihe auf $\bar{g}$ entsteht also durch Zentralprojektion aus der Punktreihe auf g'. Die Richtigkeit der Konstruktion ergibt sich daraus, daß nach Satz 3 gilt $(\bar{A}\bar{B}\bar{C}\bar{D}) = (A'B'C'D') = (ABCD)$, also Doppelverhältnisse tatsächlich erhalten bleiben. Wir entnehmen der Konstruktion:

5. *Liegen zwei projektive*[1]) *Punktreihen auf den Geraden g' bzw. $\bar{g}$ so in der Ebene, daß zwei entsprechende Punkte A', $\bar{A}$ in den Schnittpunkt von g' und $\bar{g}$ fallen, so gehen sie durch Zentralprojektion auseinander hervor, das heißt, die Verbindungsgeraden entsprechender Punkte gehen durch ein festes Zentrum.*

Bei einer projektiven Abbildung von g auf $\bar{g}$ werden *Fluchtpunkt* $\bar{U}$ und *Verschwindungspunkt* V analog definiert wie oben. $\bar{U}$ ist das Bild des unendlich fernen Punktes und V umgekehrt derjenige Punkt, welcher bei der Abbildung ins Unendliche kommt. In der Fig. 76 wurden diese beiden Punkte auch konstruiert ($VA = V'A'$).

Aufgabe: Man konstruiere als Anwendung zu drei gegebenen Punkten $\bar{A}, \bar{B}, \bar{C}$ einer Geraden den vierten harmonischen Punkt $\bar{D}$. (Die Punktreihe $\bar{A}, \bar{B}, \bar{C}, \bar{D}, \ldots$ auffassen als projektives Bild einer Punktreihe $A, B, C, D, \ldots$, wobei C die Mitte und D der unendlich ferne Punkt von AB ist.)

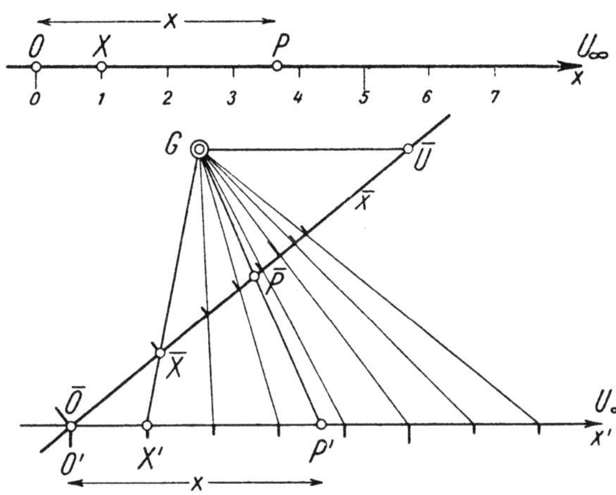

Fig. 77

Projektive Skala. Im folgenden wird häufig derjenige Spezialfall der Grundaufgabe auftreten, wo die x-Achse eines Koordinatensystems projektiv abgebildet wird und diese Projektivität gegeben ist durch die Bilder $\bar{O}$, $\bar{X}$, $\bar{U}$ des Nullpunkts O, des Einheitspunktes X und des unendlich fernen Punktes U_∞ der x-Achse. ($\bar{U}$ ist also der Fluchtpunkt der x-Achse.) In der *Fig. 77* wurde wieder die Abbildung konstruiert, das heißt ein allgemeiner Punkt P abgebildet.

[1]) Projektiv heißt hier: Durch eine projektive Abbildung aufeinander bezogen.

Die Hilfsgerade x' wurde durch $\bar{O}$ gelegt und G ist jetzt der Schnittpunkt von $X'\bar{X}$ mit der Parallen zu x' durch den Fluchtpunkt $\bar{U}$. Außerdem haben wir noch die aus den Punkten mit ganzzahligen Abszissen bestehende regelmäßige Skala abgebildet. Es entsteht auf $\bar{x}$ eine sogenannte *projektive Skala*, deren Teilstriche sich gegen den Fluchtpunkt hin immer mehr zusammendrängen. Diese projektive Skala ist durch die drei *Fundamentalpunkte* $\bar{O}$, $\bar{X}$, $\bar{U}$ eindeutig festgelegt und kann natürlich beliebig verfeinert werden. Der Hilfspunkt G, welcher zu ihrer Konstruktion diente, heißt auch *Teilungspunkt* für die Gerade $\bar{x}$.

Affine Abbildung. Eine projektive Abbildung der Geraden g auf die Gerade $\bar{g}$ heißt *affin*, wenn – wie bei der Parallelprojektion – der unendlich ferne Punkt U_∞ von g in den unendlich fernen Punkt $\bar{U}_\infty$ von $\bar{g}$ übergeht. Sind A, B, C drei Punkte von g, so folgt aus $(ABCU_\infty) = (\bar{A}\bar{B}\bar{C}\bar{U}_\infty)$ die Beziehung $\bar{A}\bar{C} : \bar{B}\bar{C} = AC : BC$. Es bleiben also die Teilverhältnisse erhalten. Oder anders ausgedrückt: Die Strecken auf der Bildgeraden $\bar{g}$ sind proportional zu den Strekken auf g. Die Abbildung ist daher einfach eine *Ähnlichkeit*, und eine regelmäßige Skala geht wieder in eine solche über.

Die affine Abbildung ist durch zwei Paare entsprechender Punkte festgelegt; speziell für eine x-Achse etwa durch die Bilder von Nullpunkt und Einheitspunkt.

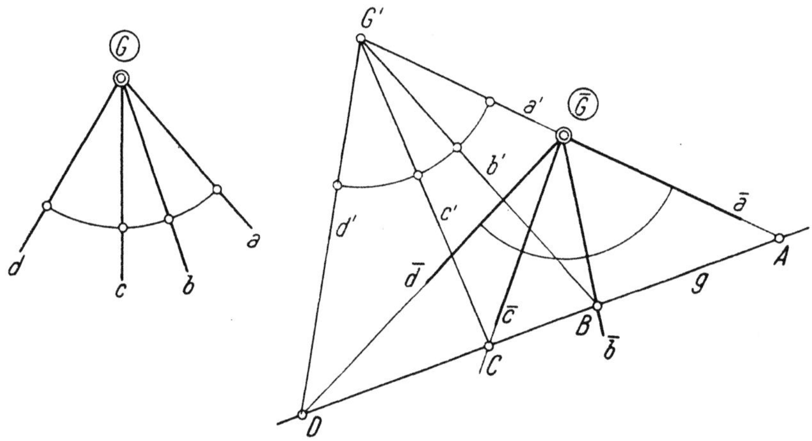

Fig. 78

Projektive Abbildung von Büscheln. Die Theorie läßt sich natürlich in dualer Weise auch für die Geradenbüschel entwickeln. Zwei Büschel heißen eben projektiv, wenn jeder Geraden des einen Büschels eine Gerade des anderen so zugeordnet ist, daß Doppelverhältnisse erhalten bleiben. Auch hier ist die Abbildung durch drei Paare entsprechender Geraden eindeutig festgelegt. Ihre Konstruktion kann ebenfalls dual zur Lösung unserer Grundaufgabe geschehen. So ist in *Fig. 78* eine Projektivität zwischen den beiden Büscheln mit den Zentren G und $\bar{G}$ gegeben durch die entsprechenden Geraden $a\bar{a}$, $b\bar{b}$, $c\bar{c}$.

Um eine beliebige weitere Gerade d abzubilden, legt man ein zum ersten Büschel kongruentes Büschel $a', b', c', d', \ldots$ so in die Ebene, daß eine Gerade (hier a') mit der entsprechenden $\bar{a}$ zusammenfällt. Durch Schnitt der entsprechenden Geraden $b', \bar{b}$ bzw. $c' \bar{c}$ findet man die Gerade g, auf welcher sich auch d' und $\bar{d}$ schneiden müssen. Denn es folgt dann durch Anwendung des Satzes von PAPPUS $(\bar{a}\bar{b}\bar{c}\bar{d}) = (ABCD) = (a' b' c' d') = (abcd)$. Doppelverhältnisse bleiben also wirklich erhalten. Dual zu Satz 5 ergibt sich

6. *Liegen zwei projektive Geradenbüschel mit den Büschelzentren G', $\bar{G}$ so in der Ebene, daß zwei entsprechende Geraden in die Verbindungsgerade $G'\bar{G}$ fallen, so schneiden sich entsprechende Geraden auf einer festen Achse.*

In § 3 (Fig. 80) werden wir noch eine bequemere Konstruktion der Projektivität von Büscheln kennen lernen.

Endlich kann man noch von projektiver Abbildung einer Punktreihe auf ein Büschel sprechen. Man wird eine Punktreihe projektiv zu einem Büschel nennen, wenn jedem ihrer Punkte eine Gerade des Büschels zugeordnet ist und das Doppelverhältnis von vier Punkten gleich dem Doppelverhältnis der vier entsprechenden Geraden ist.

§ 3. Projektive Abbildung einer Ebene auf eine andere

Um die folgenden theoretischen Entwicklungen besser verständlich zu machen, knüpfen wir an den bekannten Vorgang der *Photographie* an. Von einem Flugzeug aus werde ein *ebenes* horizontales Geländestück photographiert. Bezeichnen wir die Ebene des Geländes mit α, diejenige der photographischen Platte mit $\bar{\alpha}$ und das Objektiv der Kamera mit Z, so herrscht im Moment der Belichtung die Situation einer Zentralprojektion. Das photographische Bild entsteht eben, indem man das Gelände vom Projektionszentrum Z aus auf die Ebene $\bar{\alpha}$ projiziert. Da aber im allgemeinen die Lage des Flugzeugs und der photographischen Platte in bezug auf die Geländeebene α im Moment der Aufnahme vollständig unbekannt ist, wird es ratsam sein, auch hier von der gegenseitigen Lage von α und $\bar{\alpha}$ abzusehen und nach Eigenschaften der Abbildung zu suchen, die man noch erkennen und nachprüfen kann, wenn man die Photographie zu Hause vor sich auf den Schreibtisch legt. Solche Eigenschaften sind:

a) *Jedem Punkt P von α ist ein-eindeutig ein Bildpunkt $\bar{P}$ von $\bar{\alpha}$ zugeordnet.*

b) *Die Abbildung ist geradentreu. Das heißt: durchläuft P eine Gerade g von α, so durchläuft der Bildpunkt $\bar{P}$ eine Gerade in $\bar{\alpha}$, die Bildgerade $\bar{g}$ von g.*

c) *Das Doppelverhältnis von vier Punkten einer Geraden von α ist gleich dem Doppelverhältnis der vier Bildpunkte.*

(Die Eigenschaft c) folgt aus Satz 3 von § 2.) Wir nennen nun irgend eine Abbildung einer Ebene α auf eine Ebene $\bar{\alpha}$ *projektiv*, wenn sie die genannten Eigenschaften besitzt. Die Bedingung c) besagt übrigens, daß jede Gerade von α projektiv (im Sinne von § 2) abgebildet wird.

Es sei noch ausdrücklich darauf aufmerksam gemacht, daß die Bedingungen a), b), c) auch für die unendlich fernen Elemente erfüllt sein müssen.

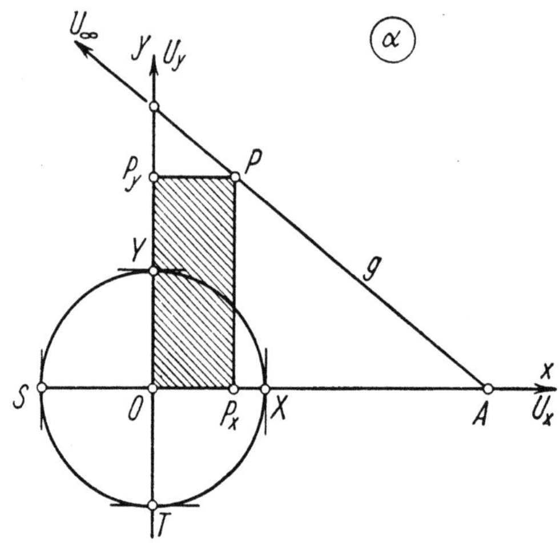

Fig. 79 a

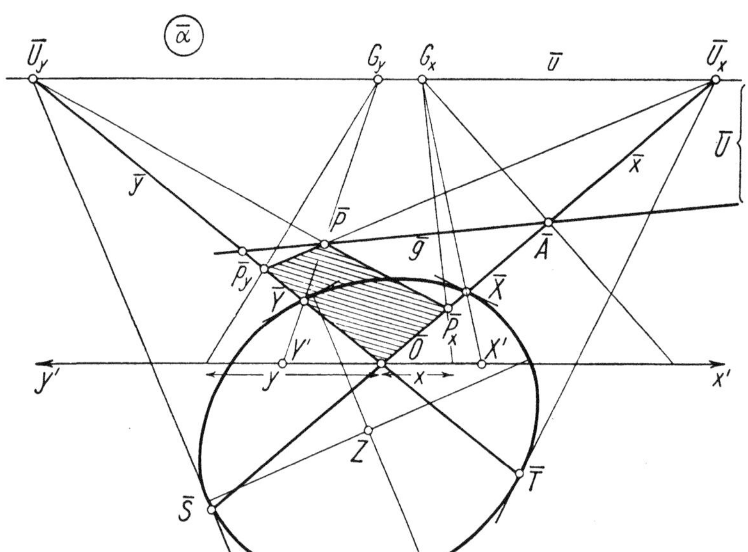

Fig. 79 b

Die *Fig. 79* zeigt nun die Konstruktion einer derartigen projektiven Abbildung. Fig. 79a enthält die Originalebene α; es wurde in ihr ein Koordinatensystem gewählt. (Achsen x, y, Einheitspunkte X, Y.) Um die projektive Abbildung festzulegen, wurden in der Bildebene $\bar{\alpha}$ (Fig. 79b) die Bilder $\bar{x}$, $\bar{y}$ der

Koordinatenachsen angenommen, sowie auf ihnen die Bilder $\bar{X}$, $\bar{Y}$ der Einheitspunkte und die Bilder $\bar{U}_x$, $\bar{U}_y$ der unendlich fernen Punkte U_x, U_y der Koordinatenachsen gewählt. $\bar{U}_x$ und $\bar{U}_y$ sind also die *Fluchtpunkte* der Koordinatenachsen. Ihre Verbindungsgerade $\bar{u}$ ist das Bild der Verbindungsgeraden der unendlich fernen Punkte U_x, U_y, das heißt das Bild der unendlich fernen Geraden u von α. Daher heißt $\bar{u}$ die *Fluchtgerade* der Ebene α.

Da die Fundamentalpunkte $\bar{O}$, $\bar{X}$, $\bar{U}_x$ auf $\bar{x}$ gegeben sind, kann nun nach der Grundaufgabe von § 2 (Fig. 77) die projektive Skala auf $\bar{x}$ konstruiert werden, das heißt das Bild eines gegebenen Punktes P_x der x-Achse gefunden werden. Die dazu notwendige Hilfsgerade x' wurde speziell parallel zur Fluchtgeraden $\bar{u}$ gelegt, so daß der Teilungspunkt G_x auf diese Fluchtgerade kommt. Analoges gilt für die y-Achse. (Hilfsgerade y' nach links hin, Teilungspunkt G_y.)

Um nun einen beliebigen Punkt P von α abzubilden, ziehe man in der Fig. 79a die Lote PP_x und PP_y auf die Koordinatenachsen und konstruiere nach dem eben beschriebenen Verfahren die Bildpunkte $\bar{P}_x$, $\bar{P}_y$. Nun liegt in Fig. 79a die Gerade PP_x parallel zur y-Achse, geht also durch den unendlich fernen Punkt U_y. Daher muß in $\bar{\alpha}$ das Bild dieser Geraden durch den Fluchtpunkt $\bar{U}_y$ gehen. $\bar{P}$ liegt also auf $\bar{P}_x\bar{U}_y$ und analog auf $\bar{P}_y\bar{U}_x$, womit der gesuchte Bildpunkt gefunden ist.

Wir erkennen also, daß zwei parallele Geraden (zum Beispiel PP_x und die y-Achse) im Bild im allgemeinen nicht mehr parallel sind, sondern daß gilt:

7. *Die projektiven Bilder von zwei parallelen Geraden schneiden sich in ihrem gemeinsamen Fluchtpunkt. Dieser Fluchtpunkt liegt immer auf der Fluchtgeraden.*

(Denn der Fluchtpunkt ist Bildpunkt eines unendlich fernen Punktes, liegt also auf dem Bild der unendlich fernen Geraden.)

Jetzt zeigen wir noch, daß unsere Konstruktion bei willkürlicher Annahme der eingangs gewählten Punkte $\bar{X}$, $\bar{Y}$, $\bar{U}_x$, $\bar{U}_y$ auch wirklich eine projektive Abbildung ergibt, daß also die Bedingungen a), b), c) erfüllt sind. Die Bedingung a) gibt zu keiner Bemerkung Anlaß, wir beginnen daher mit der Verifikation von b). Der Punkt P durchlaufe also eine Gerade g. Dann sind nach Konstruktion folgende Gebilde der Reihe nach zueinander projektiv:

1) Punktreihe auf g durchlaufen von P.
2) Punktreihe auf x durchlaufen von P_x.
3) Punktreihe auf $\bar{x}$ durchlaufen von $\bar{P}_x$.
4) Büschel mit dem Zentrum $\bar{U}_y$ durchlaufen von $\bar{P}_x\bar{U}_y$.

Analog sind zueinander projektiv:

1') Punktreihe auf g durchlaufen von P.
2') Punktreihe auf y durchlaufen von P_y.
3') Punktreihe auf $\bar{y}$ durchlaufen von $\bar{P}_y$.
4') Büschel mit dem Zentrum $\bar{U}_x$ durchlaufen von $\bar{P}_y\bar{U}_x$.

Der Vergleich von 4) und 4') ergibt, daß die beiden genannten Büschel projektiv sind. Nehmen wir für P speziell den unendlich fernen Punkt U_∞ von g, so gehört zu ihm im Büschel 4) die Fluchtgerade $\bar{u}$ und im Büschel 4') ebenfalls $\bar{u}$.

Unsere beiden Büschel liegen also so in der Ebene $\bar{\alpha}$, daß zwei entsprechende Geraden in die Verbindungsgerade $\bar{u}$ der Büschelzentren fallen. Daher schneiden sich nach Satz 6 von § 2 entsprechende Geraden auf einer Geraden $\bar{g}$, welche von $\bar{P}$ durchlaufen wird. Überdies ist diese von $\bar{P}$ durchlaufene Punktreihe projektiv zum Büschel 4), also auch zur Punktreihe 1), womit die Bedingung c) auch schon verifiziert ist.

In der Fig. 79 wurde $\bar{g}$ einfach konstruiert, indem der Schnittpunkt A von g mit der x-Achse abgebildet wurde. Zusammenfassend folgt:

8. *Eine projektive Abbildung der Ebene α auf die Ebene $\bar{\alpha}$ ist eindeutig bestimmt, wenn man die Bilder der beiden Einheitspunkte und der beiden unendlich fernen Punkte der Achsen eines Koordinatensystems kennt. Andererseits gibt es immer eine projektive Abbildung, welche diese vier Punkte in vier Punkte überführt, welche in allgemeiner Lage*[1]) *gegeben sind.*

Projektives Bild eines Kegelschnittes. Es soll ein in der Originalebene α gegebener Kegelschnitt C der projektiven Abbildung unterworfen werden. Denken wir uns in ihm eine PASCAL-Konfiguration eingezeichnet, so ist das Bild dieser Figur – da ja Gerade wieder in Geraden übergehen – auch wieder eine PASCAL-Konfiguration. Für die Bildkurve $\bar{C}$ gilt somit der Satz von PASCAL und daher folgt aus der Umkehrung des Pascalschen Satzes (Satz 12, Seite 95), daß $\bar{C}$ wieder ein Kegelschnitt ist.

9. *Das projektive Bild eines Kegelschnitts ist wieder ein Kegelschnitt.*

Zur Illustration wurde in Fig. 79 der gezeichnete Einheitskreis abgebildet. Man hat zu diesem Zweck seine vier Schnittpunkte X, Y, S, T mit den Koordinatenachsen samt den Tangenten in diesen Punkten in die Bildebene $\bar{\alpha}$ übertragen und erhält so vom Bildkegelschnitt vier Punkte samt Tangenten, was ja überreichlich genug ist, um ihn nach den Methoden unseres zweiten Teils zu konstruieren.

Das Zentrum Z des Bildkegelschnitts liegt auf der Verbindungsgeraden von $\bar{U}_x$ mit der Mitte von $\bar{Y}\,\bar{T}$ und ebenso auf der Verbindungsgeraden von $\bar{U}_y$ mit der Mitte von $\bar{X}\,\bar{S}$. Es ist nicht etwa das Bild des Kreiszentrums O.

Die Art des Bildkegelschnitts kann man zum vornherein bestimmen, wenn man die *Verschwindungsgerade* v der Ebene α konstruiert. Sie ist definiert als diejenige Gerade von α, welche in die unendlich ferne Gerade von $\bar{\alpha}$ übergeht. Man findet v am besten als Verbindungsgerade der Verschwindungspunkte der beiden Koordinatenachsen; die explizite Konstruktion kann dem Leser überlassen werden. Schneidet nun der gegebene Kegelschnitt C diese Verschwindungsgerade in zwei Punkten V, W, so wird sein Bild eine Hyperbel, da $\bar{V}$ und $\bar{W}$ unendlich fern liegen. So erkennt man die Richtigkeit des Satzes:

10. *Das projektive Bild eines Kegelschnitts ist eine Hyperbel, Parabel oder Ellipse, je nachdem, ob er die Verschwindungsgerade schneidet, berührt oder nicht trifft.*

---

[1]) Vier Punkte einer Ebene heißen «in allgemeiner Lage», wenn niemals drei unter ihnen auf einer Geraden liegen.

Axiomatische Bemerkung. Wir haben eben beim Beweis von Satz 9 die Eigenschaft c) der projektiven Abbildung gar nicht benutzt, sondern nur von der Voraussetzung b) – das heißt von der Geradentreue – Gebrauch gemacht. Dies hat den folgenden Grund. Mit etwas feineren Hilfsmitteln kann man nämlich einsehen, daß die Bedingung c) in der Definition der projektiven Abbildung überhaupt überflüssig ist. Genauer gilt: *Eine ein-eindeutige Abbildung einer Ebene* α *auf eine Ebene* $\bar{\alpha}$, *welche geradentreu ist, läßt von selbst die Doppelverhältnisse auf Geraden ungeändert.* Wir zitieren dies, weil es sich damit herausstellt, daß wir in der projektiven Abbildung die *allgemeinste geradentreue Abbildung* vor uns haben[1]).

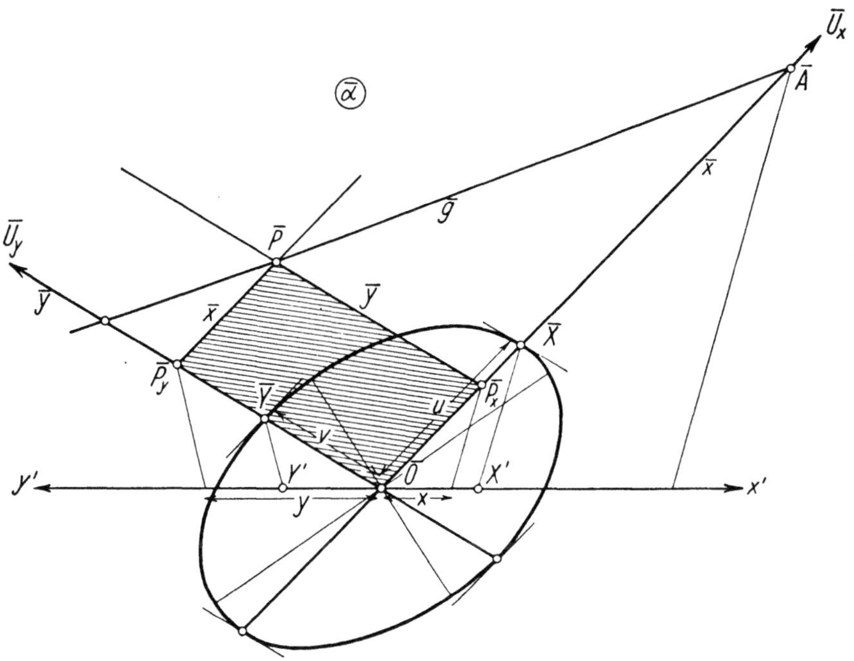

Fig. 79c

Affinität. Es handelt sich analog zu § 2 um denjenigen Spezialfall der projektiven Abbildung, bei welchem die unendlich ferne Gerade von α wieder in die unendlich ferne Gerade von $\bar{\alpha}$ übergeht. In *Fig. 79c* wurde zur Illustration ein affines Bild der Fig. 79a gezeichnet. Angenommen wurden die Bilder $\bar{O}$, $\bar{X}$, $\bar{Y}$ des Nullpunktes und der beiden Einheitspunkte, woraus sich dann die Bilder $\bar{x}$, $\bar{y}$ der Koordinatenachsen ergeben. $\bar{U}_x$ und $\bar{U}_y$ sind jetzt die unendlich fernen Punkte von $\bar{x}$ und $\bar{y}$. Im übrigen wurde die Fig. 79c in allen Teilen analog konstruiert wie Fig. 79b. Da unendlich ferne Punkte wieder in solche übergehen, haben wir an Stelle von Satz 7 nun das Gesetz:

[1]) Der Satz gilt aber nur in der reellen Geometrie. Er ist zum Beispiel nicht mehr richtig, wenn man in α und $\bar{\alpha}$ die imaginären Punkte hinzunimmt und imaginäre Abbildungen von α auf $\bar{\alpha}$ zuläßt.

11. *Die affinen Bilder von zwei parallelen Geraden sind wieder parallel; außerdem bleiben Teilverhältnisse auf einer Geraden erhalten, das heißt die Strecken auf der Bildgeraden sind proportional zu denjenigen auf der ursprünglichen Geraden.*

Der zweite Teil des Satzes folgt daraus, daß nun eine gegebene Gerade g von α eben affin im Sinne von § 2 (Seite 112) abgebildet wird. Man kann also das damalige Resultat übernehmen.

Wir führen noch die *schiefen Koordinaten* $\bar{x}$, $\bar{y}$ des Bildpunktes $\bar{P}$ in bezug auf die Achsen $\bar{x}$, $\bar{y}$ ein. Es sind dies die Seiten des in Fig. 79c schraffierten Parallelogramms. Ferner seien $u = \bar{O}\bar{X}$ und $v = \bar{O}\bar{Y}$ die «Einheiten» der Affinität. (u ist also die Länge des Bildes einer Strecke von der Länge 1 auf der x-Achse.) Nach Satz 11 angewendet auf die x-Achse gilt dann

$$\frac{\bar{O}\bar{P}_x}{\bar{O}\bar{X}} = \frac{O P_x}{O X}, \quad \text{also} \quad \frac{\bar{x}}{u} = \frac{x}{1}.$$

Somit:
$$\bar{x} = u x \quad \text{und analog} \quad \bar{y} = v y, \tag{9}$$

wobei also x, y die Koordinaten des Originalpunktes P sind. Die Affinität ist daher analytisch durch die *Abbildungsgleichungen* (9) gegeben.

Für das affine Bild eines Kegelschnitts gilt statt Satz 10 nun

12. *Das affine Bild eines Kegelschnitts ist ein Kegelschnitt derselben Art.*

Beweis: Ist der Originalkegelschnitt C zum Beispiel eine Hyperbel, so schneidet er die unendlich ferne Gerade von α in zwei Punkten. Daher muß auch der Bildkegelschnitt $\bar{C}$ zwei unendlich ferne Punkte bekommen, ist also wieder eine Hyperbel. Ähnlich schließt man im Fall der Ellipse oder Parabel.

Außerdem geht ein Durchmesser von C wieder in einen Durchmesser von $\bar{C}$ über. Denn die charakteristische Eigenschaft eines Durchmessers – nämlich, daß die Tangenten in seinen Endpunkten zueinander parallel sind – bleibt erhalten. Daraus folgt, daß im Gegensatz zur projektiven Abbildung auch das Zentrum von C in das Zentrum von $\bar{C}$ abgebildet wird.

Handelt es sich um die Abbildung einer Ellipse (oder eines Kreises), so kann man hinzufügen, daß zwei konjugierte Durchmesser wieder in solche übergehen. Denn die Tatsache, daß die Tangenten in den Endpunkten des einen Durchmessers parallel zum anderen Durchmesser sind, bleibt ebenfalls bei der Affinität erhalten.

Das Bild des Einheitskreises der Fig. 79a ist die in Fig. 79c gezeichnete Ellipse. Ihre Achsen werden am besten gefunden, indem man zwei konjugierte (das heißt zueinander senkrechte) Kreisdurchmesser in die Ebene $\bar{\alpha}$ überträgt und dann auf die beiden so erhaltenen konjugierten Ellipsendurchmesser die Rytzsche Achsenkonstruktion anwendet. (In der Fig. 79c sind also zum Beispiel $\bar{O}\bar{X}$ und $\bar{O}\bar{Y}$ konjugierte Durchmesser.) Die so gefundenen Achsen der Bildellipse gehen als spezielle konjugierte Durchmesser ebenfalls aus zwei senkrechten Kreisdurchmessern hervor. Es gibt daher in α zwei senkrechte Gerade, deren affine Bilder wieder senkrecht sind. Allgemeiner ausgedrückt:

13. *Satz vom invarianten rechten Winkel. Bei der affinen Abbildung einer Ebene α gibt es in α zwei senkrechte Richtungen, welche wieder in senkrechte Richtungen übergehen.*

Endlich brauchen wir noch:

13a. *Führt eine Affinität einen Kreis C wieder in einen Kreis $\bar{C}$ über, so ist sie eine Ähnlichkeit.*

Es tut der Allgemeinheit keinen Abbruch, wenn wir zum Beweis annehmen, daß C der Einheitskreis unserer Fig. 79a sei. In Fig. 79c müssen dann $\bar{O}\bar{X}$ und $\bar{O}\bar{Y}$ als konjugierte Durchmesser des Bildkreises $\bar{C}$ zueinander senkrecht sein und die Längen u, v dieser beiden Strecken sind gleich, und zwar gleich dem Radius r von $\bar{C}$. Man hat daher auch in der Bildebene ein kartesisches Koordinatensystem $\bar{x}, \bar{y}$ und die Abbildungsgleichungen lauten $\bar{x} = r x$, $\bar{y} = r y$, woraus die Behauptung folgt.

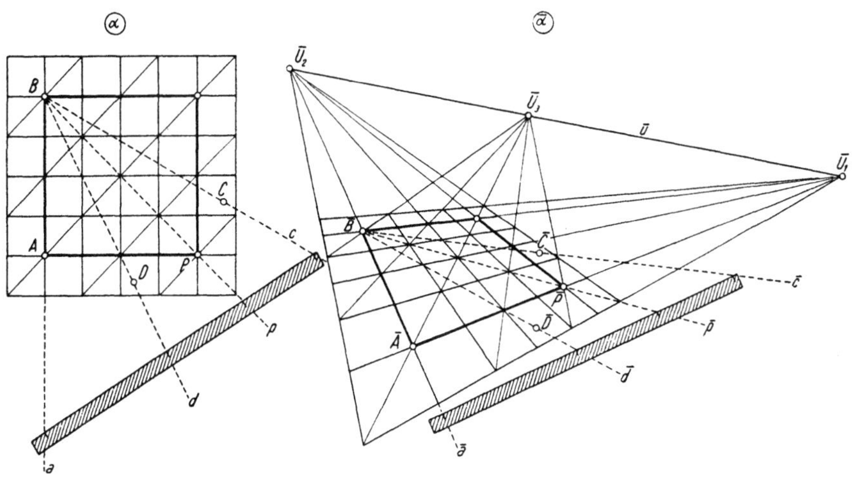

Fig. 80a Fig. 80b

Entzerrung. Wir kehren zur allgemeinen projektiven Abbildung zurück. In *Fig. 80a* sind in der Ebene α vier Punkte A, B, C, D gegeben. Es soll eine projektive Abbildung von α auf $\bar{\alpha}$ konstruiert werden, welche diese vier Punkte in vier gegebene Punkte $\bar{A}$, $\bar{B}$, $\bar{C}$, $\bar{D}$ von $\bar{\alpha}$ überführt (*Fig. 80b*). Dazu kann man den folgenden Satz anwenden:

14. *Bei projektiver Abbildung einer Ebene bleibt das Doppelverhältnis von vier Geraden eines Büschels erhalten.*

Zum Beweis schneiden wir die vier vorliegenden Geraden s_1, s_2, s_3, s_4 mit einer beliebigen Hilfsgeraden g in den Punkten S_1, S_2, S_3, S_4. Indem man g auch abbildet, folgt $(s_1\, s_2\, s_3\, s_4) = (S_1\, S_2\, S_3\, S_4) = (\bar{S}_1\, \bar{S}_2\, \bar{S}_3\, \bar{S}_4) = (\bar{s}_1\, \bar{s}_2\, \bar{s}_3\, \bar{s}_4)$. (Die beiden äußeren Gleichungen folgen aus dem Satz von Pappus, die mittlere aber daraus, daß das Doppelverhältnis von vier Punkten bei der projektiven Abbildung erhalten bleibt.)

In Fig. 80a soll nun ein gegebener Punkt P abgebildet werden. Man zieht etwa von B aus die vier Strahlen a, c, d, p, welche durch A, C, D und den Neupunkt P laufen. Die Bildstrahlen $\bar{a}, \bar{c}, \bar{d}$ sind in Fig. 80b unmittelbar gegeben, während der vierte Strahl $\bar{p}$ nach Satz 14 nun so bestimmt werden muß, daß $(\bar{p}\,\bar{a}\,\bar{c}\,\bar{d}) = (p\,a\,c\,d)$ gilt. In Fig. 80 wurde dies mit Hilfe der folgenden *Papierstreifenkonstruktion* zustande gebracht. Man legt in die Ebene α einen Papierstreifen und markiert auf ihm die Schnittpunkte mit den Strahlen a, c, d, p. Sodann paßt man diesen Streifen in der Fig. 80b so ein, daß die Strahlen $\bar{a}, \bar{c}, \bar{d}$ durch die zugehörigen Marken gehen. Der gesuchte Strahl $\bar{p}$ geht dann durch die vierte Marke. Die Richtigkeit der Konstruktion folgt daraus, daß nach dem Satz von PAPPUS sowohl in α wie auch in $\bar{\alpha}$ das Doppelverhältnis der vier Strahlen gleich dem Doppelverhältnis der vier Marken ist. Nun ist $\bar{p}$ ein erster geometrischer Ort für $\bar{P}$. Indem man die Konstruktion wiederholt – etwa mit vier von A auslaufenden Strahlen – findet man $\bar{P}$. (Konstruktion in Fig. 80 nicht eingezeichnet.) Es folgt:

15. *Eine projektive Abbildung einer Ebene auf eine andere ist vollständig bestimmt, wenn man die Bildpunkte von vier Punkten kennt, welche in allgemeiner Lage gegeben sind.*

In Fig. 80a wurde P speziell als Ecke des über der Seite AB errichteten Quadrats gewählt. Überträgt man nun noch die vierte Quadratecke in die Ebene $\bar{\alpha}$, so erhält man durch Schneiden von zwei Gegenseiten des in $\bar{\alpha}$ entstandenen Bildvierecks die Fluchtpunkte $\bar{U}_1$, $\bar{U}_2$ der Quadratseiten und damit die Fluchtgerade $\bar{u}$. In Fig. 80a wurde das Quadrat zu einem Quadratnetz verfeinert und man kann in Fig. 80b rein durch Ziehen von Diagonalen unter Verwendung des «Diagonalfluchtpunkts» $\bar{U}_3$ die entsprechende Verfeinerung vornehmen. Das entstandene Bild des Quadratnetzes heißt *Möbiussches Netz.*

Macht man diesen Raster genügend fein, so kann man mit seiner Hilfe eine in α gegebene Figur nach dem Augenmaß in die Ebene $\bar{\alpha}$ abbilden oder umgekehrt eine in $\bar{\alpha}$ gegebene Figur nach α übertragen.

Letztere Konstruktion kann auf das Problem der Entzerrung in der *Photogrammetrie* angewendet werden. Es sei etwa die Fig. 80a eine topographische Karte eines *ebenen* Geländeteils und Fig. 80b eine Fliegeraufnahme desselben Geländestücks (vgl. die Einleitung zum gegenwärtigen Paragraphen). Nach dem eben beschriebenen Rasterverfahren ist es nun möglich, den Inhalt des Fliegerbilds in die Karte zu übertragen, sobald vier Paßpunkte A, B, C, D bzw. $\bar{A}, \bar{B}, \bar{C}, \bar{D}$ in Karte und Photographie identifiziert sind.

In der Praxis wird diese Entzerrung von Luftbildern auf photographischem Weg durch Entzerrungsgeräte bewerkstelligt[1]).

Kollineation. Bis jetzt war bei der projektiven Abbildung die gegenseitige Lage von Original- und Bildebene ganz unwesentlich. Jetzt soll derjenige Spezialfall näher untersucht werden, wo diese beiden Ebenen zusammenfallen; wir besprechen also im folgenden die projektive Abbildung einer Ebene α auf sich

---

[1]) Vergleiche K. SCHWIDEFSKY, Grundriss der Photogrammetrie, 5. Auflage (B. G. Teubner 1954). R. FINSTERWALDER, Photogrammetrie (De Gruyter, Berlin 1939).

selbst ($\alpha = \bar{\alpha}$). Hier kann es nun vorkommen, daß ein Punkt P von α bei der Abbildung am Ort bleibt, also $P = \bar{P}$ gilt. P heißt dann *Fixpunkt* der Abbildung.

Definition: Eine projektive Abbildung einer Ebene α auf sich heißt *Kollineation*, wenn es eine Gerade s gibt, welche aus lauter Fixpunkten besteht. s heißt *Kollineationsachse*.

In *Fig. 81* wurde die Kollineationsachse s gegeben und zur Festlegung der Abbildung zunächst einmal ein Paar entsprechender Punkte $A, \bar{A}$ angenommen. Ist g irgend eine Gerade durch A, so ist die Bildgerade $\bar{g}$ nun eindeutig bestimmt; sie muß nämlich g auf der Kollineationsachse schneiden, da dieser Schnittpunkt ja bei der Abbildung festbleiben soll. Also gilt:

16. *Bei der Kollineation schneiden sich entsprechende Geraden auf der Kollineationsachse.*

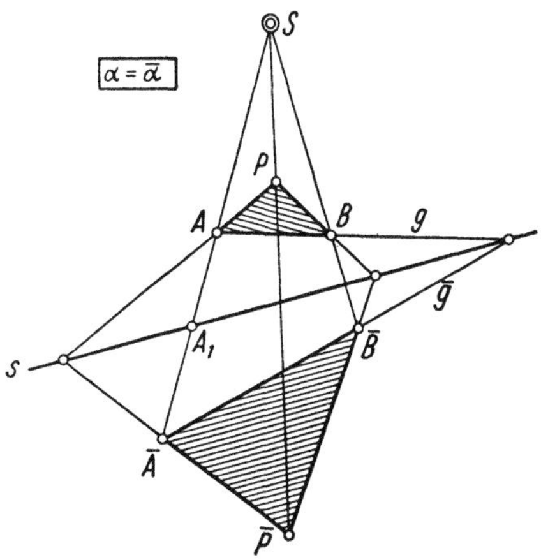

Fig. 81

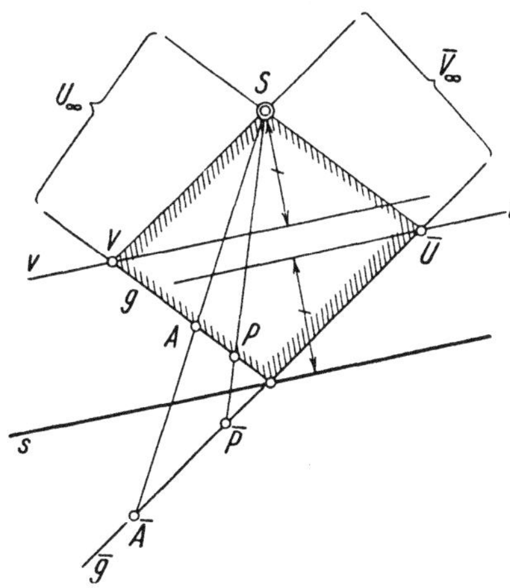

Fig. 82

Wählt man noch auf g und $\bar{g}$ zwei entsprechende Punkte $B, \bar{B}$, so ist die Abbildung festgelegt (Fig. 81). Sei zum Beweis P ein beliebiger Punkt der Ebene. Die Bilder der Geraden PA und PB können unter Beachtung des eben bewiesenen Satzes 16 gezeichnet werden und schneiden sich im Bildpunkt $\bar{P}$ von P.

Die beiden Dreiecke $A\,B\,P$ und $\bar{A}\,\bar{B}\,\bar{P}$ erfüllen nun die Voraussetzungen der Umkehrung des Satzes von DESARGUES (vgl. 2. Teil, Seite 85, Satz 3′). Daher laufen die Verbindungsgeraden $A\bar{A}$, $B\bar{B}$, $P\bar{P}$ durch einen Punkt S, und da P beliebig war, geht auch die Verbindungsgerade von irgend zwei entsprechenden Punkten durch S. Dual zu 16 gilt daher

17. *Bei einer Kollineation gehen die Verbindungsgeraden entsprechender Punkte durch ein festes Zentrum S, welches Kollineationszentrum heißt.*

Eine Gerade durch S – auch *Kollineationsstrahl* genannt – geht bei der Abbildung in sich über. (Denn zum Beispiel das Bild von SA muß durch $\bar{A}$ und nach Satz 16 durch A_1 laufen, ist also die Gerade $S\bar{A} = SA$). Die Punkte eines solchen Kollineationsstrahls sind aber mit Ausnahme von S und dem Schnittpunkt mit s keine Fixpunkte.

Gewöhnlich gibt man sich eine Kollineation durch die Achse s, das Zentrum S und zwei entsprechende Punkte $A, \bar{A}$, die natürlich auf einem Kollineationsstrahl liegen müssen (*Fig. 82*). Das Bild eines gegebenen Punktes P liegt dann auf dem Bild $\bar{g}$ der Geraden $g = A\,P$ und auf dem Kollineationsstrahl durch P.

In Fig. 82 wurde nach diesem Verfahren noch der Bildpunkt $\bar{U}$ des unendlich fernen Punktes U_∞ von g, das heißt der Fluchtpunkt von g konstruiert. Das Bild der unendlich fernen Geraden u – das heißt die Fluchtgerade $\bar{u}$ – geht dann durch diesen Fluchtpunkt $\bar{U}$ und liegt parallel zur Kollineationsachse. Denn u und $\bar{u}$ müssen sich auf der Kollineationsachse schneiden.

Zieht man den zu $\bar{g}$ parallelen Kollineationsstrahl und bezeichnet mit V seinen Schnittpunkt mit g, so ist V der Verschwindungspunkt von g, denn $\bar{V}$ liegt unendlich fern. Die Parallele v zur Kollineationsachse durch V geht in die unendlich ferne Gerade über, ist also die Verschwindungsgerade. Aus dem entstandenen schraffierten Parallelogramm folgt leicht, daß die angezeichneten Abstände gleich sind.

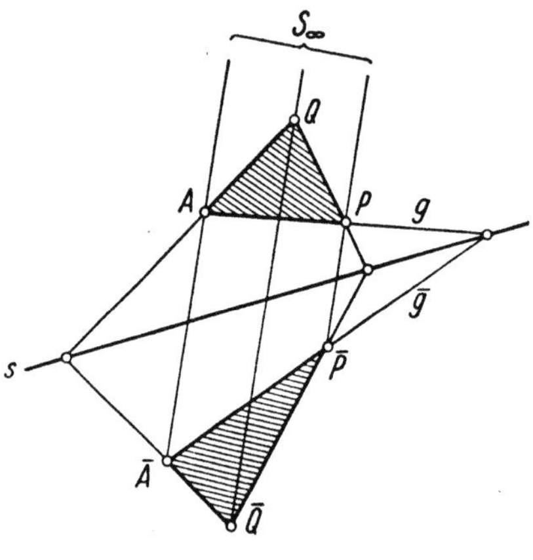

Fig. 83

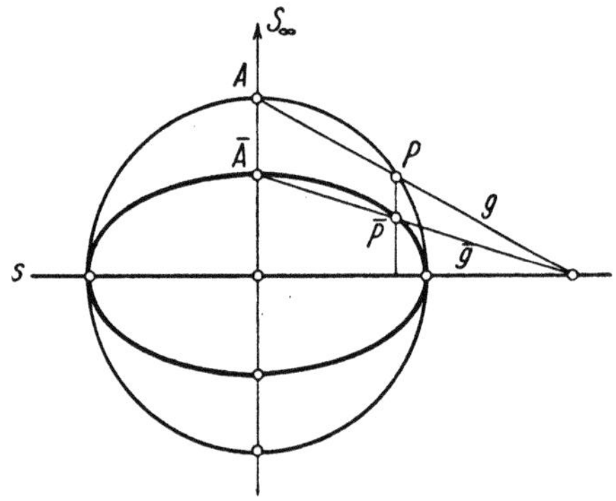

Fig. 84

Affine Spezialfälle der Kollineation. Die einzigen Geraden, welche bei der Kollineation in sich übergehen, sind die Kollineationsstrahlen und die Kollineationsachse. Soll nun die Kollineation eine Affinität werden, das heißt soll die unendlich ferne Gerade in sich übergehen, so ist dies auf zwei Arten möglich. Entweder ist die Kollineationsachse unendlich fern; dann ist die Kollineation offenbar die aus der Elementargeometrie bekannte *zentrische Ähnlichkeit* mit dem Ähnlichkeitszentrum S. Oder es ist die unendlich ferne Gerade ein Kollineationsstrahl, das heißt S ein unendlich ferner Punkt. In diesem Spezialfall heißt die Abbildung *perspektive Affinität.* Es kann auch beides zugleich eintreten, was einfach eine *Translation* als Abbildung ergibt.

In *Fig. 83* ist eine perspektive Affinität durch die Affinitätsachse s und zwei entsprechende Punkte $A, \bar{A}$ gegeben. S ist also der unendlich ferne Punkt in der Richtung $A\bar{A}$ (= *Affinitätsrichtung*). Die Verbindungsgeraden entsprechender Punkte sind jetzt parallel zur Affinitätsrichtung; im übrigen wird die Konstruktion des Bildpunktes eines gegebenen Punktes P wie bei der Kollineation durchgeführt. Würde die Achse s die Strecke $A\bar{A}$ genau halbieren, so hätte man den Spezialfall der *schiefen Symmetrie.*

Fig. 84 enthält den wichtigen Spezialfall der *orthogonalen Affinität,* das heißt die Affinitätsrichtung $A\bar{A}$ ist senkrecht zur Affinitätsachse s. Wie man an der Figur abliest, besteht die Abbildung einfach darin, daß die Abstände der Punkte von der Affinitätsachse im selben konstanten Verhältnis λ verkürzt (oder verlängert) werden. λ heißt *Affinitätsverhältnis.* Ist $\lambda < 1$, handelt es sich also um Verkürzung der Abstände, so geht der in Fig. 84 angenommene Kreis in die gezeichnete Ellipse über, deren große Halbachse gleich dem Kreisradius ist. Für

$\lambda > 1$ erhält man hingegen eine hochgestellte Ellipse, deren kleine Halbachse mit dem Kreisradius übereinstimmt. Daraus folgt also, daß eine Ellipse durch orthogonale Affinität entweder in den Kreis über der großen Achse oder in denjenigen über der kleinen Achse übergeführt werden kann. Dies kann man zur Lösung von Ellipsenaufgaben verwenden.

Allgemeiner läßt sich so eine Methode zur Lösung von Kegelschnittaufgaben entwickeln, welche darin besteht, daß man den Kegelschnitt durch Kollineation in einen Kreis überführt.

Beispiele. Wählt man im Raum zwei Ebenen α, $\bar{\alpha}$ sowie ein außerhalb liegendes Projektionszentrum Z, so liefert die Zentralprojektion der Punkte P von α auf die Ebene $\bar{\alpha}$ eine projektive Abbildung (vgl. die Einleitung zum gegenwärtigen Paragraphen). Klappt man nun nachträglich die Ebene α um die Schnittgerade s der beiden Ebenen als Achse in die Ebene $\bar{\alpha}$ hinein, so ergibt die Zuordnung der Umklappung eines Punktes P zu seiner Zentralprojektion eine projektive Abbildung von $\bar{\alpha}$ auf sich. Sie ist eine Kollineation mit der Kollineationsachse s. Dies folgt daraus, daß die Punkte von s sowohl bei der Projektion wie auch bei der Klappung fest bleiben. Die Zentralprojektion einer ebenen Figur auf eine Bildebene und die Umklappung der Figur in die Bildebene sind somit kollinear, das heißt gehen durch Kollineation auseinander hervor.

Liegt speziell eine Parallelprojektion vor, so wird diese Kollineation zur perspektiven Affinität und in dem weiteren Spezialfall der Normalprojektion ergibt sich eine orthogonale Affinität. Als Illustration kann die Fig. 21 (Seite 31) dienen. Dort wurde ein Quadrat im Grundriß und in der Umklappung dargestellt. Die beiden Figuren sind orthogonal affin mit der Umklappungsachse als Affinitätsachse.

Ein weiteres Beispiel ergibt sich, wenn eine Figur in der Ebene α von zwei verschiedenen Zentren Z_1, Z_2 aus auf eine Bildebene $\bar{\alpha}$ projiziert wird. Die beiden Projektionen sind wieder kollinear mit der Schnittgeraden s von α und $\bar{\alpha}$ als Kollineationsachse. (Das Kollineationszentrum ist übrigens der Durchstoßpunkt von $Z_1 Z_2$ mit $\bar{\alpha}$.) Daraus ergibt sich noch folgende Anwendung. Es sei $\bar{\alpha}$ die Standebene einer Pyramide (oder eines Kegels), Z_1 die Spitze des Körpers und α eine Schnittebene. Der Schnitt der Pyramide mit α werde von irgend einem Zentrum Z_2 aus auf die Standebene $\bar{\alpha}$ projiziert. Dann ist diese Projektion kollinear zur Grundfläche. In der Tat kann ja die Grundfläche auch als Projektion des Schnittes von der Spitze Z_1 aus angesehen werden.

Man bestätigt dies an der Fig. 13 (Seite 25). Dort ist der Grundriß des ebenen Pyramidenschnitts kollinear zur Grundfläche. (Kollineationsachse = Spur a der Schnittebene α; Kollineationszentrum = Grundriß der Pyramidenspitze.)

§ 4. Perspektive

Wir wollen nun versuchen, in Analogie zu den Konstruktionen des § 3 und speziell zur Fig. 79 einen räumlichen Gegenstand auf eine Bildebene $\bar{\alpha}$ (= Zeichenebene) abzubilden. Wir legen zu diesem Zweck ein Koordinatensystem x, y, z in den Raum (*Fig. 85a*) und nehmen in $\bar{\alpha}$ folgende Stücke an (*Fig. 85b*):

1) Bild $\bar{O}$ des Nullpunkts O des Koordinatensystems.
2) Bilder $\bar{x}, \bar{y}, \bar{z}$ der Koordinatenachsen.
3) Bilder $\bar{U}_x, \bar{U}_y, \bar{U}_z$ der unendlich fernen Punkte der Koordinatenachsen.
4) Bilder $\bar{X}, \bar{Y}, \bar{Z}$ der Einheitspunkte des Koordinatensystems.

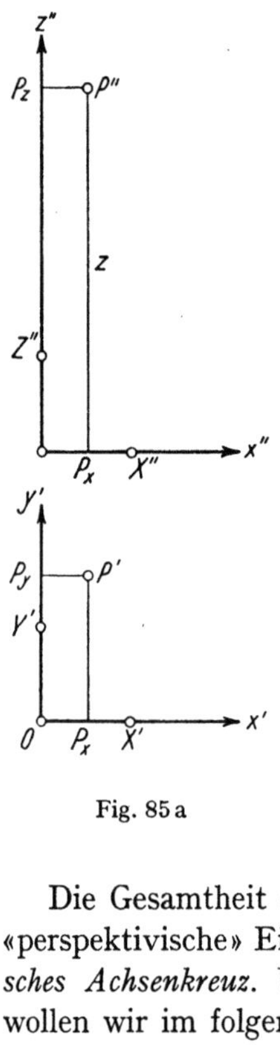

Fig. 85a

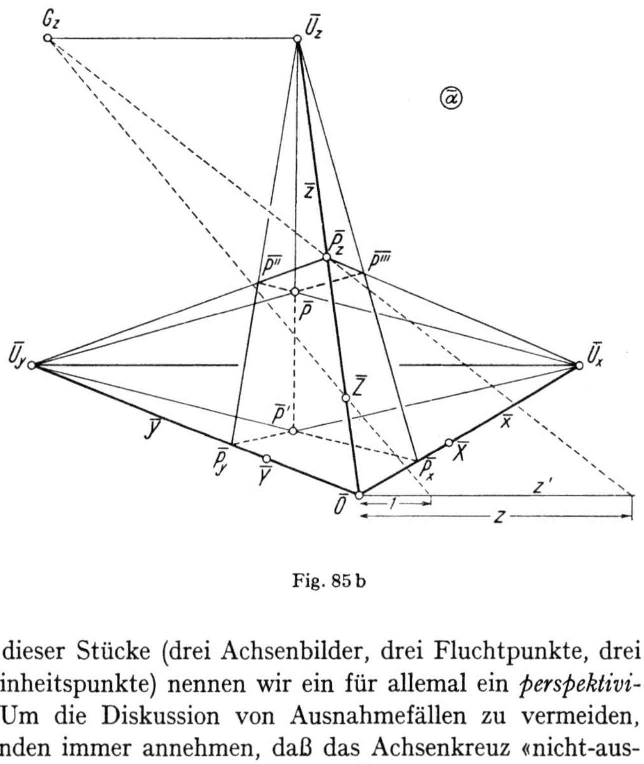

Fig. 85b

Die Gesamtheit dieser Stücke (drei Achsenbilder, drei Fluchtpunkte, drei «perspektivische» Einheitspunkte) nennen wir ein für allemal ein *perspektivisches Achsenkreuz*. Um die Diskussion von Ausnahmefällen zu vermeiden, wollen wir im folgenden immer annehmen, daß das Achsenkreuz «nicht-ausgeartet» sei im folgenden Sinn: Die drei Geraden $\bar{x}, \bar{y}, \bar{z}$ sollen paarweise voneinander verschieden sein und ebenso die sieben Punkte $\bar{O}$; $\bar{U}_x, \bar{U}_y, \bar{U}_z$; $\bar{X}, \bar{Y}, \bar{Z}$.

Wie früher ist nun durch die Fundamentalpunkte $\bar{O}, \bar{X}, \bar{U}_x$ eine projektive Skala auf $\bar{x}$ festgelegt und wir können mit ihrer Hilfe einen Punkt P_x auf der x-Achse auf eindeutige Weise in die Fig. 85b übertragen. Dasselbe gilt für die

y- und die z-Achse. In Fig. 85b wurde speziell die Konstruktion der projektiven Skala auf $\bar{z}$ angegeben (Hilfsgerade z' durch $\bar{O}$, Teilungspunkt G_z) und die Abbildung des Punktes P_z der z-Achse ausgeführt.

Um einen gegebenen Raumpunkt P abzubilden, wird man etwa folgendermaßen vorgehen. Der Grundriß P' kann als Punkt der x, y-Ebene genau nach dem Muster der Fig. 79b abgebildet werden; diese Konstruktion wurde in Fig. 85b daher nicht angegeben. Der gefundene Bildpunkt $\bar{P}'$ heißt auch *perspektivischer Grundriß von P*. Aus $\bar{P}'$ und dem oben konstruierten Punkt $\bar{P}_z$ kann man nun das Bild des Koordinatenquaders rein durch Ziehen von Geraden nach den Fluchtpunkten $\bar{U}_x$, $\bar{U}_y$, $\bar{U}_z$ vervollständigen. $\bar{P}$ ergibt sich als Bild der letzten Ecke[1]).

Die damit definierte Abbildung des Raumes auf die Bildebene $\bar{\alpha}$ heißt *Perspektive;* wir werden später beweisen, daß sie geradentreu ist, daß also eine Gerade am Gegenstand im perspektivischen Bild wieder als Gerade erscheint. Vorerst beschäftigen wir uns aber mit der praktischen Seite der Perspektive und geben einige Regeln, welche man zu beachten hat, um anschauliche Bilder zu erhalten. Diese Regeln sollen mit Hilfe der *Fig. 86* erklärt werden, welche wieder in Fig. 86a das räumliche Koordinatensystem und in Fig. 86b das perspektivische Achsenkreuz enthält.

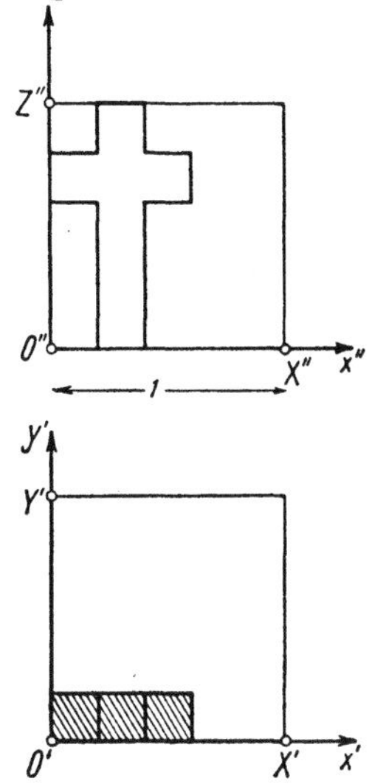

Fig. 86a

I. Der Fluchtpunkt $\bar{U}_z$ der z-Achse wird gewöhnlich unendlich fern angenommen und $\bar{z}$ selbst vertikal. Dies bewirkt, daß eine Parallele zur z-Achse (=Vertikale) auch im Bild parallel zu $\bar{z}$ wird, also wieder als Vertikale erscheint. Außerdem wird infolge dieser Annahme die z-Achse affin, das heißt ähnlich abgebildet (§ 2, Seite 112). In Fig. 86b haben wir $\bar{O}\bar{Z} = 2$ gewählt, so daß eine Strecke auf der z-Achse beim Übertragen in die Fig. 86b einfach verdoppelt werden muß.

II. Die Fluchtgerade $\bar{u} = \bar{U}_x \bar{U}_y$ der horizontalen x, y-Ebene, welche auch *Horizont* heißt, soll horizontal angenommen werden. (Wenn man auf einer An-

[1]) Die Tatsache, daß die Konstruktion «sich schließt», das heißt, daß die drei Kanten des Koordinatenquaders, welche im Raum durch P gehen, sich auch im Bild wieder in einem Punkt $\bar{P}$ treffen ist eine einfache Folge des unten bewiesenen Hauptsatzes 20, kann aber auch direkt folgendermaßen nachgewiesen werden. $\bar{P}$ werde zunächst als Schnittpunkt der beiden von $\bar{P}''$, $\bar{P}'''$ ausgehenden Linien konstruiert. Die Anwendung des Satzes von DESARGUES auf die Dreiecke $\bar{O}\bar{P}_y\bar{P}_x$ und $\bar{P}_z\bar{P}''\bar{P}'''$ ergibt, daß sich die Geraden $\bar{P}_x\bar{P}_y$ und $\bar{P}''\bar{P}'''$ auf der Fluchtgeraden $\bar{U}_x\bar{U}_y$ schneiden. Aus der Umkehrung des Desarguesschen Satzes für die beiden Dreiecke $\bar{P}'\bar{P}_y\bar{P}_x$ und $\bar{P}\bar{P}''\bar{P}'''$ folgt dann, daß $\bar{P}'\bar{P}$ durch $\bar{U}_z$ geht, was zu beweisen war. Die bei der Konstruktion der Fig. 85b hauptsächlich verwendeten Linien bilden die drei von den Fluchtpunkten $\bar{U}_x$, $\bar{U}_y$, $\bar{U}_z$ ausstrahlenden Geradenbüschel. Drei derartige Büschel nennt man ein *Gewebe.* Die erwähnte Schließungseigenschaft bildet den Ausgangspunkt für die moderne Theorie der Gewebe. K. REIDEMEISTER hat diese Gewebe benutzt, um die Geometrie axiomatisch aufzubauen, so daß unsere Fig. 85b von großem theoretischem Interesse ist. (K. REIDEMEISTER, Grundlagen der Geometrie. Berlin, J. Springer 1930.)

höhe stehend eine weit reichende horizontale Ebene vor sich hat, so scheinen die unendlich weit entfernten Punkte dieser Ebene auf einer horizontalen Geraden – eben dem Horizont – zu liegen.)

III. Nach Annahme des perspektivischen Achsenkreuses kann das Bild des *Einheitswürfels*, welcher über den Einheitspunkten der Fig. 86a errichtet worden ist, ohne weiteres gezeichnet werden. Die Disposition ist nun so zu treffen, daß das Bild dieses Einheitswürfels anschaulich wirkt und im Beschauer in

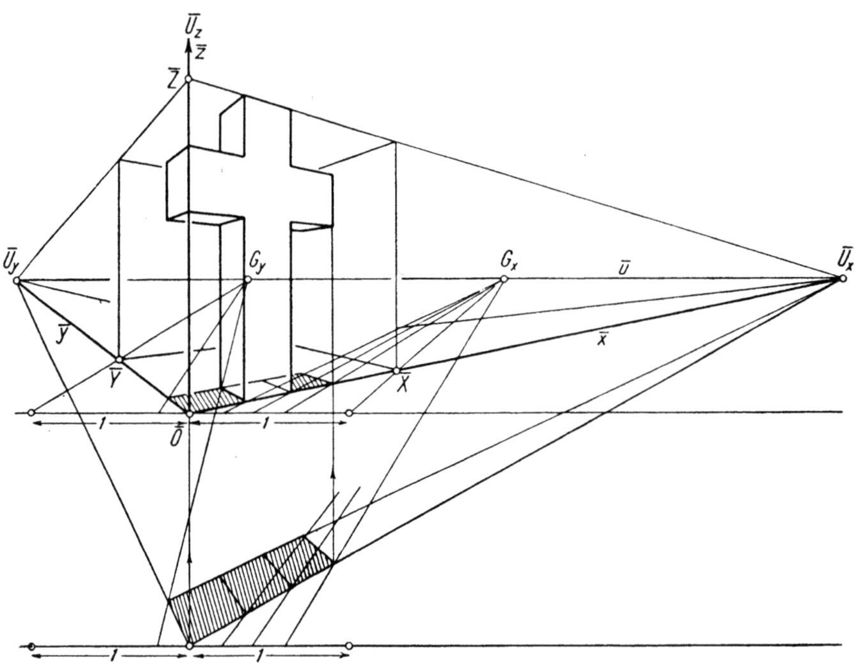

Fig. 86b

bezug auf Lage und Größenverhältnisse den beabsichtigten Eindruck hervorbringt. Erfahrungsgemäß gelingt dies nach einiger Übung rasch und sicher; wir werden jedoch unten gleich eine Methode entwickeln, welche ohne Willkür zum Bild des Einheitswürfels führt.

IV. Das Objekt, welches perspektivisch darzustellen ist, soll innerhalb des Einheitswürfels liegen (Fig. 86a). Man hat also in Fig. 86a die Längeneinheit so groß zu wählen, daß der gegebene Gegenstand im Einheitswürfel Platz hat. (Das Bild des Einheitswürfels ist gemäß der Regel III anschaulich; Teile des Gegenstands, welche über ihn hinausragen würden, könnten aber in der Perspektive unliebsame Verzerrungen aufweisen.)

Um nun das gegebene Objekt in der Fig. 86b darzustellen, beginnt man mit dem Übertragen des in der x, y-Ebene liegenden Grundrisses (schraffiert) nach dem Verfahren der Fig. 79 (Teilungspunkte G_x, G_y). Von dem so erhaltenen perspektivischen Grundriß aus kann man dann das Objekt selbst leicht aufbauen, indem man gemäß der Regel I die Maße auf der z-Achse überträgt und die Fluchtpunktregeln beachtet. Zwischen den Punkten des perspektivischen Grundrisses und des Gegenstands selbst hat man vertikale Ordnungslinien.

Um die Perspektive nicht mit unwesentlichen Hilfskonstruktionen zu belasten und um günstige Schnittverhältnisse zu haben, konstruiert man gewöhnlich den perspektivischen Grundriß nicht wie in Fig. 86b in der Standebene des Körpers, das heißt in der x, y-Ebene selbst, sondern in einer tiefergelegten Horizontalebene («*Kellergrundriß*»). In Fig. 86b wurde dies auch noch durchgeführt; die Fluchtpunkte $\bar{U}_x$, $\bar{U}_y$ und die Teilungspunkte G_x, G_y bleiben dieselben. Zwischen diesen beiden perspektivischen Grundrissen der Fig. 86b besteht *orthogonale Affinität*; Affinitätsachse ist die Fluchtgerade $\bar{u}$.

Zentralprojektion. Wird ein räumlicher Gegenstand von einem Projektionszentrum Z aus auf eine gegebene Ebene π zentral projiziert, so entsteht in π natürlich ein perspektivisches Bild des Gegenstands. Denn nach Satz 3 von § 2 bleiben die Doppelverhältnisse auf den Achsen eines räumlichen Koordinatensystems bei der Zentralprojektion erhalten, und daher könnte das Zentralbild nach der Methode der Fig. 85b aus dem perspektivischen Achsenkreuz konstruiert werden, welches durch Zentralprojektion des Koordinatensystems entsteht.

Die *Fig. 87* zeigt an einem Beispiel die Konstruktion des Zentralbilds mit Hilfe des Grund- und Aufrißverfahrens. Es wurde ein Koordinatensystem x, y, z im Grundriß und im Aufriß gezeichnet und es soll der Würfel projiziert werden, dessen Grundfläche das gezeichnete Quadrat ist. Im Aufriß haben wir den Wüfel nicht dargestellt, sondern uns damit begnügt, die Kote eines Punktes P der Deckfläche und eines Punktes Q der Grundfläche auf z'' anzugeben. Das Projektionszentrum Z wurde ebenfalls im Grundriß angenommen und seine Höhe auf z'' angegeben. Als Bildebene π wählen wir die x, z-Ebene, so daß die Zentralprojektion im Aufriß in wahrer Größe erscheint. Bei der Disposition ist die Regel zu beachten, daß das gegebene Objekt innerhalb des *Sehkegels* liegen muß. (Rotationskegel, Spitze im Projektionszentrum, Achse normal zur Bildebene, halber Öffnungswinkel 30^0.) Das Innere dieses Kegels ist nämlich ungefähr das Gebiet, welches man ohne Bewegung des Kopfes übersehen kann, wenn sich das Auge in Z befindet.

Prinzipiell wird nun ein Punkt P des Gegenstands projiziert, indem man im Grund- und Aufriß den Projektionsstrahl ZP mit der Bildebene durchstößt (*Durchschnittsmethode*). Um aber Konstruktionen im Aufriß zu vermeiden, welche das entstehende Zentralbild stören würden, geht man besser folgendermaßen vor. Man projiziert zunächst eine durch P laufende horizontale Gerade g. (*Geradenmethode*). Zu diesem Zweck konstruiert man einerseits ihren Durchstoßpunkt S mit der Bildebene π (im Aufriß hat er dieselbe Kote wie P) und andererseits das Bild ihres unendlich fernen Punktes U_∞. Sein Projektionsstrahl ist die Parallele zu g durch Z, welche dann die Bildebene in $\bar{U}$ durchstößt. (Im

Aufriß ist die Kote von $\overline{U}$ gleich derjenigen von Z.) $\overline{U}$ ist also der Fluchtpunkt von g. Damit gewinnt man im Aufriß das Zentralbild $\bar{g}$ als Verbindungsgerade von S und $\overline{U}$. Wir notieren noch die Regel:

18. *Bei Zentralprojektion ist der Fluchtpunkt einer Geraden g der Durchstoßpunkt des zu g parallelen Projektionsstrahls mit der Bildebene.*

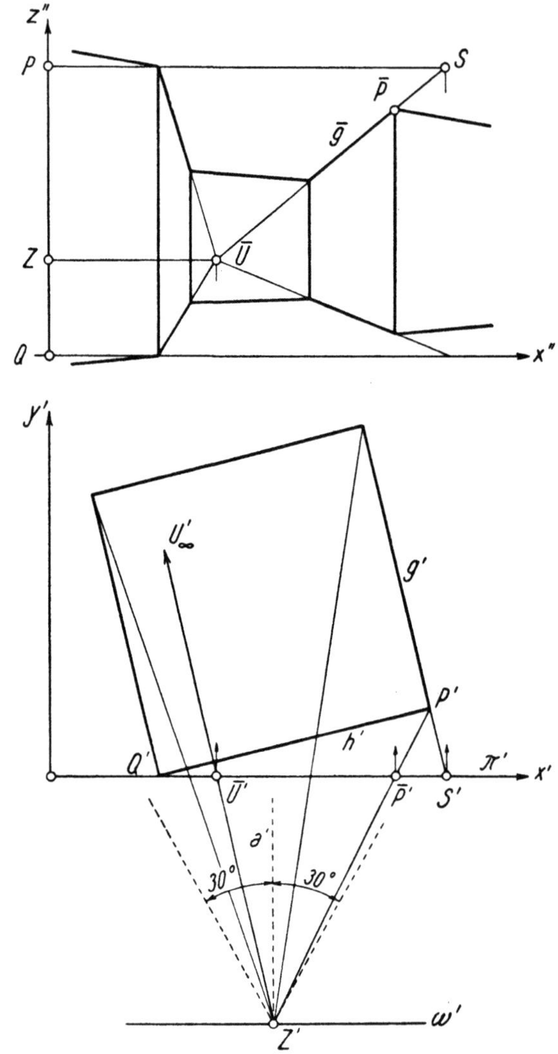

Fig. 87

Das Zentralbild von P könnte nun gefunden werden, indem man eine zweite Gerade durch P (etwa h) nach dieser Geradenmethode überträgt. In der Fig. 87 ist dies nicht möglich, da der Fluchtpunkt von h zu weit weg fallen würde. Wir sind daher zur Durchschnittsmethode zurückgekehrt. Im Grundriß ist $\bar{P}'$ der Durchstoßpunkt des Projektionsstrahls mit der Bildebene. Die gesuchte Zentralprojektion $\bar{P}$ liegt daher auf der Ordnungslinie über $\bar{P}'$ und auf $\bar{g}$. Analog projiziert man die übrigen Würfelecken.

Bemerkungen. 1) Das Zentralbild wurde in Fig. 87 so ausgezogen, daß das Innere des Würfels sichtbar wird. Man wird etwa das Innere eines Zimmers in dieser Art perspektivisch zeichnen (*Innenperspektive*). Häufig wird dabei die eine Zimmerwand parallel zur Bildebene angenommen.

2) Bei komplizierteren Gegenständen wird man nicht wie in Fig. 87 die Koten auf z'' angeben, sondern irgend einen Aufriß oder Seitenriß des Gegenstands neben z'' legen, dem man die nötigen Koten durch Ziehen von Horizontalen entnimmt.

3) In Fig. 87 ist noch die Parallelebene ω zur Bildebene durch das Projektionszentrum Z gelegt worden. ω ist die *Verschwindungsebene* der Zentralprojektion, denn die in ihr liegenden Punkte kommen bei der Zentralprojektion ins Unendliche.

4) Sobald man das Zentralbild eines Würfels konstruiert hat, kann man diesen Würfel als Einheitswürfel der Fig. 86 ansehen und dann nach der projektiven Methode weiterfahren. Überhaupt können die drei hergeleiteten Konstruktionsverfahren (Geradenmethode, Durchschnittsmethode, projektive Methode) auf verschiedene Arten kombiniert werden.

Bedingung für Zentralprojektion. Es wird im Abschnitt «theoretische Ergänzungen» überzeugend dargelegt werden, daß nicht jedes perspektivische Achsenkreuz als Zentralprojektion eines räumlichen cartesischen Koordinatensystems angesehen werden kann. Es soll daher die Bedingung hergeleitet werden

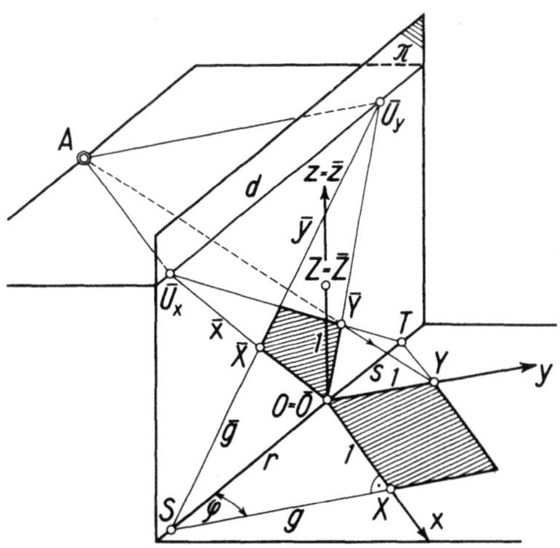

Fig. 87 a

dafür, daß ein perspektivisches Achsenkreuz Zentralbild eines Koordinatensystems sei, wobei wir uns allerdings auf den Spezialfall beschränken, der die Bedingungen I, II von Seite 125 erfüllt.

In *Fig. 87a* wurde der Vorgang der Zentralprojektion anschaulich skizziert. Die z-Achse des abzubildenden Koordinatensystems steht vertikal, die x- und die y-Achse liegen in einer Horizontalebene. Der Anschaulichkeit halber wurde noch das Quadrat über den Einheitspunkten X, Y eingezeichnet. A ist das Projektionszentrum, und die Bildebene π steht vertikal. Das Bild des Quadrats wurde nach der auf Seite 127 auseinandergesetzten *Geradenmethode* konstruiert. Um zum Beispiel die y-Achse abzubilden, konstruiert man ihren Fluchtpunkt $\overline{U}_y$ mittels der Parallelen durch A (Satz 18) und verbindet mit $\overline{O}$. Zur Abbildung der Parallelen g zur y-Achse muß man ihren Durchstoßpunkt S mit der Bildebene heranziehen. Zum Überfluß ist noch der Projektionsstrahl des Einheitspunktes Y eingezeichnet.

Da $\bar{z} = z$ vertikal in der Bildebene liegt und da die Fluchtgerade $\overline{U}_x \overline{U}_y$ horizontal wird, sind die Bedingungen I, II von Seite 125 tatsächlich erfüllt. Die Strecke $\overline{U}_x \overline{U}_y$ werde noch mit d bezeichnet. Ein Beschauer des Zentralbilds müßte sein Auge nach A bringen und nach rechts hin auf die Rückseite von π blicken.

Beim entstandenen perspektivischen Achsenkreuz in π interessieren wir uns nun speziell für die Teilverhältnisse

$$\mu_x = \frac{\overline{X}\,\overline{U}_x}{\overline{X}\,\overline{O}}, \quad \mu_y = \frac{\overline{Y}\,\overline{U}_y}{\overline{Y}\,\overline{O}}, \tag{1}$$

die von den perspektivischen Einheitspunkten auf den Achsenbildern geliefert werden. In Fig. 87*a* liest man ab

$$\mu_x = \frac{d}{r}, \quad \mu_y = \frac{d}{s} \tag{2}$$

Andererseits folgt aus den rechtwinkligen Dreiecken $O\,S\,X$ und $O\,T\,Y$

$$r = \frac{1}{\sin\varphi}, \quad s = \frac{1}{\cos\varphi} \tag{3}$$

Setzt man diese Werte in (2) ein, so ergibt sich

$$\mu_x = d\sin\varphi\,, \quad \mu_y = d\cos\varphi \tag{4}$$

also

$$\mu_x^2 + \mu_y^2 = d^2 \tag{5}$$

Für das Bild $\overline{Z} = Z$ des Einheitspunktes der z-Achse gilt nun $\overline{O}\,\overline{Z} = 1$, so daß man (5) auch schreiben kann

$$\mu_x^2 + \mu_y^2 = \frac{d^2}{(\overline{O}\,\overline{Z})^2}$$

oder

$$\boxed{\mu_x^2 + \mu_y^2 = \left(\frac{\overline{U}_x\,\overline{U}_y}{\overline{O}\,\overline{Z}}\right)^2} \tag{6}$$

Da diese Beziehung eine Gleichung zwischen Streckenverhältnissen ist, gilt sie auch, wenn der Nullpunkt O nicht wie in Fig. 87*a* von vornherein in der Bildebene liegt.

Die notwendige Bedingung dafür, daß ein den Bedingungen I, II von Seite 125 genügendes perspektivisches Achsenkreuz (Fig. 86b) Zentralprojektion eines carte-

sischen Koordinatensystems sei, ist also das Bestehen der Gleichung (6) zwischen den Teilverhältnissen der Einheitspunkte.

Die Bedingung ist auch hinreichend. Der Nachweis möge dem Leser überlassen werden. Man muß eben aus dem gegebenen perspektivischen Achsenkreuz die Punkte S, T konstruieren und dann φ aus

$$\operatorname{tg}\varphi = \frac{s}{r}$$

berechnen, um das Quadrat in der Horizontalebene zu finden, das abgebildet wird. Die Bedingung (6) garantiert dann, daß seine Seite $= OZ$ wird.

Die Bedingung (6) kann übrigens als Spezialfall der von E. KRUPPA[1]) angegebenen Gleichung angesehen werden, welche die Bedingung dafür angibt, daß ein allgemeines perspektivisches Achsenkreuz (Fig. 85*b*) Zentralprojektion eines Koordinatensystems ist.

Zeichentechnisch kann die Bedingung (6) wie folgt beim Entwurf einer Perspektive benutzt werden. Man wählt entsprechend der Regeln I, II, III auf Seite 125, 126 ein anschauliches Bild des Einheitswürfels und versetzt dann *nachträglich* den Einheitspunkt $\overline{Z}$ so, daß (6) erfüllt ist. Dann ist man sicher, daß die Perspektive des vorgelegten Gegenstands sogar eine Zentralprojektion des Gegenstands wird.

Zentralprojektion einer Kugel. Um noch ein Beispiel für die reine Durchschnittsmethode zu geben, soll in *Fig. 88* die im Grund- und Aufriß gegebene Kugel (Mittelpunkt M) zentral projiziert werden. Das Projektionszentrum sei durch Z', Z'' gegeben und die Bildebene π wurde der Einfachheit halber durch das Kugelzentrum parallel zur Aufrißebene gelegt.

Der *Umriß* der Kugel bei der Zentralprojektion wird erhalten, indem man den Berührungskegel von Z aus an die Kugel legt und ihn mit π schneidet. Der Umriß ist daher ein Kegelschnitt. Spezielle Punkte dieses Umrisses gewinnt man folgendermaßen: Im Grundriß ist m die äußerste Mantellinie des Berührungskegels. Sie berührt die Kugel in dem Punkt P, wobei P'' ebenso hoch wie M'' liegt. Indem man den Projektionsstrahl $Z\,P$ mit π durchstößt, ergibt sich die Zentralprojektion $\overline{P}$, durch welche der gesuchte Umriß läuft.

Da der Berührungskegel ein Rotationskegel ist, kann man weiter mit Hilfe des Satzes von DANDELIN (2. Teil, § 4) die Brennpunkte des Umrißkegelschnitts konstruieren. In Fig. 88 ist im Grundriß die eine DANDELINsche Kugel (Mittelpunkt M_1) eingezeichnet. Ihr Berührungspunkt $\overline{F}_1$ mit π ist der eine Brennpunkt. Nun beachte man aber, daß die DANDELINsche Kugel ähnlich zur gegebenen Kugel liegt in bezug auf das Ähnlichkeitszentrum Z. Daraus folgt leicht, daß der Brennpunkt F_1 die Zentralprojektion des hintersten Punktes F_1 der gegebenen Kugel ist. Analog ist der zweite Brennpunkt die Zentralprojektion des vordersten Kugelpunktes F_2, so daß die Konstruktion der DANDELINschen Kugel überflüssig ist. Es folgt daher:

19. *Die Brennpunkte des Zentralumrisses einer Kugel sind die Zentralprojektionen der beiden Kugelpunkte, in welchen die Tangentialebene parallel zur Bildebene ist.*

Aus den beiden Brennpunkten und dem Punkt $\overline{P}$ kann nun in Fig. 88 die Umrißellipse leicht konstruiert werden. Übrigens sind im Aufriß die Tangenten von Z'' aus an den Aufriß der Kugel auch Mantellinien des Berührungskegels. Ihre Berührungspunkte $\overline{A}$, $\overline{B}$ ergeben daher auch Punkte des Zentralumrisses.

---

[1]) E. MÜLLER, E. KRUPPA: Vorlesungen über darstellende Geometrie, I. Band: Die linearen Abbildungen, S. 183 (Deuticke, Wien 1923).

Würde in Fig. 88 die Kugel die Verschwindungsebene ω schneiden, so ergäben die Tangenten t_1, t_2 von Z aus an den Schnittkreis von ω mit der Kugel zwei unendlich ferne Punkte des Zentralumrisses. Dieser wäre dann eine Hyperbel mit den Asymptotenrichtungen t_1, t_2.

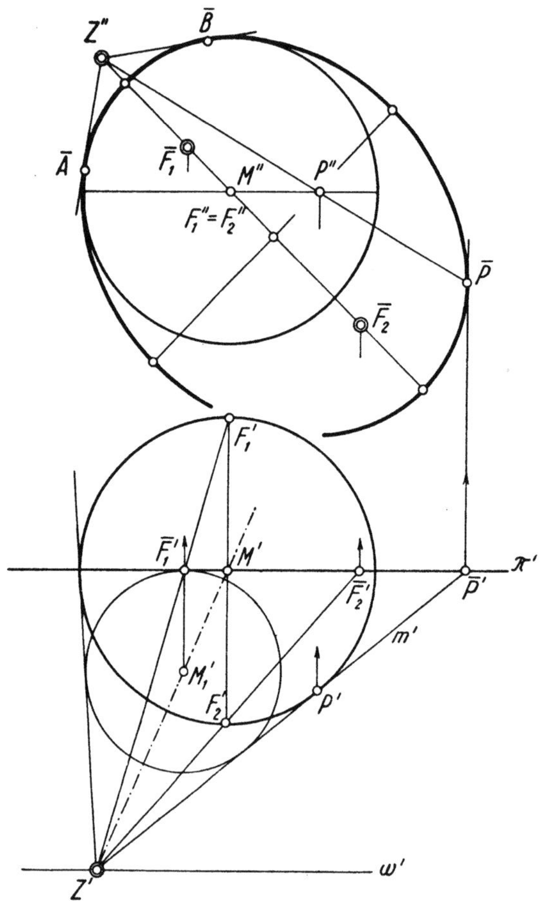

Fig. 88

Theoretische Ergänzungen. In den folgenden Untersuchungen werden Beweise nachgeholt und allgemeine Sätze über die perspektivische Abbildung des Raumes auf eine Bildebene hergeleitet. Ein Leser, der sich nur für die praktische Perspektive interessiert, kann direkt zur Lektüre des Abschnitts über allgemeine Axonometrie (Seite 135) übergehen.

In der *Fig. 89a* wurde wieder ein allgemeines perspektivisches Achsenkreuz angenommen, bestehend aus den drei von $\bar{O}$ auslaufenden Achsen $\bar{x}$, $\bar{y}$, $\bar{z}$ und den auf diesen Achsen gelegenen Punkten $\bar{X}$, $\bar{Y}$, $\bar{Z}$ und $\bar{U}_x$, $\bar{U}_y$, $\bar{U}_z$. Die Zeichenebene dieser Figur bezeichnen wir mit $\bar{\alpha}$. Wir wollen nun zunächst diesem allgemeinen Achsenkreuz eine etwas speziellere Gestalt geben, indem wir die

Ebene $\bar{\alpha}$ einer projektiven Abbildung (im Sinne von § 3) unterwerfen. Zu diesem Zweck nehmen wir in einer Ebene α (*Fig. 89 b*, oberer Teil) ein ebenes kartesisches Koordinatensystem an. (Achsen y, z, Einheitspunkte Y, Z, unendlich ferne Punkte U_y, U_z). Nach Satz 8 von § 3 gibt es eine projektive Abbildung der Ebene α auf die Ebene $\bar{\alpha}$ (im Sinne von § 3), so daß Y, Z, U_y, U_z beziehlich in die Punkte $\bar{Y}$, $\bar{Z}$, $\bar{U}_y$, $\bar{U}_z$ der Ebene $\bar{\alpha}$ übergehen. Bei dieser projektiven Abbildung entspricht der Geraden $\bar{x}$ eine Gerade x^0 in α und die Punkte $\bar{X}$, $\bar{U}_x$ entsprechen zwei Punkten X^0, U_x^0 auf x^0. Die Geraden x^0, y, z und die auf ihnen

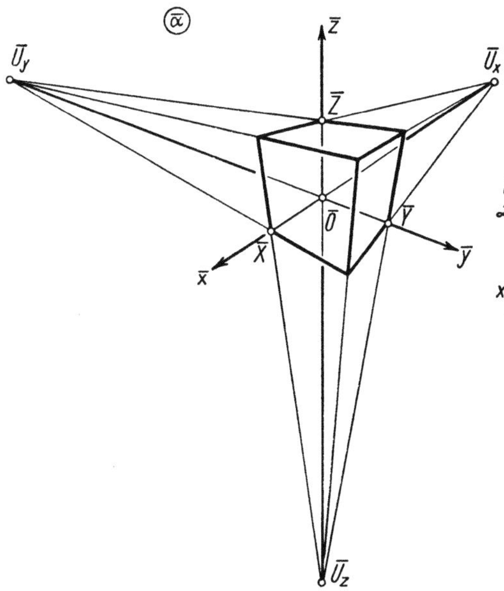

Fig. 89 a

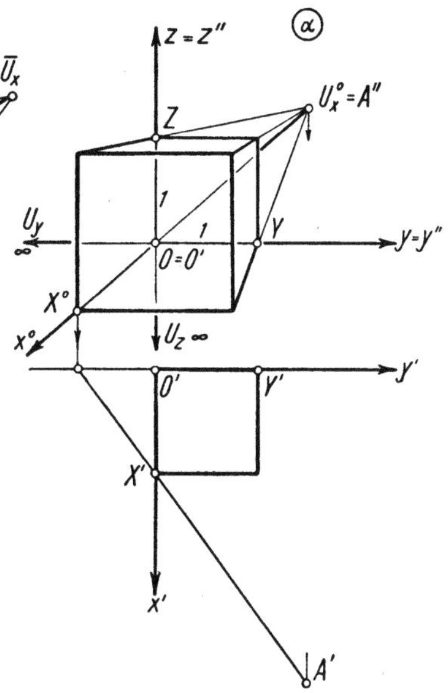

Fig. 89 b

gelegenen Punkte X^0, Y, Z und U_x^0, U_y, U_z bilden wieder ein perspektivisches Achsenkreuz, welches wir kurz als «spezielles» Achsenkreuz bezeichnen. Das gegebene allgemeine Achsenkreuz kann also als projektives Bild des speziellen aufgefaßt werden.

Nun ist das spezielle Achsenkreuz der Fig. 89 b die Zentralprojektion eines räumlichen Koordinatensystems. Dies erkennt man so: Man ergänze das ebene Koordinatensystem y, z durch eine dritte zur Zeichenebene normale x-Achse zu einem räumlichen System. X sei der Einheitspunkt der x-Achse und U_x ihr unendlich ferner Punkt. Außerdem wähle man auf der Normalen zu α durch U_x^0 ein Projektionszentrum A, und zwar so weit von α entfernt, daß X sich bei der Projektion von A aus gerade nach X^0 projiziert. Bei dieser Projektion von A aus auf die Zeichenebene α gehen x, y, z, X, Y, Z, U_x, U_y, U_z der Reihe nach über in x^0, y, z, X^0, Y, Z, U_x^0, U_y, U_z, womit die Behauptung bewiesen ist. Zum Überfluß haben wir im unteren Teil der Fig. 89 b die Konstruktion von A in einem hinzugefügten Grundriß angegeben.

Damit erkennen wir, daß das gegebene allgemeine Achsenkreuz in $\bar{\alpha}$ folgendermaßen erhalten werden kann. Man projiziert das Koordinatensystem x, y, z zunächst von A aus zentral auf die Ebene α und unterwirft dann die entstandene ebene Figur der projektiven Abbildung, welche von α nach $\bar{\alpha}$ führt. Üben wir nun diese beiden Operationen nicht nur auf das Koordinatensystem aus, sondern auch auf irgend einen räumlichen Gegenstand, der auf das Koordinatensystem bezogen ist, so könnte das so in $\bar{\alpha}$ entstandene Bild des Gegenstands auch direkt mit Hilfe der projektiven Skalen auf $\bar{x}$, $\bar{y}$, $\bar{z}$ gefunden werden, das heißt nach dem Verfahren der Fig. 85 konstruiert werden. Wir erhalten also in $\bar{\alpha}$ die Perspektive des Gegenstands, welche zu dem gegebenen allgemeinen Achsenkreuz gehört. Es folgt:

20. *Hauptsatz der projektiven darstellenden Geometrie. Jede Perspektive eines Gegenstands kann durch projektive Abbildung aus einem Zentralbild des Gegenstands erzeugt werden.*

Damit ist auch der zu Anfang des Paragraphen angekündigte Beweis erbracht, daß die Perspektive geradentreu ist. Überdies ergibt sich noch, daß auch die Doppelverhältnisse bei der Perspektive erhalten bleiben. Zur Illustration haben wir in Fig. 89a und 89b die Bilder des Einheitswürfels eingezeichnet.

Ist das perspektivisch dargestellte Objekt eine *ebene* Figur, so wird diese also geraden- und doppelverhältnistreu, das heißt projektiv abgebildet. Es gelten daher alle Resultate von § 3, speziell auch diejenigen über die Bilder von Kegelschnitten.

Der Hauptsatz kann noch verschärft werden:

21. *Liegen die drei Fluchtpunkte $\bar{U}_x$, $\bar{U}_y$, $\bar{U}_z$ eines perspektivischen Achsenkreuzes nicht auf einer Geraden, so ist die zugehörige Perspektive eines Gegenstands sogar affin zu einem Zentralbild des Gegenstands.*

Beweis: Da $\bar{U}_x$, $\bar{U}_y$, $\bar{U}_z$ nicht auf einer Geraden liegen, gilt dasselbe auch für die entsprechenden Punkte U_x^0, U_y, U_z der Fig. 89b. Mit anderen Worten: U_x^0 liegt sicher im Endlichen. Daher ist auch das Projektionszentrum A ein endlicher Punkt. Bei der projektiven Abbildung von α auf $\bar{\alpha}$ entspreche nun der unendlich fernen Geraden von $\bar{\alpha}$ die Gerade v in der Ebene α. Wir legen eine Parallelebene π zur Verbindungsebene von A und v. Der im Endlichen liegende Punkt A wird dann der Ebene π nicht angehören, so daß wir unser räumliches Koordinatensystem von A aus auf π projizieren können. Die Zentralprojektion von π auf α vom selben Zentrum A aus ergänzen wir durch die schon vorhandene projektive Beziehung zwischen α und $\bar{\alpha}$ zu einer projektiven Abbildung von π auf $\bar{\alpha}$. Diese Abbildung führt dann die unendlich ferne Gerade von π wieder in die unendlich ferne Gerade von $\bar{\alpha}$ über. Sie ist daher eine Affinität, bei welcher das in π liegende Zentralbild des räumlichen Koordinatensystems übergeht in das in $\bar{\alpha}$ gegebene allgemeine Achsenkreuz. Dasselbe gilt dann wieder für irgend einen räumlichen Gegenstand.

Bemerkung: Eine weitere Verschärfung des Hauptsatzes ist jedoch unmöglich. Man könnte zum Beispiel die Vermutung haben, daß jede Perspektive sogar identisch mit einer Zentralprojektion des Gegenstands ist. Dies ist jedoch nicht richtig. Als Gegenbeispiel nehme man etwa das Achsenkreuz der *Fig. 90*, dessen Fluchtpunkte $\bar{U}_y$, $\bar{U}_z$ unendlich fern sind, während $\bar{U}_x$ im Endlichen liegt. Wäre es Zentralprojektion eines Koordinatensystems, so müßten die y- und die z-Achse dieses Koordinatensystems parallel zur Zeichenebene liegen (Satz 18). Dann wäre auch die y, z-Ebene parallel zur Zeichenebene und der rechte Winkel zwischen der y- und der z-Achse müßte sich in wahrer Größe projizieren, also $\omega = 90^0$ sein, was nicht der Fall ist.

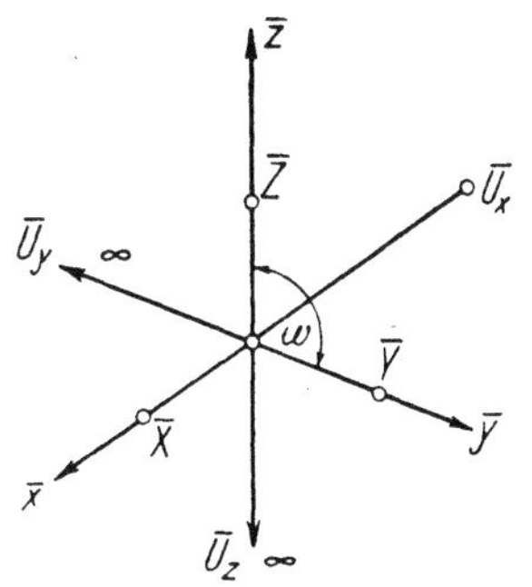

Fig. 90

Allgemeine Axonometrie. Sind die Fluchtpunkte $\bar{U}_x$, $\bar{U}_y$, $\bar{U}_z$ eines perspektivischen Achsenkreuzes unendlich fern (*Fig. 91 a*), so spricht man von einem *axonometrischen Achsenkreuz* und nennt dementsprechend die zugehörige Perspektive eines Objekts auch *Axonometrie*. Um ein axonometrisches Achsenkreuz festzulegen, müssen also nur die Achsenbilder $\bar{x}$, $\bar{y}$, $\bar{z}$ und die Bilder $\bar{X}$, $\bar{Y}$, $\bar{Z}$ der Einheitspunkte angenommen werden. An Stelle der projektiven Skalen auf $\bar{x}$, $\bar{y}$, $\bar{z}$ haben wir dann regelmäßige Skalen, wobei die Einheitsstrecken OX, OY, OZ auf den Koordinatenachsen im Bild beziehlich die

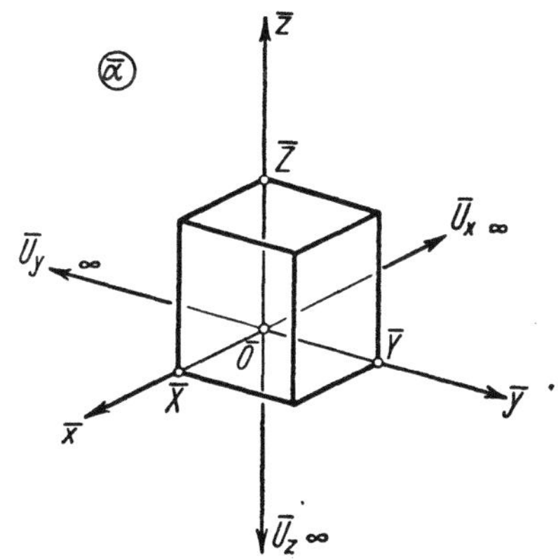

Fig. 91 a

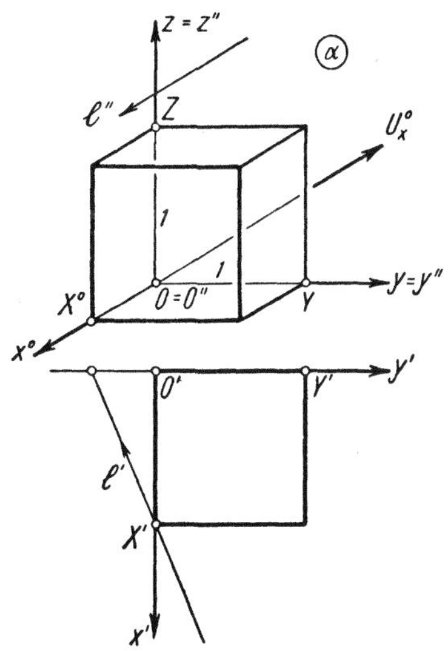

Fig. 91 b

Längen $u = \bar{O}\,\bar{X}$, $v = \bar{O}\,\bar{Y}$, $w = \bar{O}\,\bar{Z}$ bekommen sollen. Ein Raumpunkt mit den Koordinaten x, y, z wird also einfach abgebildet, indem man auf $\bar{x}, \bar{y}, \bar{z}$ der Reihe nach die Strecken

$$\bar{x} = u\,x, \quad \bar{y} = v\,y, \quad \bar{z} = w\,z$$

von $\bar{O}$ aus abträgt und dann den Koordinatenquader durch Ziehen von Parallelen zu $\bar{x}, \bar{y}$, $\bar{z}$ vervollständigt. Das Konstruktionsverfahren ist daher genau dasselbe wie in der orthogonalen Axonometrie (Erster Teil, 2. Abschnitt). Nur sind im Gegensatz zur orthogonalen Axonometrie jetzt die Achsen $\bar{x}$, $\bar{y}$, $\bar{z}$ und die Einheitspunkte $\bar{X}$, $\bar{Y}$, $\bar{Z}$ beliebig angenommen.

Diese *allgemeine Axonometrie* ergibt meistens nicht so gute Bilder wie die orthogonale Axonometrie; sie wird aber in der Praxis gelegentlich angewendet. Bevorzugt werden folgende Spezialfälle, in welchen durch günstige Wahl des Achsenkreuzes die Konstruktion des axonometrischen Bildes erleichtert wird:

a) Die *Isometrie* (Achsenbilder beliebig, $u = 1$, $v = 1$, $w = 1$).

b) Die *Militärperspektive* ($\bar{x}$, $\bar{y}$ zueinander senkrecht, $u = 1$, $v = 1$). Bei dieser Methode erscheint also die x, y-Ebene in wahrer Größe und der perspektivische Grundriß ist somit ein wahrer Grundriß. Sie eignet sich daher zur Entwicklung eines anschaulichen Bildes aus einem gegebenen Grundriß des vorgelegten Gegenstands.

c) Die unten beschriebene *Parallelperspektive.*

Auch in diesen Fällen ist die Disposition so zu treffen, daß das Bild des Einheitswürfels anschaulich ausfällt.

Das axonometrische Achsenkreuz ist Spezialfall des perspektivischen Achsenkreuzes; wir können daher an der Fig. 91a dieselben Überlegungen machen, welche von Fig. 89a zu Fig. 89b geführt haben. So entsteht die *Fig. 91b.* Die projektive Abbildung von α auf $\bar{\alpha}$ ist aber jetzt eine Affinität, da die unendlich fernen Punkte $\bar{U}_y$, $\bar{U}_z$ in die unendlich fernen Punkte U_y, U_z auf der y- und z-Achse übergehen müssen. Somit ist U_x^0 unendlich fern und dasselbe gilt vom Projektionszentrum A, so daß unser spezielles Achsenkreuz der Fig. 91b durch Parallelprojektion in der Richtung l aus dem räumlichen Koordinatensystem hervorgeht. Die Aussage des Hauptsatzes lautet also hier: Jedes axonometrische Bild eines Gegenstands kann durch affine Abbildung aus einer Parallelprojektion des Gegenstands erzeugt werden. Dies kann man sofort wieder verschärfen:

22. *Das allgemeinste axonometrische Bild eines Gegenstands wird erhalten, indem man den Gegenstand normal auf eine Bildebene projiziert und dann dieses Bild affin verzerrt.*

Beweis analog zum Beweis von Satz 21. Man lege in Fig. 91b eine Normalebene π zur Projektionsrichtung l und projiziere das räumliche Koordinatensystem auf π in der Richtung l (Normalprojektion!). Zwischen π und $\bar{\alpha}$ besteht wieder eine Affinität, bei welcher die Normalprojektion des Koordinatensystems in das in $\bar{\alpha}$ gegebene Achsenkreuz übergeht.

Aus Satz 22 folgt ohne weiteres, daß parallele Geraden am Objekt auch im axonometrischen Bild wieder parallel sind und daß das axonometrische Bild einer ebenen Figur affin zu der Figur selbst ist.

Das spezielle Achsenkreuz und Würfelbild der Fig. 91b erfreut sich übrigens bei vielen Zeichnern einer großen Beliebtheit. In manchen Büchern sind Figuren nach dieser Methode hergestellt, welche auch unter dem Namen

Parallel- oder *Kavalierperspektive* bekannt ist. Der Grund dafür liegt eben darin, daß eine Koordinatenebene (die y, z-Ebene) in wahrer Größe erscheint und zugleich der Würfel allgemein zu liegen scheint. Auch erkennt man an der Figur, daß man leicht zum Grund- und Aufrißverfahren übergehen kann, was eine bequeme Lösung der Lage- und Maßaufgaben gestattet. Das Verfahren ist jedoch mit Vorsicht zu benutzen, da es sich eben um eine *schiefe* Parallelprojektion handelt. So ist zum Beispiel der Umriß einer Kugel – richtig gezeichnet – eine Ellipse.

Der Satz von POHLKE. Er lautet:

23. *Jedes axonometrische Bild eines Gegenstands ist ähnlich zu einer Parallelprojektion des Gegenstands.*

Dieser Satz ist im folgenden Sinn viel spezieller als die bisherigen Sätze. Während nämlich die Sätze 20–22 ihre natürliche Verallgemeinerung in der n-dimensionalen Geometrie haben, gilt der Satz von POHLKE nur in der dreidimensionalen Geometrie[1]). Wir haben daher diesen Satz zum Aufbau der darstellenden Geometrie nicht benutzt und werden ihn auch weiterhin nie verwenden. Der folgende kurzgefaßte Beweis möge genügen (Fig. 91). Man zeichne in $\bar{\alpha}$ einen Kreis $\bar{k}$. Ihm entspricht in α eine Ellipse k. Man lege nun in Fig. 91b eine Ebene π, so daß die Parallelprojektion von k auf π in der Richtung l einen Kreis k^* ergibt. Die Ebene π ist wieder affin zu $\bar{\alpha}$. Da bei dieser Affinität der Kreis k^* in den Kreis $\bar{k}$ übergeht, ist diese Affinität sogar eine Ähnlichkeit (Satz 13a). Also ist die Fig. 91a ähnlich zu der Parallelprojektion des räumlichen Koordinatensystems x, y, z auf die Ebene π.

Das Einschneideverfahren. Von L. ECKHART[2]) stammt ein bequemes und sehr empfehlenswertes Verfahren zum Zeichnen von axonometrischen Bildern, welches immer dann angewendet werden kann, wenn der darzustellende Gegenstand durch seinen Grund- und Aufriß gegeben ist. Man lege nämlich den Grundriß und den Aufriß unabhängig voneinander willkürlich in die Zeichenebene. So wurde in *Fig. 92* der Grundriß (Achsen x', y') unten und der Aufriß (Achsen y'', z'') rechts oben hingelegt. Außerdem wähle man zwei Richtungen, nämlich die «Einschneiderichtung» I für den Grundriß und II für den Aufriß. Das Verfahren zur Konstruktion eines Bildes des Gegenstands besteht nun einfach darin, daß man in den gewählten Richtungen vom Grundriß und Aufriß her einschneidet. Genauer: Um einen Punkt B abzubilden, zieht man durch B' die Gerade in der Richtung I und durch B'' die Gerade in der Richtung II und erhält den Bildpunkt $\bar{B}$ als Schnittpunkt dieser beiden Einschneidestrahlen. So wurde in Fig. 92 das Bild der gegebenen Holzverbindung entworfen; man bemerkt, daß man die Einschneiderichtung I vertikal wählen muß, damit vertikale Kanten des Gegenstands auch im Bild vertikal erscheinen.

Wir beweisen, daß die erhaltene Abbildung geradentreu ist. Sei also $g = AB$ eine beliebige Raumgerade und P ein Punkt auf ihr. Wir bilden A, B ab und ziehen die Verbindungsgerade $\bar{g} = \bar{A}\bar{B}$. Der Einschneidestrahl von P' aus trifft $\bar{g}$ in einem Punkt $\bar{P}_1$ und der Einschneidestrahl von P'' aus analog in einem

[1]) Vgl. E. STIEFEL, Zum Satz von POHLKE, Commentarii Math. Helv. 10, S. 208–225.

[2]) L. ECKHART, Affine Abbildung und Axonometrie, Sitzungsberichte der Akad. Wien, Klasse IA, 146, S. 51-56.

Punkt $\bar{P}_2$. Um die Geradentreue nachzuweisen, muß bewiesen werden, daß $\bar{P}_1=\bar{P}_2$ ist. Nun gelten aber folgende Teilverhältnisgleichungen:

$$\frac{AP}{BP}=\frac{A'P'}{B'P'}=\frac{\bar{A}\bar{P}_1}{\bar{B}\bar{P}_1}, \text{ ebenso } \frac{AP}{BP}=\frac{A''P''}{B''P''}=\frac{\bar{A}\bar{P}_2}{\bar{B}\bar{P}_2},$$

$$\text{also } \frac{\bar{A}\bar{P}_1}{\bar{B}\bar{P}_1}=\frac{\bar{A}\bar{P}_2}{\bar{B}\bar{P}_2}.$$

$\bar{P}_1$ und $\bar{P}_2$ teilen daher die Strecke $\bar{A}\bar{B}$ im selben Verhältnis, somit ist $\bar{P}_1=\bar{P}_2=\bar{P}$.

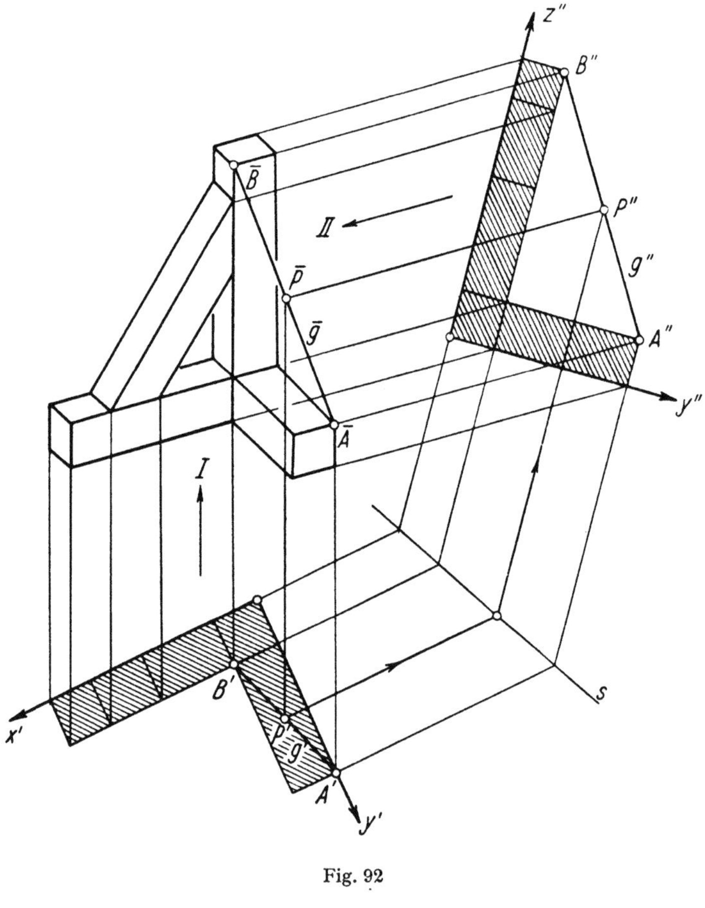

Fig. 92

Aus unseren Gleichungen folgt noch

$$\frac{AP}{BP}=\frac{\bar{A}\bar{P}}{\bar{B}\bar{P}},$$

Teilverhältnisse bleiben also erhalten. Eine im Raum liegende ebene Figur bildet sich daher affin ab.

Da man Grund- und Aufriß beliebig in die Zeichenebene gelegt hat, sind natürlich die Ordnungslinien zwischen diesen beiden Rissen unterbrochen worden. Trotzdem ist der Zusammenhang zwischen den beiden Projektionen nicht vollständig zerstört worden; zusammengehörige Ordnungslinien schneiden sich nämlich jetzt auf einer Geraden s (Fig. 92). Man beweist dies durch eine ganz analoge Teilverhältnisbetrachtung wie oben. Grund- und Aufriß sind also durch «gebrochene» Ordnungslinien aufeinander bezogen.

Bei der Disposition des Einschneideverfahrens wird man wie bei der Perspektive darauf achten, daß das Bild des Grundwürfels anschaulich ausfällt.

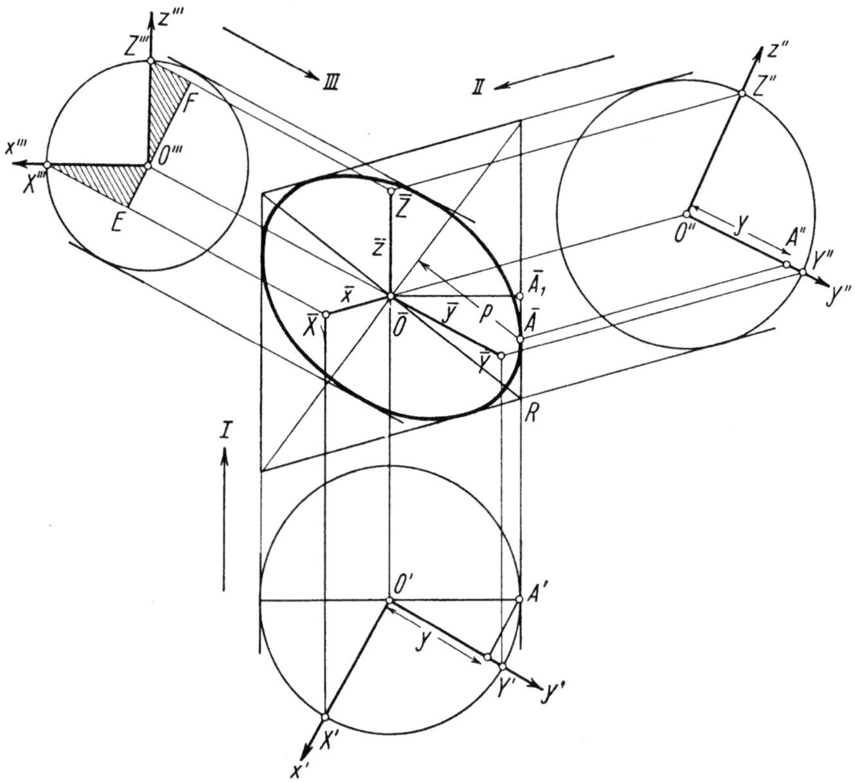

Fig. 93

Die weitere Theorie des Verfahrens wollen wir uns an der *Fig. 93* überlegen. Die Disposition entspricht genau der Fig. 92. Zunächst wurden die Achsen und Einheitspunkte des räumlichen Koordinatensystems durch Einschneiden abgebildet. Als Resultat ergibt sich das axonometrische Achsenkreuz $\bar{x}$, $\bar{y}$, $\bar{z}$. Offenbar stimmt nun das durch Einschneiden gewonnene Bild irgend eines Gegenstands mit dem auf Grund dieses Achsenkreuzes konstruierten axonometrischen Bild des Gegenstands überein. Dies folgt aus der Tatsache, daß das Einschneideverfahren geraden- und teilverhältnistreu ist und somit speziell die Strecken auf einer Koordinatenachse proportional abgebildet werden. Also gilt:

24. *Das Einschneideverfahren liefert ein allgemein-axonometrisches Bild des dargestellten Objekts.*

Hinzufügen der dritten Koordinatenebene. Bei manchen Anwendungen ist es bequem, auch noch die x, z-Ebene (Seitenrißebene) in wahrer Größe in der Figur zu haben. Dies kann wie folgt erreicht werden. Man bezeichne als «Einschneiderichtung III» die Richtung des Bildes $\bar{y}$ der y-Achse. Indem man durch $\bar{O}$, $\bar{X}$, $\bar{Z}$ die Strahlen in dieser Richtung legt und eine Normale zu ihnen zieht, erhält man die Punkte O''', E, F der Fig. 93. Ferner trage man $O'''F$ von E aus bis X''' und $O'''E$ von F aus bis Z''' ab. Aus den schraffierten kongruenten Dreiecken folgt dann, daß $O'''X'''$ und $O'''Z'''$ senkrecht zueinander und gleich lang sind. Man kann daher $O'''X'''Z'''$ als Seitenriß unseres räumlichen Koordinatensystems auffassen, wobei allerdings dieser Seitenriß in einem anderen Maßstab gezeichnet ist als der Grundriß und der Aufriß. (Denn $O'''X'''$ wird im allgemeinen nicht die Längeneinheit sein.) Nun kann das Bild eines beliebigen Gegenstands auch zum Beispiel durch Einschneiden aus dem Grundriß und aus dem Seitenriß konstruiert werden. Dies folgt einfach daraus, daß wir die Sache so eingerichtet haben, daß dabei das Bild des räumlichen Koordinatensystems gleich herauskommt wie beim ursprünglichen Einschneiden aus dem Grund- und Aufriß.

Umriß einer Kugel. Es soll in Fig. 93 noch die Einheitskugel mit dem Zentrum O dargestellt werden. Sie wurde im Grund- und Aufriß eingezeichnet. Der Umriß der Kugel wird eine Ellipse sein. Denn nach Satz 24 ist das durch Einschneiden gewonnene Kugelbild ein axonometrisches Bild der Kugel, geht also nach Satz 22 durch affine Verzerrung aus einer Normalprojektion der Kugel (= Kreis) hervor.

Indem man (Fig. 93) im Grundriß und im Aufriß die äußersten Einschneidestrahlen zieht, erhält man den gezeichneten Rhombus, der also der gesuchten Umrißellipse umbeschrieben ist. Die Achsen dieser Ellipse liegen daher auf den Diagonalen des Rhombus. Aber auch die Berührungspunkte der Ellipse mit den Rhombusseiten lassen sich aus folgender Überlegung ermitteln. Der äußerste Einschneidestrahl in bezug auf den Grundriß berühre etwa in A'. Der Kugelpunkt A liegt in der x, y-Ebene. Indem man seine y-Koordinate im Grundriß abnimmt und im Aufriß auf y'' abträgt, erhält man A'' und somit durch Einschneiden den Bildpunkt $\bar{A}$, welcher einer der gesuchten Berührungspunkte ist. Von der Ellipse kennt man jetzt vier Tangenten und einen Berührungspunkt $\bar{A}$, womit sie bestimmt ist. Ihre Konstruktion ist leicht, da ja die Lage der Achsen bekannt ist[1]). Zeichnet man noch die Kugel im Seitenriß, so ergeben die äußersten Einschneidestrahlen in der Richtung III zwei weitere Tangenten der Umrißellipse.

Spezielles Einschneideverfahren. Wir wollen untersuchen, wie die Disposition des Einschneideverfahrens zu wählen ist, damit der Umriß der Kugel ein Kreis wird. Dieser Kreis wird dann der Inkreis des mehrfach genannten Rhombus und muß die eine Rhombusseite in $\bar{A}_1$ berühren (Fig. 93). Wir müssen daher die ursprüngliche Einschneidedisposition so abändern, daß $\bar{A}$ nach $\bar{A}_1$ gelangt. *Fig. 94* zeigt, wie dies zu bewerkstelligen ist. Man wählt etwa die Disposition bis auf die Richtung der y''- und der z''-Achse. Dann kann man A' und $\bar{A}_1 = \bar{A}$ zeichnen und findet im Einschneidestrahl durch $\bar{A}$ in der Richtung II einen ersten geometrischen Ort für A''. Ein zweiter geometrischer Ort ist der Kreis um O'' mit der (im Grundriß abgelesenen) y-Koordinate von A als Radius. A'' legt nun die Richtung von y'' fest. Ein so disponiertes Einschneideverfahren nennen wir *spezielles Einschneideverfahren.*

---

[1]) Die Länge der großen Halbachse ist das geometrische Mittel aus $\bar{O}R$ und dem in Fig. 93 angezeichneten Lot p. (Beweis am einfachsten mit Hilfe der Gleichung einer Ellipsentangente in der analytischen Geometrie.)

Da der Kugelumriß ein Kreis wird, erkennt man in Fig. 93 ohne Mühe, daß jetzt die Seitenrißebene im selben Maßstab herauskommt wie die Grund- und die Aufrißebene. Ferner gilt:

25. *Das spezielle Einschneideverfahren ergibt ein orthogonal-axonometrisches Bild des dargestellten Gegenstands* (vergleiche Erster Teil, 2. Abschnitt).

Beweis: Das durch Einschneiden gewonnene Bild eines Gegenstands ist als allgemein-axonometrisches Bild (Satz 24) affin zu einer Normalprojektion des Gegenstands (Satz 22). Sowohl im Bild wie in der Normalprojektion ist der Umriß unserer Kugel ein Kreis. Bei der genannten Affinität geht also ein spezieller Kreis wieder in einen Kreis über und somit ist die Affinität eine Ähnlichkeit (Satz 13a).

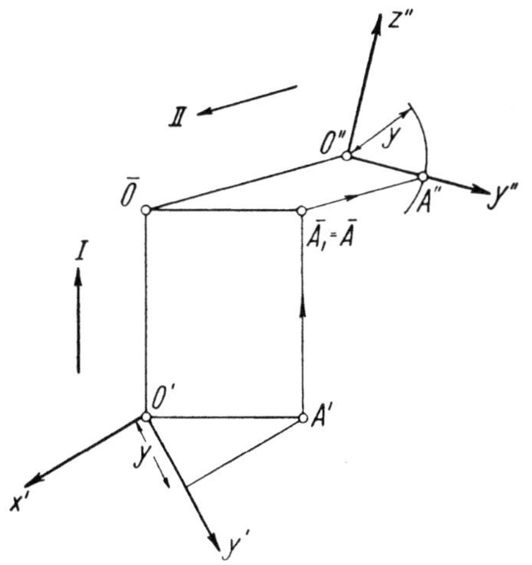

Fig. 94

Beim speziellen Einschneideverfahren gelten daher alle Sätze, welche im ersten Teil über Normalprojektion und orthogonale Axonometrie bewiesen wurden. Man wird davon zum Beispiel bei der Darstellung eines Kreises Gebrauch machen.

Abschließend sei noch bemerkt, daß eine einfache Verallgemeinerung des Einschneideverfahrens, welche ein *perspektivisches* Bild des Gegenstands ergeben würde, nicht existiert.

§ 5. Allgemeine Zweibildermethode, Photogrammetrie

Wird in einer Bildebene von einem räumlichen Gegenstand ein Bild entworfen, so kann der Gegenstand aus diesem einzigen Bild allein noch nicht rekonstruiert werden. So ist zum Beispiel eine räumliche Figur durch ihren Grundriß allein noch nicht bestimmt, sondern es muß außerdem noch der Aufriß bekannt sein. In Verallgemeinerung dieser geläufigen Methode des Grund- und Aufrißverfahrens kann man versuchen, zur Rekonstruktion eines räumlichen Objekts zwei perspektivische Bilder des Objekts (§ 4) zu benutzen. Eine wichtige und moderne Anwendung dieses Zweibilderverfahrens ist die *Photogrammetrie*, welche im Vermessungswesen hauptsächlich in folgender Form auftritt:

Von dem zu kartierenden Gelände werden vom Flugzeug aus zwei Photographien aufgenommen und aus diesen Luftbildern wird dann das Gelände rekonstruiert, wozu meistens mechanische Auswertegeräte (Autographen) benutzt werden, welche auf dem Prinzip des stereoskopischen Sehens beruhen. Wir entwickeln im folgenden kurz die mathematischen Grundlagen dieses Auswerteverfahrens.

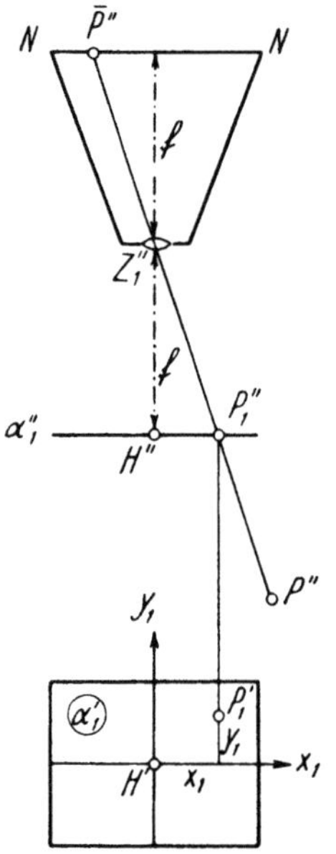

Fig. 95

Innere Orientierung. In der *Fig. 95* wurde eine photographische Kamera schematisch im Grund- und Aufriß dargestellt (Aufnahmerichtung nach unten). Z_1 ist das *Objektiv*, NN die Ebene der Platte oder des Films, auch *Negativebene* genannt. Die Normale durch Z_1 zur Negativebene heißt *optische Achse*, der auf ihr gelegene Abstand f wird als *Bildweite* bezeichnet.

Für manche Zwecke ist es nun bequemer, die Ebene NN durch die sogenannte *Positivebene* α_1 zu ersetzen, welche sich auf der anderen Seite des Objektivs im selben Abstand f von diesem befindet und parallel zur Negativebene liegt.

Die Photographie eines Gegenstands ergibt nun eine Zentralprojektion des Gegenstands in der Ebene NN, wobei das Projektionszentrum in Z_1 liegt (zum Beispiel $\bar{P}$ = Photographie des Raumpunktes P). Wir nehmen statt dessen die Zentralprojektion des Gegenstands auf die Ebene α_1 vom selben Zentrum Z_1 aus (P projiziert sich nach P_1). Dieses Zentralbild in α_1 ist kongruent zur Photographie und zwar kann es erhalten werden, indem man die Photographie in ihrer Ebene NN um 180^0 um die optische Achse dreht und dann die Ebene NN um den Betrag $2f$ senkt. Wir werden im folgenden ausschließlich mit dem Bild in der Positivebene arbeiten, welches im Gegensatz zum Negativ nicht «seitenverkehrt» ist.

Der Durchstoßpunkt H der optischen Achse mit α_1 wird als *Hauptpunkt* bezeichnet. Ihn wählen wir als Nullpunkt eines Koordinatensystems x_1, y_1 in der Bildebene α_1, dessen Achsen wir parallel zu den Kanten des Bildrechtecks wählen. Die beiden Koordinaten x_1, y_1 des Bildpunktes P_1 heißen *Bildkoordinaten*. Sobald man H und f kennt, ist die gegenseitige Lage des Objektivs und der Bildebene fixiert; man sagt daher, daß H und f die *innere Orientierung* der Aufnahme festlegen.

Normalfall der Photogrammetrie. Es seien nun zwei Aufnahmen desselben Geländestücks gegeben, welche mit derselben Kamera und gleicher Bildweite aber von verschiedenen Standorten aus gemacht wurden. Sämtliche Bezeichnungen, welche die zweite Aufnahme betreffen, unterscheiden wir durch den Index 2 von den in Fig. 95 benutzten, welche hinfort für die erste

Aufnahme reserviert bleiben. Wir legen die beiden Bilder so hin, wie die *Fig. 96* im Grund-, Auf- und Seitenriß zeigt. Die beiden Bilder sollen nämlich in dieselbe Ebene gelegt werden ($\alpha_1 = \alpha_2$), so daß die Achsen x_1 und x_2 der beiden Bildkoordinatensysteme sich decken. Die beiden optischen Achsen sind dann zueinander parallel und die beiden Projektionszentren Z_1, Z_2 liegen auf einer Senkrechten zu den optischen Achsen ($Z_1 Z_2 =$ *Basis*).

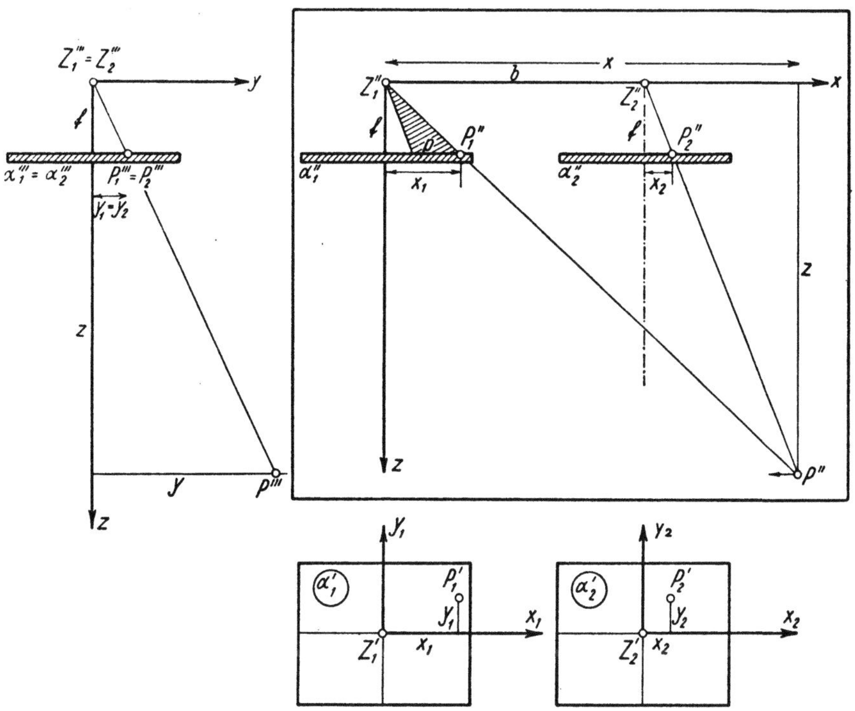

Fig. 96

Hatten die beiden Positivebenen während des Überfliegens des Geländes im Moment der ersten bzw. der zweiten Belichtung genau diese gegenseitige Lage, so sprechen wir vom *Normalfall* der Photogrammetrie. (In der Fig. 96 wurden der Einfachheit halber die optischen Achsen als vertikal angenommen. Die folgenden Überlegungen gelten aber auch dann, wenn diese spezielle Annahme nicht zutrifft.)

Zur Festlegung eines Geländepunktes P benützen wir noch das räumliche Koordinatensystem mit dem Nullpunkt Z_1, dessen x- und y-Achse beziehlich parallel zur x_1- und y_1-Achse des ersten Bildkoordinatensystems liegen und dessen z-Achse längs der ersten optischen Achse nach unten zeigt. Die beiden Bilder von P seien P_1 bzw. P_2 mit den Bildkoordinaten x_1, y_1 bzw. x_2, y_2. Wie man im Seitenriß abliest, gilt $y_1 = y_2$ als Bedingung dafür, daß sich die beiden Projektionsstrahlen $Z_1 P_1$ und $Z_2 P_2$ schneiden.

Unsere Aufgabe besteht nun darin, aus den Bildkoordinaten x_1, $y_1 = y_2$, x_2 die Koordinaten x, y, z des Geländepunktes P zu ermitteln. Zu diesem Zweck konstruieren wir im Aufriß das schraffierte Hilfsdreieck, dessen linke Seite parallel zum zweiten Projektionsstrahl $Z_2'' P_2''$ gezogen wurde. Seine Grundlinie beträgt dann $p = x_1 - x_2$. Diese Größe heißt *Seitenparallaxe* der Photogrammetrie; sie wird in den Auswertegeräten direkt unter Ausnutzung des Stereoeffekts gemessen. Das Dreieck $Z_1'' Z_2'' P''$ ist nun ähnlich zum Hilfsdreieck; das Ähnlichkeitsverhältnis beträgt $\frac{b}{p}$, wobei b die Basislänge $Z_1 Z_2$ ist. In den beiden ähnlichen Dreiecken sind x, x_1 und ebenso z, f homologe Stücke, also folgt:

$$x = x_1 \frac{b}{p}, \quad z = f \frac{b}{p}. \tag{1}$$

Ferner liest man im Seitenriß ab

$$\frac{y}{y_1} = \frac{z}{f}, \tag{2}$$

nach (1) ist dies $= \frac{b}{p}$. Zusammengefaßt:

$$\boxed{x = x_1 \frac{b}{p}, \quad y = y_1 \frac{b}{p}, \quad z = f \frac{b}{p}, \quad \text{wobei } p = x_1 - x_2.} \tag{3}$$

Diese Formeln sind so bequem, daß keinesfalls ein graphisches Verfahren für die Lösung der Rekonstruktionsaufgabe in Frage kommt.

Infinitesimale Drehungen[1]. Unabhängig vom bisherigen müssen wir als Vorbereitung für die folgenden Entwicklungen die Drehung eines starren Körpers um einen festen Punkt O mathematisch untersuchen. Es sei in einem räumlichen Koordinatensystem x, y, z (Nullpunkt O) ein Raumpunkt P (x, y, z) gegeben. Es soll festgestellt werden, wie sich die Koordinaten x, y, z ändern, wenn P um einen kleinen (infinitesimalen) Betrag um den Nullpunkt O verdreht wird. Wir beginnen zunächst mit einer Drehung um die z-Achse als Drehachse. $d\zeta$ sei der infinitesimale Drehwinkel. Die *Fig. 97* zeigt die Situation im Grundriß auf die x, y-Ebene. P gelangt bei der Drehung nach P^*. Im Infinitesimalen können wir nun diese Drehung ersetzen durch die geradlinige Bewegung, welche P auf der Tangente an den Drehkreis bis $\bar{P}$ führt. Die Koordinaten x, y erleiden dabei die eingezeichneten Änderungen dx, dy, während z ungeändert bleibt. Die Länge der Strecke $P\bar{P}$ kann angenähert werden durch die Länge $r \cdot d\zeta$ des Bogens PP^*. Aus den schraffierten ähnlichen Dreiecken folgt daher

$$\frac{dy}{x} = \frac{r \cdot d\zeta}{r}, \text{ also } dy = x \cdot d\zeta, \text{ analog } dx = -y \cdot d\zeta.$$

[1] Infinitesimale Transformationen wurden zum erstenmal in der Geometrie von dem norwegischen Mathematiker S. Lie (1842–1899) in größerem Umfang benutzt.

Wir haben demnach:

Infinitesimale Drehung um die z-Achse: $dx = -y \cdot d\zeta$, $dy = x \cdot d\zeta$, $dz = 0$.
(Drehwinkel $= d\zeta$.)

Ebenso beweist man folgende Formeln für Drehungen um die beiden anderen Koordinatenachsen:

Infinitesimale Drehung um die x-Achse: $dx = 0$, $dy = -z \cdot d\xi$, $dz = y \cdot d\xi$.
(Drehwinkel $= d\xi$.)

Infinitesimale Drehung um die y-Achse: $dx = z \cdot d\eta$, $dy = 0$, $dz = -x \cdot d\eta$.
(Drehwinkel $= d\eta$.)

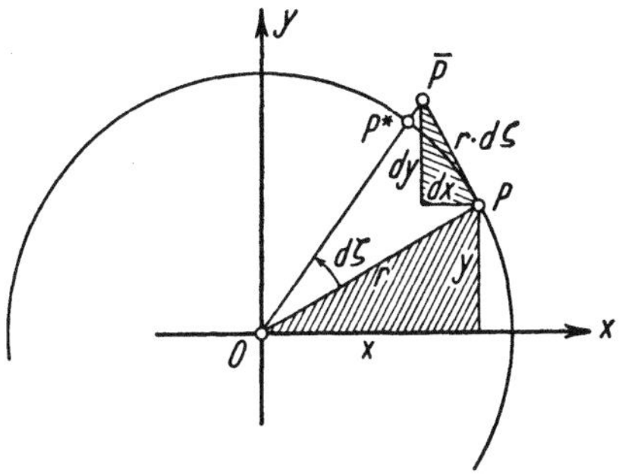

Fig. 97

Die allgemeinste infinitesimale Drehung um den Nullpunkt des Koordinatensystems erhält man nun, indem man drei solche Drehungen um je eine Koordinatenachse zusammensetzt, also die einzelnen Koordinatenänderungen addiert. Bei der allgemeinen infinitesimalen Drehung geht also der Raumpunkt P (x, y, z) über in den Punkt $\bar{P}$ mit den Koordinaten

$$\begin{aligned} \bar{x} &= x + z \cdot d\eta - y \cdot d\zeta \\ \bar{y} &= y - z \cdot d\xi + x \cdot d\zeta \\ \bar{z} &= z + y \cdot d\xi - x \cdot d\eta \quad . \end{aligned} \tag{4}$$

Inf. Drehung um den Nullpunkt.

Die Hauptaufgabe der Photogrammetrie. Wir kehren zur Fig. 96 zurück und betrachten wieder zwei entsprechende Punkte P_1 und P_2 auf beiden Bildern. Infolge der unvermeidlichen Schwankungen des Flugzeugs läßt sich beim Überfliegen des Geländes der Normalfall nur angenähert realisieren; die Fig. 96 entspricht also dann nicht den tatsächlichen Verhältnissen, wie sie beim Photographieren vorgelegen haben. Verbinden wir daher in Fig. 96 zwei entsprechende Bildpunkte P_1, P_2 mit den Projektionszentren, so werden sich diese Strahlen $Z_1 P_1$ und $Z_2 P_2$ im allgemeinen nicht schneiden, und dies hat zur Folge, daß y_1 von y_2 verschieden ist. Die Differenz $dy = y_1 - y_2$ heißt *Höhenparallaxe*.

Um nun die Fig. 96 mit den tatsächlichen Verhältnissen in Einklang zu bringen, werden wir das erste Bild um den Punkt Z_1 und das zweite Bild um den Punkt Z_2 als Drehzentrum verdrehen. Dabei möge P_1 nach $\bar{P}_1$ und P_2 nach $\bar{P}_2$ gelangen. Diese Verdrehungen sind so zu bestimmen, daß die neuen Projektionsstrahlen $Z_1\bar{P}_1$ und $Z_2\bar{P}_2$ sich schneiden, und zwar für jede Wahl zweier entsprechender Punkte P_1, P_2. Diese Bedingung ergibt sich einfach daraus, daß sich beim Photographieren entsprechende Projektionsstrahlen in einem Geländepunkt geschnitten haben.

Die damit gestellte Aufgabe heißt Hauptaufgabe der Photogrammetrie; man spricht auch von der Bestimmung der *gegenseitigen Orientierung* oder vom «*Einpassen*» der beiden Luftbilder. Hervorzuheben ist, daß zur Lösung nur die beiden Bildinhalte benutzt werden sollen; auf die Kenntnis der Lage von Geländepunkten wird verzichtet.

Zur rechnerischen Durchführung wollen wir voraussetzen, daß die genannten Flugzeugschwankungen so klein sind, daß unsere Verdrehungen als infinitesimal angesehen werden können. Wir rechnen im räumlichen Koordinatensystem x, y, z der Fig. 96. Es seien $d\xi_1$, $d\eta_1$, $d\zeta_1$ die Drehwinkel um die Achsen dieses Systems für die Verdrehung des ersten Bildes. Nun hat P_1 die räumlichen Koordinaten $x=x_1$, $y=y_1$, $z=f$. Nach (4) hat also der verdrehte Punkt $\bar{P}_1$ die Koordinaten

$$\begin{aligned} \bar{x} &= x_1 + f\cdot d\eta_1 - y_1\cdot d\zeta_1 \\ \bar{y} &= y_1 - f\cdot d\xi_1 + x_1\cdot d\zeta_1 \\ \bar{z} &= f + y_1\cdot d\xi_1 - x_1\cdot d\eta_1. \end{aligned} \tag{5}$$

Bei der Aufstellung der entsprechenden Formeln für das zweite Bild stört etwas die Tatsache, daß das Drehzentrum Z_2 nicht im Nullpunkt des Koordinatensystems liegt. Wir nehmen daher für einen Moment ein Koordinatensystem x', y', z' mit dem Nullpunkt Z_2 zu Hilfe, dessen Achsen parallel und gleichgerichtet zu den bisherigen Achsen x, y, z liegen. Die Drehwinkel um die Achsen dieses neuen Systems für die Verdrehung des zweiten Bildes seien $d\xi_2$, $d\eta_2$, $d\zeta_2$. Nun hat P_2 die neuen Koordinaten $x'=x_2$, $y'=y_2$, $z'=f$, also folgt analog zu (5) für die Koordinaten von $\bar{P}_2$ im neuen System:

$$\begin{aligned} \bar{x}' &= x_2 + f\cdot d\eta_2 - y_2\cdot d\zeta_2 \\ \bar{y}' &= y_2 - f\cdot d\xi_2 + x_2\cdot d\zeta_2 \\ \bar{z}' &= f + y_2\cdot d\xi_2 - x_2\cdot d\eta_2. \end{aligned} \tag{6}$$

Unsere Schnittbedingung läßt sich nun auch so formulieren, daß im Seitenriß der Fig. 96 die beiden Punkte $\bar{P}_1$ und $\bar{P}_2$ auf einer Geraden durch den Nullpunkt $Z_1'''=Z_2'''$ liegen. Dies gibt Anlaß zur Proportion

$$\frac{\bar{y}}{\bar{z}} = \frac{\bar{y}'}{\bar{z}'}, \text{ oder } \frac{y_1 - f\cdot d\xi_1 + x_1\cdot d\zeta_1}{f + y_1\cdot d\xi_1 - x_1\cdot d\eta_1} = \frac{y_2 - f\cdot d\xi_2 + x_2\cdot d\zeta_2}{f + y_2\cdot d\xi_2 - x_2\cdot d\eta_2}.$$

Beseitigt man hierin die Nenner und läßt Glieder höherer Ordnung (also Produkte von zwei infinitesimalen Drehwinkeln) weg, so ergibt sich

$$f\left(1+\frac{y_1\, y_2}{f^2}\right)(d\xi_1-d\xi_2)-\frac{x_1\, y_2}{f}\, d\eta_1+\frac{x_2\, y_1}{f}\, d\eta_2-x_1\cdot d\zeta_1+x_2 d\zeta_2=d y. \quad (7)$$

Bemerkung: Auf der linken Seite kann man y_2 durch y_1 ersetzen, denn diese beiden Größen unterscheiden sich nur um den infinitesimalen Betrag der Höhenparallaxe dy, welcher bei Multiplikation mit einem infinitesimalen Drehwinkel unendlich klein zweiter Ordnung wird.

Die Beziehung (7) ist nun eine lineare Gleichung für die fünf Unbekannten $(d\xi_1-d\xi_2)$, $d\eta_1$, $d\eta_2$, $d\zeta_1$, $d\zeta_2$, in welcher nur die Bildkoordinaten der entsprechenden Punkte P_1, P_2 auftreten. Indem man fünf Paare entsprechender Punkte auf beiden Bildern sucht, erhält man fünf Gleichungen für diese Unbekannten, welche man aufzulösen hat.

Bei dieser Lösung der Hauptaufgabe bleiben $d\xi_1$ und $d\xi_2$ einzeln unbestimmt; nur die Differenz $(d\xi_1-d\xi_2)$ kann errechnet werden. Dies liegt in der Natur der Sache. Eine gemeinsame Verdrehung beider Bilder um die Basisachse Z_1Z_2 ändert nämlich nichts an der Tatsache, daß sich entsprechende Projektionsstrahlen schneiden. Wir können daher etwa $d\xi_2=0$ annehmen, womit sich die Grundgleichung (7) vereinfacht zu

$$f\left(1+\frac{y_1\, y_2}{f^2}\right) d\xi_1-\frac{x_1\, y_2}{f}\, d\eta_1+\frac{x_2\, y_1}{f}\, d\eta_2-x_1\cdot d\zeta_1+x_2\cdot d\zeta_2=d y. \quad (8)$$

Nachdem nun die gegenseitige Orientierung der beiden Bilder hergestellt ist, erhält man durch Schnitt entsprechender Projektionsstrahlen ein Modell des Geländes. Dieses Modell ist dann noch in die richtige Lage zum Lot und zum Landeskoordinatensystem zu bringen (Herstellung der *äußeren Orientierung*).

Für die praktische Bestimmung der gegenseitigen Orientierung mit Hilfe der Auswertegeräte verweisen wir auf die Fachliteratur[1]).

Der gefährliche Ort. Es muß nun noch geprüft werden, ob unsere Methode der gegenseitigen Orientierung immer eindeutig zum Ziel führt. Es stellt sich also – mathematisch gesprochen – die Frage, ob das oben eingeführte Gleichungssystem von fünf Gleichungen mit fünf Unbekannten immer eindeutig auflösbar ist, oder ob es Fälle geben kann, in welchen mehrere Lösungen existieren. Die vollständige Beantwortung dieser Frage verdankt man E. GOTTHARDT[2]). Man kann seine Resultate durch folgende einfache Überlegungen gewinnen.

Wir wollen annehmen, daß beim Photographieren der Normalfall genau eingehalten worden sei. Wegen $y_1=y_2$ ist dann $dy=0$ und die Grundgleichung (8) wird zu

$$f\left(1+\frac{y_1\, y_2}{f^2}\right) d\xi_1-\frac{x_1\, y_2}{f}\, d\eta_1+\frac{x_2\, y_1}{f}\, d\eta_2-x_1\cdot d\zeta_1+x_2\cdot d\zeta_2=0. \quad (9)$$

Hierin führen wir die Koordinaten des Geländepunktes P ein (Fig. 96). Bezeichnen

---

[1]) Zum Beispiel: MAX ZELLER, Lehrbuch der Photogrammetrie (Orell-Füssli, Zürich 1947) R. FINSTERWALDER, Photogrammetrie (De Gruyter,, Berlin 1939).

[2]) E. GOTTHARDT, Der gefährliche Ort bei der photogrammetrischen Hauptaufgabe, Zeitschrift für Vermessungswesen 68, 1939, S. 297–304.

wir sie wie in den Auswerteformeln (3) mit x, y, z, so ergibt sich aus diesen Formeln:

$$\frac{x}{z} = \frac{x_1}{f}, \quad \frac{y}{z} = \frac{y_1}{f}, \qquad \text{ferner } p = f\,\frac{b}{z},$$

$$\text{also } x_1 = f\,\frac{x}{z}, \quad y_1 = f\,\frac{y}{z}, \quad x_2 = x_1 - p = \frac{f}{z}\,(x-b), \quad y_2 = y_1 = f\,\frac{y}{z}.$$

In (9) eingesetzt ergibt dies als neue Form für die Grundgleichung:

$$(y^2+z^2)\,d\xi_1 - xy\cdot d\eta_1 + y(x-b)\,d\eta_2 - zx\cdot d\zeta_1 + z(x-b)\,d\zeta_2 \doteq 0. \tag{10}$$

Wir schreiben dies noch in der Form

$$(y^2+z^2)\,d\xi_1 - xy\,(d\eta_1 - d\eta_2) - zx\,(d\zeta_1 - d\zeta_2) - yb\cdot d\eta_2 - zb\cdot d\zeta_2 = 0$$

und führen zur Abkürzung ein

$$A = d\xi_1, \quad 2B = d\eta_1 - d\eta_2, \quad 2C = d\zeta_1 - d\zeta_2, \quad 2D = b\cdot d\eta_2, \quad 2E = b\cdot d\zeta_2, \tag{11}$$

$$\text{also } A\,(y^2+z^2) - 2Bxy - 2Cxz - 2Dy - 2Ez = 0. \tag{12}$$

Wir wollen nun annehmen, daß sämtliche Punkte des Geländes eine Relation von der Form (12) erfüllen, wobei $A - E$ gegebene Konstanten sind, welche nicht alle Null sind. Geometrisch bedeutet dies, daß das Gelände einen Teil einer Fläche ausmacht, deren Gleichung die Form (12) hat. Dann liegt ein gefährlicher Fall vor. Bestimmen wir dann nämlich $d\xi_1$, $d\eta_1$, $d\eta_2$, $d\zeta_1$, $d\zeta_2$ aus den gegebenen Konstanten $A - E$ durch Auflösen der Gleichungen (11), so erhalten wir Werte für diese Verdrehungen, die ebenfalls nicht sämtliche verschwinden. Beim Einsetzen dieser Werte in die Grundgleichung (10) ist diese also für jeden Geländepunkt erfüllt. Wir erhalten somit eine Lösung für die gegenseitige Orientierung, bei welcher einige Verdrehungen nicht Null sind und welche somit nicht mit dem Normalfall übereinstimmt, welcher ja nach Voraussetzung vorliegen soll. Die gegenseitige Orientierung ist daher nicht eindeutig bestimmt.

Liegt aber andererseits das Gelände nicht auf einer Fläche vom Gleichungstypus (12), so kann eine Relation von der Form (12) simultan für alle Geländepunkte nur gelten, wenn die Konstanten $A - E$ alle Null sind. Aus (11) folgt dann, daß auch alle Verdrehungen verschwinden; es ergibt sich daher eindeutig der Normalfall.

Es ist leicht, die geometrische Gestalt der «*gefährlichen Fläche*» (12) festzustellen. Zunächst bemerkt man, daß die ganze Basis Z_1Z_2 auf ihr liegt. Denn für $y = 0$, $z = 0$ ist (12) für beliebiges x erfüllt. Wir setzen nun zunächst $A \neq 0$ voraus, können also annehmen $A = 1$. Der Schnitt der Fläche mit einer Normalebene zur Basis wird erhalten, indem man x gleich einer Konstanten t setzt. Diese ebene Kurve hat also die Gleichung

$$y^2 + z^2 - 2Bty - 2Ctz - 2Dy - 2Ez = 0,$$

$$\text{oder } (y - Bt - D)^2 + (z - Ct - E)^2 = (Bt + D)^2 + (Ct + E)^2.$$

Dies ist ein Kreis, dessen Zentrum die Koordinaten

$$x_0 = t, \quad y_0 = Bt + D, \quad z_0 = Ct + E \tag{13}$$

hat und welcher natürlich die Basis schneidet. Läßt man nun t variieren, so überstreicht dieser Kreis die Fläche; sein Zentrum bewegt sich dabei auf einer Geraden g welche durch die Gleichungen (13) gegeben ist. Zusammengefaßt:

26. *Die gefährliche Fläche bei der Hauptaufgabe der Photogrammetrie ist bestimmt durch eine (beliebige) Raumgerade g. Sie besteht aus allen Kreisen, welche ihre Zentren auf g haben und die Basis Z_1Z_2 orthogonal schneiden* (vergleiche *Fig. 98*).

Trifft zum Beispiel g die Basis, so entsteht ein gefährlicher Kegel; liegt g parallel zur Basis, so ergibt sich ein gefährlicher Zylinder. Im allgemeinen Fall ist die Fläche übrigens ein Hyperboloid (vergleiche Zweiter Teil, Seite 98). Der oben zunächst weggelassene Fall $A = 0$ ergibt eine Fläche, die aus lauter Geraden besteht, welche die Basis orthogonal schneiden. Diese Fläche kann als Grenzfall der allgemeinen (in Satz 26 beschriebenen) gefährlichen Fläche angesehen werden; sie hat für die Praxis keine Bedeutung.

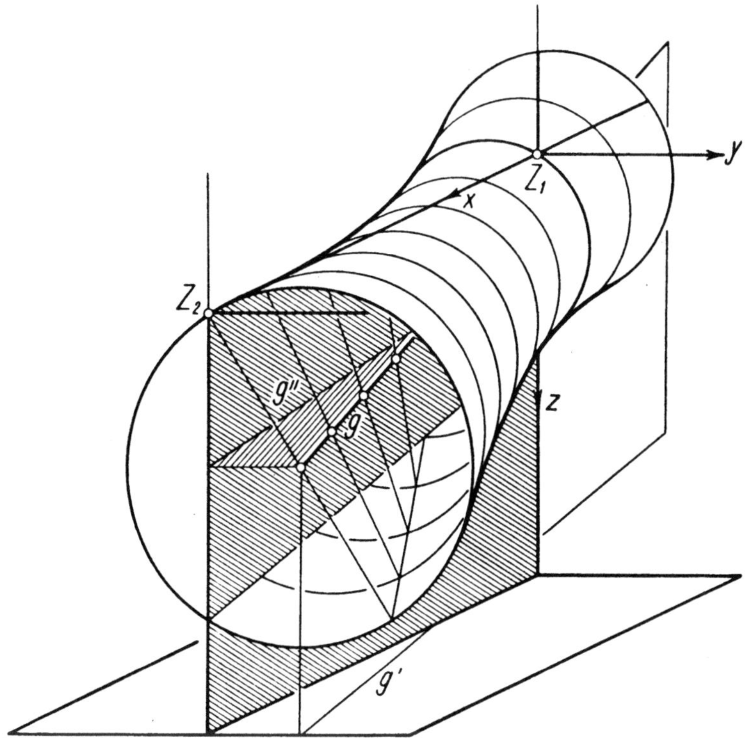

Fig. 98

Abschließend ist zu bemerken, daß unsere Resultate über den gefährlichen Ort auch dann gelten, wenn der Normalfall nicht (auch nicht angenähert) vorliegt. Die Begründung ist in der Tatsache zu suchen, daß das ganze Einpaßproblem nur von der gegenseitigen Lage der beiden Bündel der Projektionsstrahlen abhängt; es ist für die Frage der Eindeutigkeit gleichgültig, welche Lage man den beiden Bildebenen gibt, welche zur Herstellung der Bilder mit diesen Bündeln geschnitten werden. Wenn das Gelände die gefährliche Form hat, so lassen sich eben die beiden Bündel um Z_1 und Z_2 so infinitesimal verdrehen, daß entsprechende Projektionsstrahlen aneinander gleiten und sich dauernd schneiden. Daß wir den Normalfall angenommen haben, berührt also nicht die Resultate, vereinfacht aber die Formeln.

Wir haben für unsere Theorie nur infinitesimale Drehungen benutzt. Es ist auch untersucht worden, ob man die beiden Bündel von Projektionsstrahlen, die das Gelände von Z_1 und Z_2 aus projizieren, um *endliche* Beträge um Z_1 bzw. Z_2 so verdrehen kann, daß sich nachher entsprechende Strahlen wieder schneiden[1].

[1]) Publikationen von J. Krames und W. Wunderlich in den Monatsheften für Mathematik und Physik, Bd. 49 und 50.

Zum Schluß soll noch versucht werden, zu praktisch verwendbaren Ergebnissen über gefährliche Situationen zu gelangen in demjenigen Spezialfall, wo das *Gelände eben* ist. Es sei also α die zunächst beliebig im Raum liegende Ebene des Geländes. Die gefährliche Fläche (12) schneidet als Fläche zweiten Grades die Ebene α in einem Kegelschnitt c. Da ferner die Basis $Z_1 Z_2$ ganz auf der gefährlichen Fläche liegt, läuft der Kegelschnitt c durch den Durchstoßpunkt D der Basis mit α.

Nun haben wir ja auf Seite 147 festgestellt, daß man zur Herstellung der gegenseitigen Orientierung fünf Paare entsprechender Bildpunkte, das heißt fünf Geländepunkte braucht. Liegen diese 5 Geländepunkte auf c (und wird kein weiterer Geländepunkt zum Einpassen herangezogen), so liegt ein gefährlicher Fall vor; denn alles, was vom Gelände benutzt wird, liegt auf der gefährlichen Fläche.

Es ist andererseits nicht allzu schwer, folgendes zu beweisen. Es seien eine Basis $Z_1 Z_2$, eine Geländeebene α und in ihr 5 Punkte gegeben. Der durch diese 5 Punkte gelegte Kegelschnitt c laufe durch den Durchstoßpunkt D von $Z_1 Z_2$ mit α. Dann

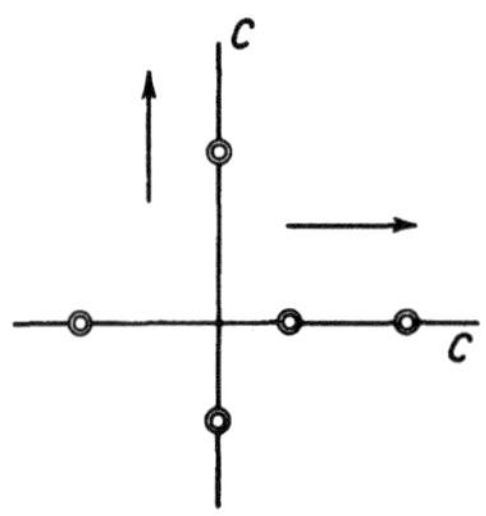

Fig. 98*a*

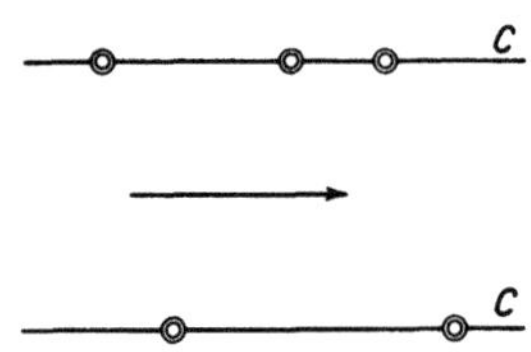

Fig. 98*b*

existiert eine Fläche mit den Eigenschaften von Satz 26, auf welcher der Kegelschnitt c liegt; man hat also einen gefährlichen Fall.

Zum Beweis legen wir die Normalebenen β_1, β_2 zur Basis in den Punkten Z_1, Z_2. Die Ebene β_1 trifft den Kegelschnitt c in zwei Punkten A_1, B_1. Analog trifft β_2 den Kegelschnitt in A_2, B_2. Wir konstruieren den Umkreis des Dreiecks $Z_1 A_1 B_1$ und M_1 sei sein Zentrum. Ebenso sei M_2 das Zentrum des Kreises durch $Z_2 A_2 B_2$. Mit Hilfe der Geraden $g = M_1 M_2$ konstruieren wir nun gemäß Satz 26 eine Fläche, bestehend aus allen Kreisen, die ihre Zentren auf g haben und die Basis orthogonal schneiden. Diese Fläche schneidet α in einem Kegelschnitt, der durch die 5 Punkte A_1, B_1, A_2, B_2, D geht, also mit dem gegebenen Kegelschnitt c übereinstimmt.

Dieser synthetische Beweis leidet allerdings darunter, daß in ausgearteten Fällen einige der Punkte A_1, B_1, A_2, B_2, D zusammenfallen können. Man kann aber auch unter Verwendung der Gleichung (12) einen vollständig korrekten analytischen Beweis geben.

Das Resultat dieser Betrachtungen läßt sich nun so formulieren:

Werden für die Ermittlung der gegenseitigen Orientierung zweier Aufnahmen fünf Punkte eines ebenen Geländes benutzt, so liegt dann und nur dann ein gefährlicher Fall vor, wenn der Durchstoßpunkt der Basis $Z_1 Z_2$ mit der Geländeebene auf dem Kegelschnitt liegt, der durch die fünf Punkte geht.

Man kann dies mit Hilfe einer Pascal-Konfiguration nachprüfen.

Es ist noch interessant, den Spezialfall zu diskutieren, wo ein horizontales Gelände auch horizontal überflogen wird, wo also die Basis $Z_1 Z_2$ parallel zu α liegt. Die gefährlichen Fälle sind dann dadurch gekennzeichnet, *daß die Flugrichtung eine Asymptotenrichtung des Kegelschnittes ist, der durch die 5 Einpaßpunkte geht.* Wählt man diese 5 Punkte so, daß sie auf einer Ellipse liegen, so gibt es niemals eine gefährliche Situation; das Gelände kann in jeder Richtung überflogen werden.

Liegen die Einpaßpunkte jedoch auf einer Hyperbel, so gibt es zwei gefährliche Flugrichtungen. Die Figuren *98a* und *98b* zeigen noch zwei typische Fälle, bei denen der Kegelschnitt degeneriert; die gefährlichen Flugrichtungen sind durch Pfeile markiert. Wir haben diese Konfigurationen hergesetzt, weil sie im wesentlichen schon in der grundlegenden Arbeit von S. FINSTERWALDER[1]) über das Einpaßproblem erwähnt sind.

[1]) S. FINSTERWALDER, Die Hauptaufgabe der Photogrammetrie (Sitzungsberichte K. Bayer Akad. d. Wiss. 1932. Math.-phys. Klasse, S. 115–131. Abgedruckt in «Sebastian Finsterwalder zum 75. Geburtstage», Wichmann, Berlin 1937).

VIERTER TEIL

Sphärische darstellende Geometrie, konforme Abbildungen

Die sphärische Geometrie befaßt sich mit den Figuren, welche auf der Oberfläche einer Kugel liegen, zum Beispiel mit den sphärischen Dreiecken. (Ein sphärisches Dreieck ist durch drei Großkreisbogen der Kugel begrenzt.) Zur konstruktiven Behandlung der sphärischen Aufgaben ist das Grund- und Aufrißverfahren ungeeignet, da sich Kreise auf der Kugel im allgemeinen als Ellipsen abbilden. Diesen Nachteil vermeidet zum Teil die *gnomonische Projektion*, welche darin besteht, daß die Kugel zentral auf eine Bildebene projiziert wird, wobei sich das Projektionszentrum im Kugelmittelpunkt M befindet. Die Großkreise (deren Ebenen ja durch M laufen) erscheinen dann in der Projektion als gerade Linien, hingegen projizieren sich Kleinkreise im allgemeinen als Kegelschnitte. Im folgenden § 1 werden wir nun eine Kugelprojektion kennen lernen, welche die vorteilhafte Eigenschaft hat, daß die Projektion jedes Kugelkreises wieder ein Kreis ist.

§ 1. Stereographische Projektion

Die *Fig. 99* ist eine axonometrische Skizze der Kugel, welche dargestellt werden soll. Als Bildebene π wählen wir die Horizontalebene durch den Kugelmittelpunkt M. Die Oberfläche der Kugel wird zentral auf π projiziert, und zwar sei das Projektionszentrum Z der tiefste Punkt der Kugel. Diese *stereographische Projektion* ist also dadurch gekennzeichnet, daß das Projektionszentrum ein Punkt der Kugel selbst ist. Die Bildebene steht senkrecht auf dem Kugelradius, welcher nach dem Projektionszentrum hin läuft. In Fig. 99 wurde noch der Bildpunkt $\bar{P}$ eines allgemeinen Kugelpunktes P eingezeichnet. Die Bildebene π schneidet aus der Kugel den *Hauptkreis* c_0; seine Punkte bleiben bei der Projektion am Ort. Es gilt nun der wichtige Satz:

1. *Die stereographische Projektion ist winkeltreu.*

Genauer formuliert: Es seien zwei auf der Kugeloberfläche verlaufende Kurven C_1, C_2 gegeben, welche durch P gehen. ω sei der Winkel, den sie in P miteinander bilden. (In Fig. 99 sind nur die Tangenten t_1, t_2 an die beiden

Kurven gezeichnet, ω ist ihr Zwischenwinkel.) Dann schließen die stereographischen Projektionen $\bar{C}_1$, $\bar{C}_2$ der beiden Kurven in $\bar{P}$ wieder den Winkel ω miteinander ein.

Beweis (Fig. 99). Wir legen die beiden Ebenen $\alpha_1 = Z t_1$ und $\alpha_2 = Z t_2$. Die Projektionen $\bar{t}_1$, $\bar{t}_2$ der beiden Tangenten sind dann die Spuren von α_1 und α_2 mit der Bildebene π; sie mögen den Winkel $\bar{\omega}$ miteinander einschließen. Es ist zu zeigen: $\bar{\omega} = \omega$.

Nun schneiden α_1, α_2 die Kleinkreise c_1 bzw. c_2 aus der Kugel. Die Tangente t_1' an den Kleinkreis c_1 in Z ist parallel zu $\bar{t}_1$. (Denn sie ist die Schnittgerade von α_1 mit der Tangentialebene τ an die Kugel in Z. Da π und τ parallel sind,

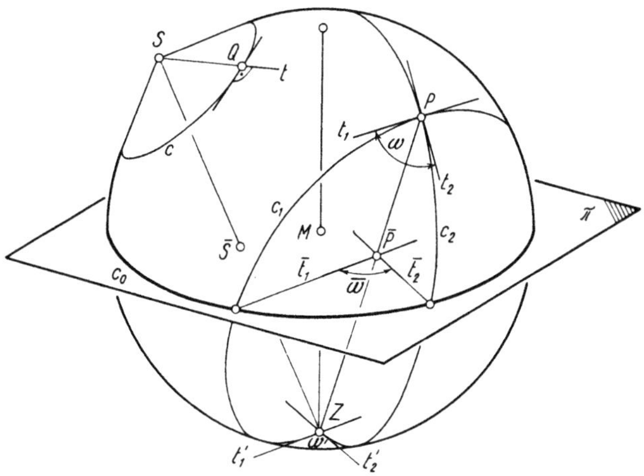

Fig. 99

müssen auch ihre Schnittgeraden $\bar{t}_1$, t_1' mit α_1 parallel zueinander sein.) Ebenso ist die Tangente t_2' an c_2 parallel zu $\bar{t}_2$. Somit ist der Winkel ω' von t_1' und t_2' gleich $\bar{\omega}$.

Andererseits ist $\omega' = \omega$. Denn ω und ω' sind die beiden Winkel, unter welchen sich die Kreise c_1, c_2 in ihren beiden Schnittpunkten P, Z schneiden. Zwei Kugelkreise bilden aber in ihren beiden Schnittpunkten gleiche Winkel miteinander. Damit ist der Beweis beendigt.

2. *Die stereographische Projektion ist kreistreu.*

Das heißt, das Bild eines auf der Kugel liegenden Kreises ist wieder ein Kreis.

Beweis (Fig. 99). Sei c der gegebene Kreis auf der Kugel. Wir denken uns in jedem seiner Punkte Q die zu ihm senkrechte Kugeltangente t gezogen. Alle Geraden t bilden die Mantellinien eines Kegels, welcher die Kugel längs c berührt. S sei die Kegelspitze, $\bar{S}$ ihre stereographische Projektion. Die Projektionen unserer Mantellinien t bilden das Büschel der durch $\bar{S}$ laufenden Geraden in π. Da nun c die Kugeltangente t in Q rechtwinklig schneidet, muß wegen der eben bewiesenen Winkeltreue (Satz 1) auch $\bar{c}$ die Projektion $\bar{t}$ in $\bar{Q}$ senkrecht schneiden. $\bar{c}$ schneidet also alle Geraden des genannten Büschels rechtwinklig, ist also ein Kreis mit dem Zentrum $\bar{S}$.

Zwei Spezialfälle sind noch zu erwähnen. Ein Kreis auf der Kugel, der durch das Projektionszentrum Z geht, hat als Bild natürlich eine Gerade (vgl. Fig. 99). Die Geraden sind also als ausgeartete Kreise aufzufassen, damit Satz 2 allgemeine Gültigkeit hat. Zweitens werde ein Großkreis c der Kugel abgebildet. Er schneidet den Hauptkreis c_0 in zwei diametral gegenüberliegenden Punkten A, B. Da A und B mit ihren Projektionen zusammenfallen, geht auch $\bar{c}$ durch A, B. Es folgt:

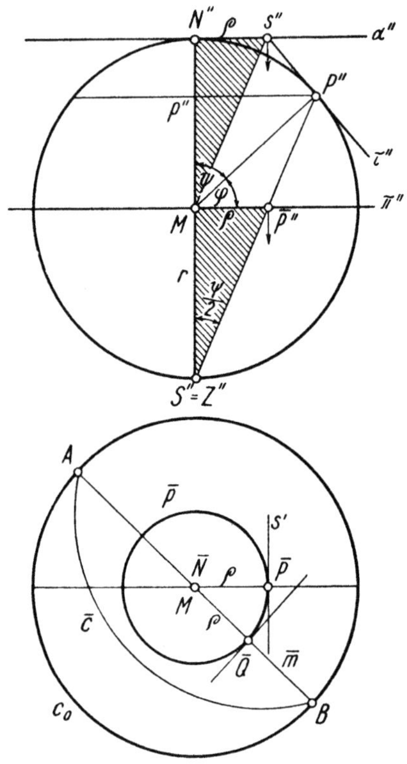

Fig. 100

2a. *Das stereographische Bild eines Großkreises ist ein Kreis, welcher den Hauptkreis in zwei Diametralpunkten schneidet.*

Wir bemerken noch, daß das stereographische Bild der oberhalb π gelegenen Halbkugel das Innere des Hauptkreises ausmacht, während sich Kugelpunkte unterhalb π in das Äußere des Hauptkreises projizieren.

Das Gradnetz. Die *Fig. 100* zeigt dieselbe Sache noch einmal im Grund- und Aufriß. Im Grundriß erscheint also die stereographische Projektion in wahrer Größe. $\bar{P}$ ist wieder die stereographische Projektion von P. Wir berechnen noch die Entfernung ϱ des Bildpunktes $\bar{P}$ vom Mittelpunkt des Hauptkreises c_0. Ist ψ der Winkel des Radius MP mit der Vertikalen, so enthält das untere schraffierte Dreieck den Winkel $\frac{\psi}{2}$ als Peripheriewinkel über dem Bogen NP. Aus diesem Dreieck ergibt sich daher

$$\varrho = r \cdot \mathrm{tg}\, \frac{\psi}{2}\,, \tag{1}$$

wobei r der Kugelradius ist.

Wir überziehen nun die Kugel mit dem aus der Geographie bekannten Gradnetz. Dabei sei der Nordpol N der höchste Kugelpunkt, so daß der Südpol S mit unserem Projektionszentrum Z zusammenfällt. Die geographische Breite des Kugelpunktes P ist dann der angezeichnete Winkel $\varphi = 90^0 - \psi$. Die Formel (1) ergibt also auch

$$\varrho = r \cdot \mathrm{tg}\left(45^0 - \frac{\varphi}{2}\right). \tag{2}$$

Der Nordpol N projiziert sich stereographisch in den Mittelpunkt $\bar{N}$ des Hauptkreises. Der durch P laufende Parallelkreis p hat als stereographisches Bild den Kreis $\bar{p}$ durch $\bar{P}$. In der Figur wurde noch die Projektion $\bar{Q}$ eines allgemeinen Punktes Q dieses Parallelkreises gezeichnet. Der Kugelmeridian durch Q projiziert sich als die Gerade $\bar{m} = \bar{N}\bar{Q}$.

Die stereographische Projektion des Gradnetzes besteht also aus einem System konzentrischer Kreise und ihren Radien. Zur Illustration von Satz 2a wurde das Bild $\bar{c}$ eines allgemeinen Großkreises eingetragen. $\bar{c}$ schneidet den Hauptkreis in den diametralen Punkten A, B.

Für spätere Zwecke entnehmen wir der Fig. 100 noch folgende Tatsache. τ sei die Tangentialebene im allgemeinen Kugelpunkt P und α die Tangentialebene im höchsten Punkt N. Die Spur s von τ in α erscheint im Aufriß als Punkt s''. Wir zeigen nun, daß s von N ebenfalls den oben berechneten Abstand ϱ hat. Dies folgt daraus, daß das obere schraffierte Dreieck auch den Winkel $\frac{\psi}{2}$ enthält, also kongruent zum unteren schraffierten Dreieck ist. Der Grundriß s' der Spur geht daher durch die stereographische Projektion $\bar{P}$ des Berührungspunktes P von τ. Analog wurde die Spur der Tangentialebene im Kugelpunkt Q eingezeichnet. Sie geht durch $\bar{Q}$ senkrecht zu $M\bar{Q}$.

Wir wollen das Gradnetz noch in einer anderen Lage darstellen, nämlich so, daß die beiden Pole N, S auf den Hauptkreis der stereographischen Projektion zu liegen kommen. Der Hauptkreis c_0 ist also ein spezieller Meridian des Gradnetzes, den wir als Nullmeridian für die Zählung der geographischen Länge wählen. Die *Fig. 101* zeigt das Bild des Gradnetzes in der Ebene π der stereographischen Projektion. Es wurde folgendermaßen konstruiert:

N und S wurden auf dem Hauptkreis c_0 als diametrale Punkte gewählt. Der Äquator a des Gradnetzes projiziert sich als Gerade $\bar{a}$ senkrecht zu NS. Es soll nun zum Beispiel der Meridian m von gegebener geographischer Länge 40^0 dargestellt werden. m schneidet also den Nullmeridian c_0 im Nordpol N unter 40^0. Wegen Satz 1 bleibt dieser Winkel bei der Projektion erhalten. Das Bild $\bar{m}$ ist daher einfach der Kreis durch N und S, welcher in N mit c_0 den Winkel 40^0 einschließt. Weiter suchen wir etwa den Parallelkreis p mit der geographischen Breite 50^0. Er schneidet den Nullmeridian c_0 senkrecht, und diese Eigenschaft bleibt bei der Projektion wieder erhalten. $\bar{p}$ wird daher gefunden, indem man vom Äquator $\bar{a}$ aus auf c_0 den Winkel 50^0 anträgt und dann einen zu c_0 orthogonalen Kreis zeichnet. Wegen der Winkeltreue der stereographischen Projektion müssen sich natürlich $\bar{m}$ und $\bar{p}$ in $\bar{P}$ rechtwinklig schneiden.

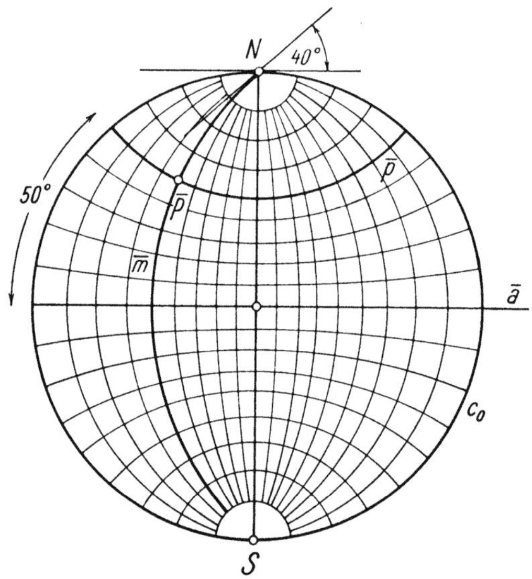

Fig. 101

Das so in Fig. 101 entstandene Bild des Gradnetzes heißt *Wulffsches Netz.* Derartige Netze sind in den Papeterien, welche technische Papiere führen, vorgedruckt erhältlich.

Konstruktionen der sphärischen Geometrie. Mit Hilfe eines WULFFschen Netzes kann man nun alle Aufgaben der Kugelgeometrie in stereographischer Projektion bequem lösen. Als Beispiel behandeln wir etwa die Aufgabe:

Im stereographischen Bild seien zwei Kugelpunkte A, B gegeben (*Fig. 102*). Man lege durch A und B einen Großkreis c und bestimme die Länge seines Bogens AB. (Dieser Bogen ist bekanntlich die kürzeste auf der Kugel verlaufende Verbindung von A und B; wir nennen seine Länge auch die *sphärische Entfernung* von A und B.) Man denke sich zur Lösung die Annahme (Fig. 102) auf Pauspapier gezeichnet und dann so drehbar auf das Wulffsche Netz gelegt, daß sich die beiden Hauptkreise decken. Man drehe nun die Pause um den Mittelpunkt des Netzes solange, bis $\bar{A}$ und $\bar{B}$ auf einen Meridian $\bar{m}$ des Wulffschen Netzes fallen. $\bar{m}$ ist dann der gesuchte Großkreis $\bar{c}$. Die wahre Länge seines Bogens AB kann man dann mittels der Parallelkreise des Netzes direkt im Gradmaß ablesen.

Aber natürlich ist es möglich, die sphärischen Konstruktionen auch ohne Wulffsches Netz auszuführen. In Fig. 102 wurden so nacheinander folgende Aufgaben gelöst.

1. Konstruktion des Großkreises c durch die gegebenen Kugelpunkte A, B. Man zeichnet in der Projektion einen beliebigen Kreis $\bar{c}_1$, der durch $\bar{A}$ und $\bar{B}$ läuft und den Hauptkreis schneidet. Er ist Projektion eines gewissen Kreises c_1 der Kugel. Die Ebenen der drei Kugelkreise c, c_1, c_0 seien mit α, α_1, π (= Bild-

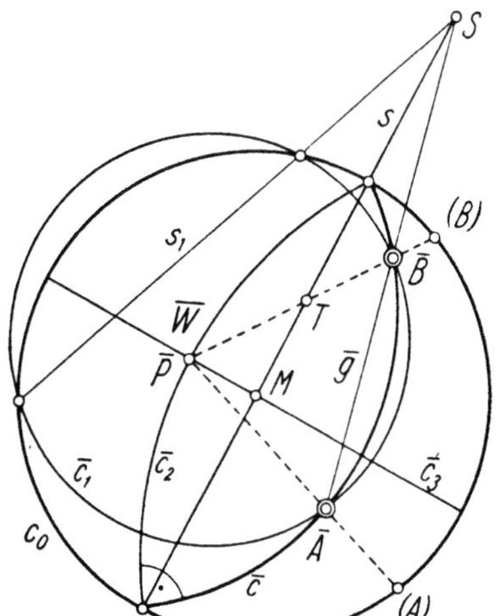

Fig. 102

ebene) bezeichnet. Diese drei Ebenen schneiden sich in einem Punkt S, den man folgendermaßen findet. Die Schnittgerade s_1 von α_1 und π kann sofort gezeichnet werden. Die zweite Schnittgerade von α_1 und α ist die Gerade $g = A\,B$. Daher ist S der Schnittpunkt von s_1 und $\bar{g}$. Die dritte Schnittgerade s von α und π geht also durch S und durch den Mittelpunkt M. (Denn α ist Großkreisebene, läuft also durch M.) s schneidet aus dem Hauptkreis die beiden diametralen Punkte, durch welche das Bild $\bar{c}$ des gesuchten Großkreises gehen muß.

2. Konstruktion des einen Poles P zu einem gegebenen Großkreis c. (Unter den Polen eines Großkreises c versteht man die beiden Endpunkte des zur Ebene von c senkrechten Kugeldurchmessers.) P kann gefunden werden als Schnittpunkt von zwei zu c senkrechten Großkreisen. Als solche wurden in Fig. 102 benutzt einerseits der Großkreis c_2, welcher c auf dem Hauptkreis schneidet und andererseits der sich als Gerade projizierende Großkreis c_3.

Umgekehrt ergibt sich die Konstruktion des Großkreises zu einem gegebenen Pol P.

3. Wahre Länge eines Großkreisbogens $A\,B$. Man konstruiert den Pol P des durch A und B laufenden Großkreises c. Dann zieht man die Geraden $\bar{P}\bar{A}$ und $\bar{P}\bar{B}$ bis zu ihren Schnittpunkten (A) bzw. (B) mit dem Hauptkreis. Der Bogen $(A)\,(B)$ des Hauptkreises ist die gesuchte wahre Länge.

Die Richtigkeit dieser Konstruktion ergibt sich aus der folgenden Überlegung. Die *Fig. 103* zeigt einen Schnitt durch die Kugel, so daß die Ebene α des Großkreises c als Gerade erscheint. P ist wieder der Pol, $\bar{P}$ seine Projektion. W sei derjenige Punkt von α, der sich ebenfalls nach $\bar{P}$ projiziert ($\bar{W} = \bar{P}$). Da das Dreieck $M\,P\,Z$ gleichschenklig ist, sind die beiden einfach angezeichneten

Winkel gleich. Daraus folgt, daß auch die beiden doppelt angezeichneten Winkel gleich sind. (Denn jeder von ihnen ergänzt einen der einfach bezeichneten Winkel zu 90°.) Somit ist $MW = M\overline{W}$. Klappen wir daher die Großkreisebene α in die Bildebene π um, so kommt W auf seine Projektion $\overline{W}$ zu liegen. Nun führen wir diese Umklappung in der Fig. 102 durch. Die Gerade WB von α fällt nach der Umklappung mit ihrer Projektion zusammen. (Denn W kommt auf $\overline{W}$ zu liegen und der Schnittpunkt T mit der Drehachse s bleibt fest.) B kommt daher bei der Umklappung nach (B). Analog findet man die Umklappung (A) von A.

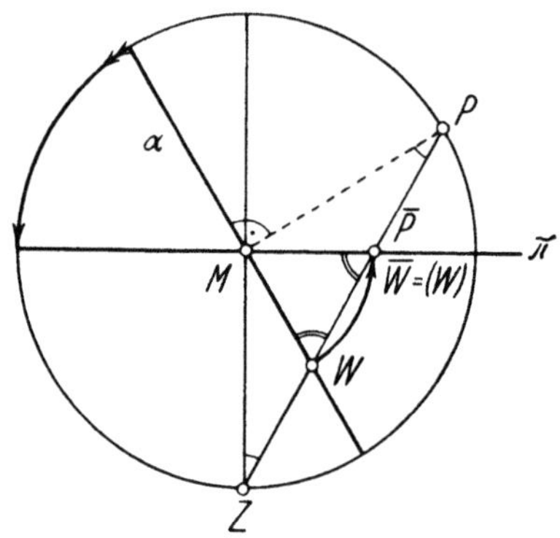

Fig. 103

Sphärische Abbildung, Kristallzeichnen. Im Raum sei eine Kugel mit dem Zentrum M gegeben. Es werde nun einer beliebigen Ebene α ein Punkt A der Kugel und einer beliebigen Raumgeraden g ein Großkreis c der Kugel nach folgenden Regeln zugeordnet.

A = sphärisches Bild der Ebene α = Schnittpunkt der durch M zu α gelegten Normalen mit der Kugel[1]).

c = sphärisches Bild der Geraden g = Schnittkreis der durch M zu g gelegten Normalebene mit der Kugel.

Jeder aus Ebenen und Geraden bestehenden Konfiguration des Raumes entspricht so eine aus Punkten und Großkreisen bestehende Konfiguration auf der Kugel. Dabei gilt offenbar der Satz:

3. *Ist eine Gerade parallel zu einer Ebene, so geht ihr sphärisches Bild (= Großkreis) durch das sphärische Bild der Ebene (= Kugelpunkt).*

Ferner beweist man leicht:

4. *Der Winkel zweier Ebenen ist gleich der sphärischen Entfernung ihrer beiden sphärischen Bilder. Der Winkel zweier Raumgeraden ist gleich dem Schnittwinkel ihrer beiden sphärischen Bilder (= Großkreise). Dieser Winkel erscheint in einer stereographischen Projektion der Kugel in wahrer Größe.*

Ein *Polyeder* (zum Beispiel ein Würfel, ein Tetraeder usw.) ist eine spezielle aus Ebenen (= Seitenflächen des Polyeders) und Geraden (= Kanten des Polyeders) bestehende Konfiguration. Man kann daher die sphärische Ab-

---

[1]) Die Definition ist zweideutig, da die genannte Normale zwei Schnittpunkte mit der Kugel hat. Man wähle einen dieser Punkte aus.

bildung eines Polyeders erklären. Dabei kann die in der Fußnote erwähnte Zweideutigkeit noch behoben werden. Man denke sich nämlich die Kugel im Inneren des Polyeders liegend. Ist nun α eine Seitenfläche, so wähle man unter den beiden Kugelpunkten, die als sphärisches Bild von α in Frage kommen, denjenigen aus, welcher auf derselben Seite von M liegt, wie α.

Einen einfachen Spezialfall ergibt ein *Berührungspolyeder.* Darunter versteht man ein Polyeder, dessen Seitenflächen die Kugel berühren. Das sphärische Bild einer Seitenfläche ist dann einfach ihr Berührungspunkt.

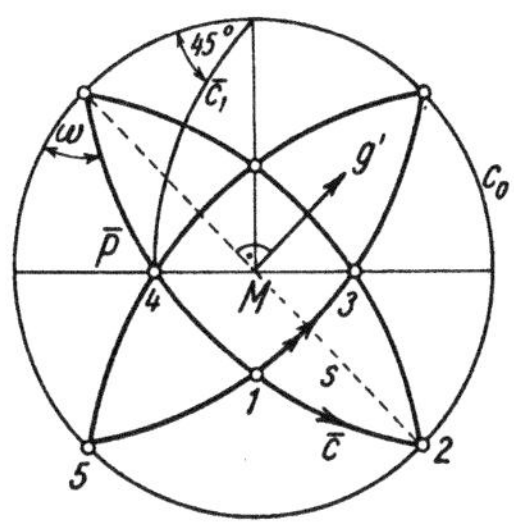

Fig. 104a

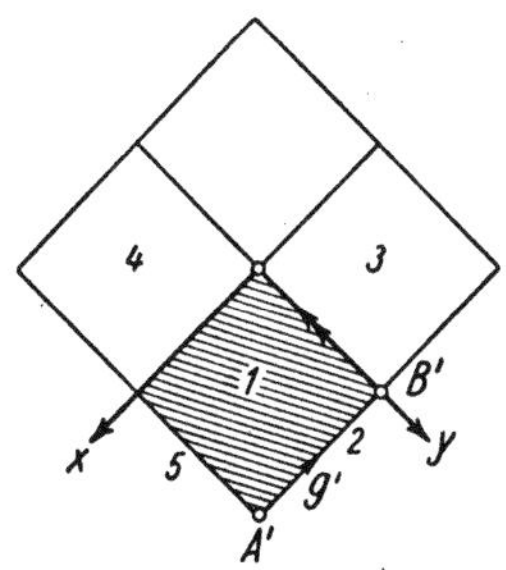

Fig. 104b

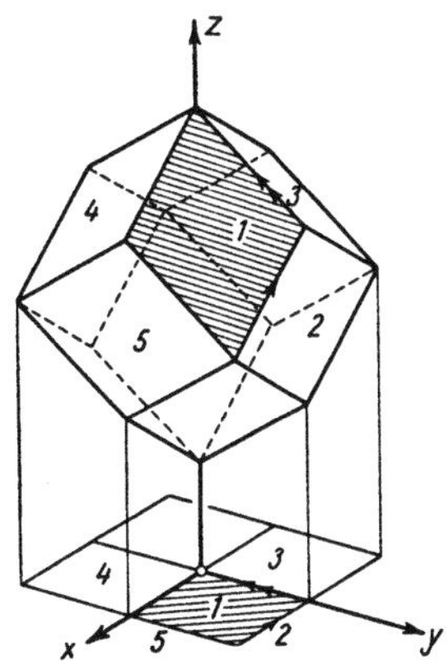

Fig. 104c

In der *Kristallographie* werden häufig Kristalle – die ja geometrisch gesprochen Polyeder sind – auf diese Weise sphärisch abgebildet. Es zeigt sich nämlich, daß die Symmetrieeigenschaften des Kristalls im sphärischen Bild besonders deutlich hervortreten.

Gewisse Aufgaben über das Polyeder können nun im sphärischen Bild gelöst werden. Zur konstruktiven Durchführung wird man die Kugel in stereographischer Projektion zeichnen. Als Beispiel nehmen wir das in *Fig. 104c* axonometrisch dargestellte Polyeder. Die *Fig. 104b* ist der Grundriß des Körpers auf eine Horizontalebene. Das Polyeder besteht aus 12 kongruenten Rhomben und heißt deswegen *Rhombendodekaeder.* Die Flächen 1, 3, 4 (und 5 weitere Flächen) sind unter 45^0 zur Grundrißebene geneigt, während die Flächen 2, 5 (und zwei weitere Flächen) vertikal stehen. Die *Fig. 104a* zeigt das sphärische Bild des Polyeders in der stereographischen Projektion auf eine horizontale Ebene. Es wurde aber nur derjenige Teil gezeichnet, welcher auf der oberen Halbkugel liegt. Die Konstruktion dieses Bildes ergibt sich aus folgenden Bemerkungen:

1) Die sphärischen Bilder der vertikalen Flächen (zum Beispiel der Flächen 2, 5) sind Punkte auf dem Hauptkreis der stereographischen Projektion.

2) Das sphärische Bild der Fläche 4 ist ein Kugelpunkt P, dessen Radius MP unter 45^0 zur Horizontalebene geneigt ist. Um seine stereographische Projektion $\bar{P}$ zu finden, kann man etwa den gezeichneten Großkreis c_1 be-

nutzen, der den Hauptkreis unter 45° schneidet. Die Ebene dieses Großkreises besitzt dann die Neigung 45° und somit hat MP als Fallgerade dieser Ebene auch die verlangte Neigung 45°.

3) Das sphärische Bild einer Polyederkante ergibt sich nun nach Satz 3, indem man die sphärischen Bilder der beiden angrenzenden Flächen durch einen Großkreisbogen verbindet. Diese Bogen schließen sich in Fig. 104a zu den vier dick ausgezogenen Großkreisen zusammen.

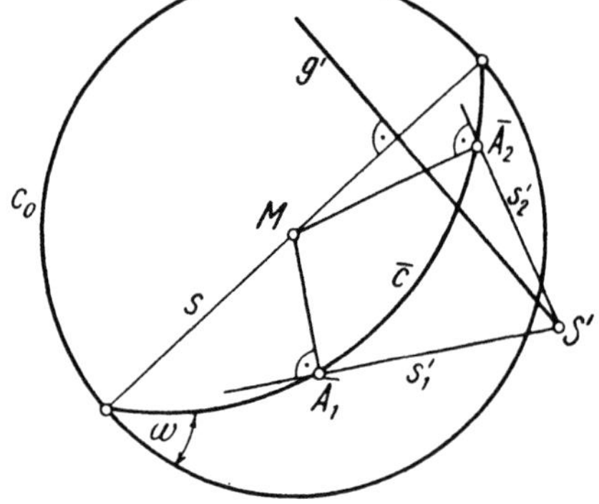

Fig. 105

Im *Kristallzeichnen* stellt man sich die umgekehrte Aufgabe. Gegeben sei das sphärische Bild eines Polyeders (Fig. 104a), gesucht eine anschauliche Darstellung des Körpers (Fig. 104c). In dieser Form ist natürlich die Aufgabe unbestimmt, denn eine Parallelverschiebung der Flächen des fraglichen Polyeders ändert das sphärische Bild nicht. Um die Aufgabe eindeutig zu machen, wollen wir etwa annehmen, daß man die Längen der Polyederkanten kennt. In unserem Beispiel haben alle Kanten dieselbe Länge l.

Zur Lösung konstruiert man zunächst den Grundriß des Polyeders (Fig. 104b). Wir beginnen etwa mit dem Grundriß der Kante g, welche im sphärischen Bild durch den Großkreisbogen $c = 1,2$ dargestellt ist. Nach Definition des sphärischen Bildes steht g senkrecht auf der Ebene α dieses Großkreises und somit ist g' senkrecht zur Spur s von α, hat also die in Fig. 104a angegebene Richtung. In dieser Richtung wurde g' in der Fig. 104b gezeichnet. Der Neigungswinkel von g zur Grundrißebene ist das Komplement $(90^0 - \omega)$ des Neigungswinkels ω von α. Diesen Winkel ω liest man in der stereographischen Projektion als Schnittwinkel zwischen $\bar{c}$ und dem Hauptkreis ab. Somit ergibt sich für die Länge l' des Grundrisses g' unserer Kante der Wert $l' = l \cdot \cos(90^0 - \omega) = l \cdot \sin \omega$. Damit können in Fig. 104b die Endpunkte A', B' der Kante eingetragen werden. Außerdem ergibt sich noch für die Kotendifferenz von A und B der Wert $\Delta z = l \cdot \sin(90^0 - \omega) = l \cdot \cos \omega$.

So bearbeitet man alle Kanten, deren sphärische Bilder vom Punkt 1 der stereographischen Projektion ausgehen (also die Großkreisbogen 12, 13, 14, 15) und erhält in Fig. 104b den Grundriß der Fläche 1. Analog werden die übrigen Flächen eingezeichnet.

Da man für jede Polyederkante die Kotendifferenz Δz ihrer Endpunkte bestimmt hat, kann man die Koten der Polyederecken nun angeben. Der Grundriß und die Koten genügen zur Herstellung eines axonometrischen Bildes (Fig. 104c).

Konstruktion eines Berührungspolyeders. Ein Berührungspolyeder ist durch sein sphärisches Bild ohne zusätzliche Angaben eindeutig bestimmt. Denn sind $A_1, A_2, A_3, \ldots$ die sphärischen Bilder der Seitenflächen, so entsteht das Polyeder, indem man die Tangentialebenen an die Kugel in $A_1, A_2, A_3, \ldots$ miteinander schneidet. In der *Fig. 105* haben wir die diesbezügliche Grundkonstruktion angegeben. Gegeben seien in der stereographischen Projektion zwei Kugelpunkte A_1, A_2. Gesucht der Grundriß der Schnittgeraden g der Tangentialebenen τ_1, τ_2 in A_1, A_2. Man bezeichne wie in Fig. 100 mit α die Tangentialebene im höchsten Kugelpunkt. Die Spur s_1 von τ_1 in der Ebene α geht im Grundriß durch $\bar{A}_1$ senkrecht zu $M\bar{A}_1$ (vergleiche den kleingedruckten Text auf Seite 155). Analog findet man die Spur s_2. Der Schnittpunkt S von s_1 und s_2 ist ein Punkt der gesuchten Schnittgeraden g. Das sphärische Bild von g ist der Großkreis $c = A_1 A_2$. Wie in der Fig. 104a ist daher g' senkrecht zur Spur s der Großkreisebene in der Bildebene[1]).

§ 2. Konforme Abbildungen

Die Inversion. Es soll die Kugel von Fig. 99 an der Bildebene π der stereographischen Projektion gespiegelt werden, so daß ein Punkt P der oberen Halbkugel in den vertikal unter ihm liegenden Punkt P^* der unteren Halbkugel übergeht. Wir wollen uns überlegen, wie diese Spiegelung in der stereographischen Projektion aussieht. In der *Fig. 106* wurde die stereographische Projektion gezeichnet (π = Zeichenebene). Die Projektion des Kugelpunktes P wurde nicht – wie bisher – mit $\bar{P}$ sondern einfach wieder mit P bezeichnet. Um die stereographische Projektion des Spiegelpunktes P^* zu finden, denken wir uns in Fig. 99 durch die Gerade PP^* irgend eine Vertikalebene α gelegt. Sie schneidet aus der Kugel einen Kleinkreis c, welcher durch P und P^* läuft und bei der Spiegelung in sich übergeht. c schneidet den Hauptkreis rechtwinklig. Wegen der Winkeltreue ist daher die stereographische Projektion von c in der Fig. 106 ein Kreis, welcher durch P läuft und den Hauptkreis c_0 rechtwinklig schneidet. Er wurde in Fig. 106 wieder mit c bezeichnet und ist ein erster geometrischer Ort für die stereographische Projektion P^* des Spiegelpunktes. Ein zweiter Ort ist natürlich die Gerade MP als Projektion der Vertikalebene MPP^*.

Wir bezeichnen in Fig. 106 die Abstände der Punkte P, P^* vom Mittelpunkt M beziehlich mit ϱ, ϱ^*. Aus dem Sekanten-Tangentensatz in bezug auf den Kreis c folgt dann

$$(MP)\,(MP^*) = (MT)^2. \tag{3}$$

Falls der Kugelradius die Länge 1 hat, ergibt sich daraus

$$\varrho \cdot \varrho^* = 1, \quad \text{oder } \varrho^* = \frac{1}{\varrho}. \tag{4}$$

Damit erhalten wir in Fig. 106 eine Abbildung der Zeichenebene auf sich, welche

[1]) Weitere Konstruktionsverfahren des Kristallzeichnens findet man bei H. TERTSCH, Das Kristallzeichnen auf Grundlage der stereographischen Projektion. Wien 1935. Ferner: H. TERTSCH, Die stereographische Projektion in der Kristallkunde (Verlag für angewandte Wissenschaften, Wiesbaden 1954).

jedem Punkt P einen Bildpunkt P^* zuordnet. Diese Zuordnung kann ohne Bezugnahme auf die räumliche Bedeutung folgendermaßen definiert werden. Die entsprechenden Punkte P und P^* liegen auf einer Geraden durch den festen Punkt M und ihre Abstände von M sind nach (4) reziprok zueinander. Diese Abbildung nennt man *Inversion; M* heißt *Inversionszentrum* und c_0 Inversionskreis. Es gilt:

5. *Die Inversion ist kreistreu und winkeltreu.*

Das heißt, die inverse Figur zu einem Kreis ist wieder ein Kreis und der Winkel, unter dem sich zwei beliebige Kurven schneiden, ist gleich dem Schnittwinkel ihrer inversen Kurven. Der Beweis folgt einfach daraus, daß sowohl die Spiegelung unserer Kugel als auch die stereographische Projektion diese beiden Eigenschaften hat.

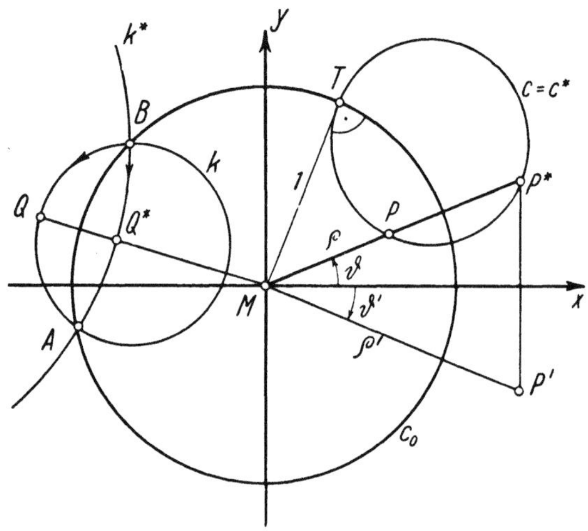

Fig. 106

Zur Illustration haben wir in Fig. 106 einen Kreis k angenommen und den inversen Kreis k^* konstruiert. k^* geht durch die beiden Schnittpunkte A, B von k mit c_0 (weil jeder dieser Punkte bei der Inversion fest bleibt) und durch den inversen Punkt Q^* irgend eines weiteren Punktes Q von k. Hätten wir den Kreis k nicht nur nahe an M vorbei laufen lassen, sondern genau durch M gezogen, so würde k^* zur Geraden AB. Denn M kommt bei der Inversion ins Unendliche, wie man aus (4) abliest. Von dieser Möglichkeit, einen Kreis durch Inversion in eine Gerade überzuführen, kann man zur Lösung von Kreisaufgaben Gebrauch machen.

Durchläuft ein Punkt den Kreis k in positivem Sinn (Gegenuhrzeigersinn), so durchläuft der Bildpunkt den Kreis k^* in negativem Sinn. Die Inversion kehrt also den Umlaufsinn in der Ebene um. Man kann nun durch eine kleine Abänderung erreichen, daß der Umlaufsinn erhalten bleibt. Zu diesem Zweck füge man zur Inversion etwa die Spiegelung der Zeichenebene an der x-Achse der Fig. 106 hinzu. Bei dieser abgeänderten Inversion geht P in den Punkt P' über[1]). Da bei der hinzutretenden Spiegelung der Umlaufsinn noch einmal umgekehrt wird, bleibt er im ganzen tatsächlich erhalten.

Allgemein nennt man eine Abbildung der Ebene auf sich eine *konforme Abbildung*, wenn sie winkeltreu ist und der Umlaufsinn erhalten bleibt. Wir bezeichnen unsere abgeänderte Inversion daher auch als die *konforme Inversion*.

Wir wollen diese konforme Inversion noch durch Formeln darstellen und benutzen dazu die Polarkoordinaten im gezeichneten Koordinatensystem x, y. Es seien ϱ, ϑ die Polarkoordinaten von P und ϱ', ϑ' diejenigen des Bildpunktes P'. Dann gilt offenbar

$$\boxed{\varrho' = \frac{1}{\varrho}, \qquad \vartheta' = -\vartheta.} \tag{5}$$

konforme Inversion.

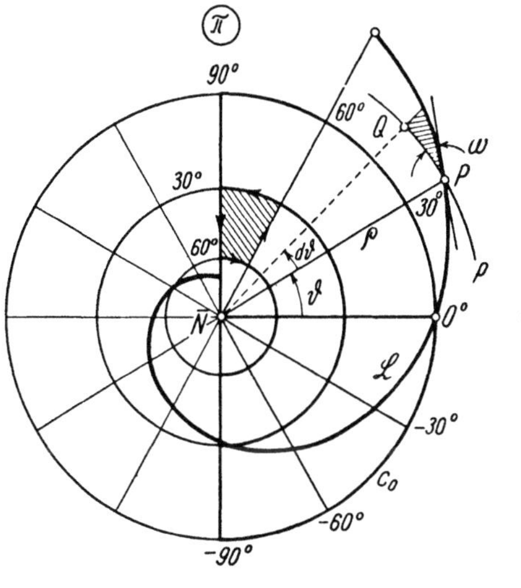

Fig. 107a

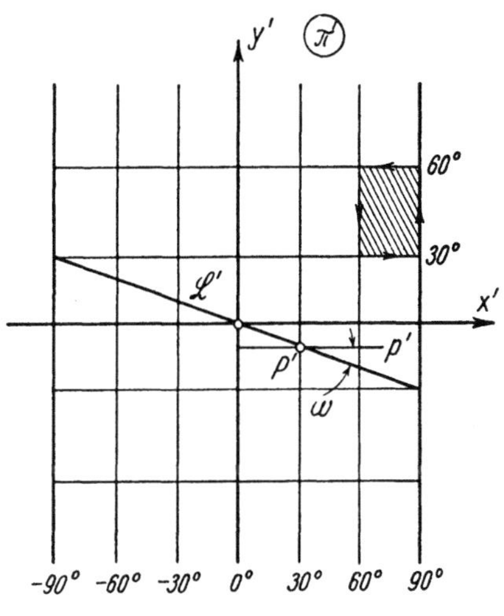

Fig. 107b

Die Mercatorabbildung[2]). In der *Fig. 107a* wurde etwas deutlicher als in Fig. 100 das Gradnetz auf der Kugel[3]) stereographisch dargestellt. Der Nordpol N ist der höchste Kugelpunkt und projiziert sich in den Mittelpunkt $\overline{N}$ des Hauptkreises. Die Meridiane und die Parallelkreise wurden in Intervallen von je 30^0 eingezeichnet. Wir gehen nun aus von der Aufgabe, eine *Loxodrome* auf der Kugel zu finden. Darunter versteht man eine Kurve, welche alle Meridiane (und ebenso alle Parallelkreise) unter konstantem Winkel schneidet. Ein Schiff, welches dauernd nach Südosten steuert, beschreibt zum Beispiel eine

---

[1]) Die Bezeichnung P' hat nichts mit einem Grundriß zu tun.

[2]) Gerhard Kremer, genannt Mercator (1512–1594).

[3]) Der Kugelradius habe wieder die Länge 1.

solche Kurve auf der Erdkugel. In der stereographischen Projektion muß wegen der Winkeltreue das Bild L der Loxodrome ebenfalls alle Parallelkreise unter demselben Winkel schneiden. In Fig. 107a ist eine solche Kurve eingezeichnet; sie hat die Form einer Spirale. Wir stellen nun die Gleichung der allgemeinen Kurve L in Polarkoordinaten auf. P sei ein allgemeiner Punkt, ϱ, ϑ seine Polarkoordinaten (ϑ im Bogenmaß gemessen). Dann lautet die Gleichung von L:

$$\varrho = e^{\mu(\vartheta - k)} \tag{6}$$

μ, k sind Konstanten, e ist die Eulersche Zahl (= Basis der natürlichen Logarithmen). Zur Verifikation von (6) berechnen wir den Winkel ω, welchen L mit dem durch den allgemeinen Punkt P laufenden Parallelkreis p einschließt. Das schraffierte (inifitesimale) Dreieck hat die Katheten $PQ = \varrho \cdot d\vartheta$ und $d\varrho$. Also folgt:

$$\operatorname{tg} \omega = \frac{d\varrho}{\varrho \cdot d\vartheta}. \tag{7}$$

Nun findet man aus (6) durch Differenzieren

$$\frac{d\varrho}{d\vartheta} = \mu \cdot e^{\mu(\vartheta - k)} = \mu \cdot \varrho .$$

Also folgt aus (7): $\operatorname{tg} \omega = \mu$. Der Winkel ω ist also wirklich konstant und die Konstante μ ist der Tangens dieses Winkels. Nimmt man in (6) die natürlichen Logarithmen, so ergibt sich noch

$$\vartheta = k + \frac{1}{\mu} \cdot \ln \varrho . \tag{8}$$

Deswegen nennt man das Bild L der Loxodrome eine *logarithmische Spirale.*

Jetzt bilden wir die Ebene π der Fig. 107a auf eine Bildebene π' ab, welche in *Fig. 107b* gezeichnet ist und in der ein kartesisches Koordinatensystem x', y' gewählt wurde. Das Abbildungsgesetz sei durch folgende Formeln gegeben. Dem allgemeinen Punkt P (Polarkoordinaten ϱ, ϑ) von π werde zugeordnet der Punkt P' von π' mit den kartesischen Koordinaten

$$\boxed{x' = \vartheta, \quad y' = -\ln \varrho} \tag{9}$$

Mercatorabbildung.

Um einen Überblick über diese Abbildung zu gewinnen, diskutieren wir das Bild unseres Gradnetzes. Auf einem Meridian ist ϑ konstant, also im Bild $x' = \vartheta$ auch konstant. Ein Meridian geht daher über in eine vertikale Gerade, deren Abszisse x' gleich der geographischen Länge ϑ des Meridians ist. (ϑ im Bogenmaß gemessen.) Andererseits ist auf einem Parallelkreis ϱ konstant, also im Bild $y' = -\ln \varrho$ auch konstant. Ein Parallelkreis geht somit über in eine horizontale Gerade. Speziell geht der Äquator (= Hauptkreis c_0) über in die x'-Achse. Denn für ihn gilt $\varrho = 1$, also $y' = 0$. Mit wachsender geographischer Breite wird $\varrho < 1$, also $y' = -\ln \varrho$ positiv. Gelangt man schließlich in den Nordpol, so entfernt man sich in π' unendlich weit nach oben.

In Fig. 107b wurde derjenige Teil des Gradnetzes dargestellt und bezeichnet, welcher in Fig. 107a die rechte Halbkugel ausmacht und dort dick ausgezogen ist.

Was wird nun aus unserer Loxodrome bei der Mercatorabbildung? Aus (8) und (9) folgt

$$x' = \vartheta = k + \frac{1}{\mu} \cdot \ln \varrho = k - \frac{1}{\mu} \cdot y', \qquad \text{also } y' = -\mu \cdot (x' - k). \tag{10}$$

Das Bild L' der Loxodrome ist also eine Gerade. (Die Abbildungsformeln (9) sind eben aus dem Bestreben entstanden, die Loxodromen zu strecken.) Die Gerade L' mit der Gleichung (10) schneidet wegen $\mu = \operatorname{tg} \omega$ alle Horizontalen unter dem Winkel ω. Der Winkel zwischen einem Parallelkreis und einer Loxodrome bleibt also bei der Mercatorabbildung erhalten. Dasselbe gilt dann natürlich für den Winkel zwischen zwei Loxodromen.

Daraus ergibt sich nun, daß die Mercatorabbildung *winkeltreu* ist. Denn sind C_1, C_2 zwei sich in P schneidende Kurven der Ebene π und sind C_1', C_2' ihre Bilder in π', so lege man die Tangenten L_1', L_2' an C_1', C_2' im Punkte P'. Diesen beiden Geraden entsprechen in π zwei Loxodromen, welche C_1, C_2 in P berühren und denselben Winkel einschließen wie L_1', L_2'. Also schließen auch C_1, C_2 denselben Winkel ein wie C_1', C_2'.

Bei der winkeltreuen Abbildung von π auf π' bleibt der Umlaufsinn erhalten. Dies erkennt man durch Umlaufen der in beiden Figuren schraffierten Vierecke. Unsere Abbildung von π auf π' ist also *konform*.

Zum Schluß wollen wir noch die Koordinate y' eines Parallelkreises direkt durch seine geographische Breite φ ausdrücken. Gemäß der Formel (2) auf Seite 155 gilt in der stereographischen Projektion (Fig. 107a):

$$\varrho = \operatorname{tg}\left(45^0 - \frac{\varphi}{2}\right).$$

(Der Kugelradius ist 1.) Aus (9) entnimmt man

$$y' = -\ln \varrho = \ln \frac{1}{\varrho} = \ln \operatorname{cotg}\left(45^0 - \frac{\varphi}{2}\right) = \ln \operatorname{tg}\left(45^0 + \frac{\varphi}{2}\right). \tag{11}$$

Die letzte Gleichung folgt aus der Tatsache, daß $\left(45^0 - \frac{\varphi}{2}\right)$ und $\left(45^0 + \frac{\varphi}{2}\right)$ sich zu 90^0 ergänzen.

Als Schlußresultat können wir daher formulieren:

Die *Mercatorkarte* der Erdkugel entsteht, indem man den Kugelpunkt mit der geographischen Länge ϑ und Breite φ abbildet auf einen Punkt der Bildebene mit den rechtwinkligen Koordinaten

$$x' = \vartheta, \qquad y' = \ln \operatorname{tg}\left(45^0 + \frac{\varphi}{2}\right).$$

Dabei ist ϑ im Bogenmaß zu messen. Die Karte ist winkeltreu und die Loxodromen der Kugel erscheinen auf ihr als gerade Linien.

Einführung komplexer Zahlen. In der Zeichenebene werde ein kartesisches Koordinatensystem x, y gewählt und es sei eine konforme Abbildung der Ebene *auf sich selbst* gegeben. Jedem Punkt $P(x, y)$ entspricht also ein Bildpunkt P' dessen Koordinaten (im selben System) wir mit x', y' bezeichnen. Die Theorie der konformen Abbildungen wird nun einfacher und übersichtlicher, wenn wir unsere Ebene als komplexe Zahlenebene ansehen. Der Punkt $P(x, y)$ wird also jetzt als komplexe Zahl $z = x + iy$ aufgefaßt (i = imaginäre Einheit). Analog wird $P'(x', y')$ zur komplexen Zahl $z' = x' + iy'$. Wir geben einige Beispiele von konformen Abbildungen in komplexer Schreibweise.

1. Die Abbildung $z' = a \cdot z$. (Die Zahl a sei eine von Null verschiedene[1]) komplexe Konstante.) In Worten: Das Bild des Punktes z wird gefunden, indem man z mit der festen Zahl a multipliziert. Speziell hat die Zahl 1 (= Einheitspunkt auf der x-Achse) den Punkt a als Bild.

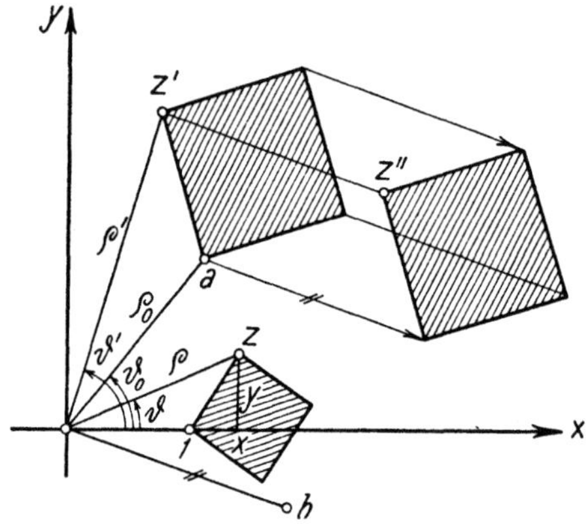

Fig. 108

Zur näheren Diskussion der Abbildung führen wir Polarkoordinaten ein (*Fig. 108*). Es sollen der Reihe nach die Punkte a, z, z' die Polarkoordinaten (ϱ_0, ϑ_0), (ϱ, ϑ), (ϱ', ϑ') haben. Dann folgt aus $z' = a \cdot z$:

$$\varrho' = \varrho_0 \cdot \varrho, \quad \vartheta' = \vartheta + \vartheta_0 . \tag{12}$$

Denn zwei komplexe Zahlen a, z werden bekanntlich multipliziert, indem man die Beträge ϱ_0, ϱ multipliziert und die Argumente ϑ_0, ϑ addiert. Aus (12) ergibt sich nun leicht, daß man den Bildpunkt von z findet, indem man z um den Winkel ϑ_0 um den Nullpunkt dreht und dann den Abstand vom Nullpunkt im Verhältnis ϱ_0 verlängert. Unsere Abbildung setzt sich also zusammen aus einer Drehung mit dem Drehwinkel ϑ_0 und einer anschließenden Streckung mit dem Streckungsverhältnis ϱ_0. Man nennt sie daher eine *Drehstreckung*. In der Fig. 108 ist noch dargestellt, wie sich ein gegebenes Quadrat abbildet. Unsere Drehstreckung ist eine Ähnlichkeit, also sicher winkeltreu. Überdies ist die Abbildung *konform*, da der Umlaufsinn offenbar erhalten bleibt.

Bemerkung: Hat a den Betrag 1 (ist also $\varrho_0 = 1$), so handelt es sich um eine reine *Drehung*. Ist a reell ($\vartheta_0 = 0$), so ergibt sich eine reine *Streckung*.

2. Wir wollen die Drehstreckung verallgemeinern, indem wir zu jedem Bildpunkt z' eine feste komplexe Zahl b addieren (Fig. 108). Bezeichnen wir das Resultat dieser Addition mit z'', so folgt $z'' = z' + b$ oder $z'' = az + b$. Geometrisch bedeutet diese Addition, daß man an den Punkt z' eine Strecke ansetzt, welche parallel und gleichgerichtet zu der vom Nullpunkt nach b laufenden Strecke ist. Führt man dies für einige Punkte z' durch (zum Beispiel für die Ecken unseres Quadrats), so erkennt man, daß der Übergang von z' zu z'' eine Parallelverschiebung oder *Translation* bedeutet. Die Abbildung $z'' = az + b$ setzt sich daher

[1]) Im Fall $a = 0$ wäre $z' = 0$, das heißt jeder Punkt z würde in den Nullpunkt abgebildet. Derartige ausgeartete Abbildungen wollen wir ausschließen.

zusammen aus einer Drehstreckung und einer Translation; sie ist daher wieder eine *Ähnlichkeit* und konform. Man beweist ohne Mühe, daß $z'' = az + b$ sogar die allgemeinste ähnliche Abbildung der Ebene aut sich ist.

3. Die Abbildung $z' = \frac{1}{z}$. Benutzt man wieder Polarkoordinaten, so ergibt sich aus der Regel für die Division zweier komplexer Zahlen:

$$\varrho' = \frac{1}{\varrho}, \qquad \vartheta' = -\vartheta. \tag{13}$$

Ein Blick auf die Formel (5) zeigt, daß die Abbildung die *konforme Inversion* ist.

4. Die Abbildung $z' = \frac{az + b}{cz + d}$. (Die Zahlen a, b, c, d seien gegebene komplexe Konstanten.) Wir können voraussetzen $c \neq 0$, denn der Fall $c = 0$ würde wieder auf Beispiel 2. (Ähnlichkeit) führen. Wir schreiben die Abbildungsformel zunächst in der Form:

$$z' = \frac{b - \frac{a}{c} d}{cz + d} + \frac{a}{c} \tag{14}$$

und setzen zur Abkürzung

$$A = b - \frac{a}{c} d, \quad B = \frac{a}{c}. \tag{15}$$

Damit lautet die Abbildungsgleichung:

$$z' = \frac{A}{cz + d} + B. \tag{16}$$

Dies zerlegen wir in drei Teilabbildungen, indem wir setzen

$$z_1 = cz + d, \quad z_2 = \frac{1}{z_1}, \qquad \text{also } z' = Az_2 + B. \tag{17}$$

Die erste und dritte dieser Teilabbildungen sind Ähnlichkeiten[1]), die zweite ist eine konforme Inversion. Da jede der Teilabbildungen winkeltreu und konform ist, gilt dies auch für die gegebene Abbildung. Überdies ist unsere Abbildung aber *kreistreu*, denn jede der Teilabbildungen hat diese Eigenschaft.

Liegt eine konforme Abbildung einer Ebene (= Originalebene) auf eine *andere* Ebene (Bildebene) vor, so wähle man kartesische Koordinaten x, y in der Originalebene und x', y' in der Bildebene. Führt man wieder komplexe Zahlen $z = x + iy$ und $z' = x' + iy'$ ein, so ordnet also die Abbildung jeder Zahl z eine Zahl z' zu. Wir wollen noch die *Mercatorabbildung* in dieser Art schreiben. Sind ϱ, ϑ wie in Fig. 107 Polarkoordinaten in der Originalebene, so folgt aus (9):

$$z' = x' + iy' = \vartheta - i \ln \varrho = \frac{1}{i} (\ln \varrho + i\vartheta) = \frac{1}{i} (\ln \varrho + \ln e^{i\vartheta}) = \frac{1}{i} \ln (\varrho \cdot e^{i\vartheta}). \tag{18}$$

Die Eulerschen Formeln ergeben

$$z' = \frac{1}{i} \ln (\varrho \cos \vartheta + i \varrho \sin \vartheta) = \frac{1}{i} \ln (x + iy) = \frac{1}{i} \ln z.$$

Die Abbildungsformel heißt also

$$z' = \frac{1}{i} \ln z. \tag{19}$$

Die allgemeine Lehre von den konformen Abbildungen ist ein Zweig der komplexen *Funktionentheorie*. Dort wird gezeigt, daß überhaupt jede komplexe Funktion $z' = f(z)$, welche im Komplexen *differenzierbar* ist, eine konforme Abbildung ergibt. Dabei muß aber einschränkend hinzugefügt werden, daß diejenigen Punkte z, in welchen die Ableitung $f'(z)$ verschwindet, eine Ausnahmerolle spielen.

---

[1]) In der dritten Abbildung muß $A \neq 0$ sein (vgl. Beispiel 1). Dies ergibt die Bedingung $b - \frac{a}{c} d \neq 0$ oder $ad - bc \neq 0$, welche vorausgesetzt werden muß.

ANHANG

Topologische Gesichtspunkte

Es sollen noch einige Verallgemeinerungen der Methoden unseres dritten Teils (projektive darstellende Geometrie) besprochen werden, welche entstehen, wenn man den Begriff der projektiven Abbildung durch den viel allgemeineren der topologischen Abbildung ersetzt. Zur genauen Durchführung wären Hilfsmittel nötig, deren Kenntnis wir dem Leser nicht zumuten können. Wir begnügen uns daher mit der Entwicklung der Grundgedanken und verzichten auf die Darstellung der Beweise.

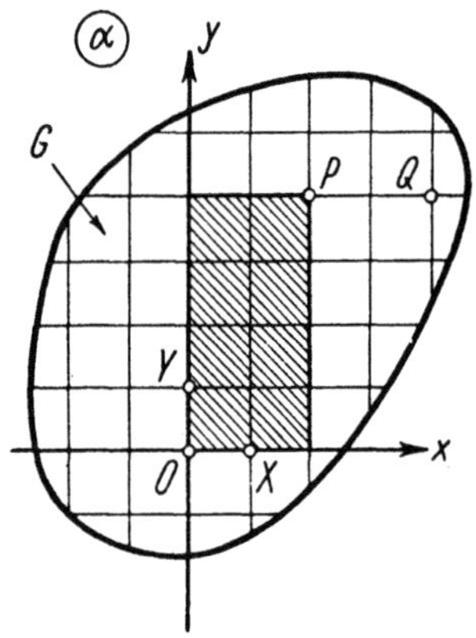

Fig. 109 a

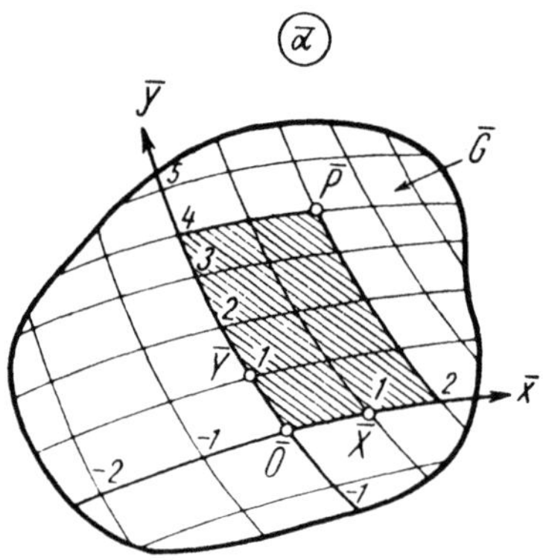

Fig. 109 b

Topologische Abbildung in der Ebene. In der Ebene α (*Fig. 109a*) sei ein Gebiet[1]) G gegeben. (Zum Beispiel das Innere eines Kreises oder eines Rechtecks.) Das Gebiet G werde nun in eine Bildebene $\bar{\alpha}$ (*Fig. 109b*) abgebildet. Jedem Punkt P von G sei also ein Bildpunkt $\bar{P}$ von $\bar{\alpha}$ zugeordnet. Diese Abbildung heißt *topologisch*, wenn sie stetig[2]) und ein-eindeutig[3]) ist. Die Bildpunkte machen eine Menge $\bar{G}$ der Ebene $\bar{\alpha}$ aus, von der man zeigen kann, daß sie wieder ein Gebiet ist.

[1]) Genaue Definition: Offene und zusammenhängende Punktmenge.

[2]) Genaue Definition: Einer gegen P konvergenten Folge von Punkten aus G entspricht eine Punktfolge, welche gegen $\bar{P}$ konvergiert, und dies gilt für jeden Punkt P von G.

[3]) Genaue Definition: Zwei verschiedene Punkte von G haben auch verschiedene Bildpunkte.

Ein Beispiel für eine topologische Abbildung liefert die projektive Abbildung (Fig. 79). Für G kann man dabei ein im Endlichen liegendes Gebiet von α nehmen, welches keinen Punkt der Verschwindungsgeraden enthält. (Zum Beispiel das Innere des in Fig. 79a gezeichneten Kreises.) Aber auch affine und konforme Abbildungen ergeben Beispiele topologischer Abbildungen.

Um von der Abbildung eine Vorstellung zu gewinnen und um eine engere Verbindung mit den genannten Beispielen herzustellen, kann man ein kartesisches Koordinatensystem x, y in α benutzen, dessen Nullpunkt O im Gebiet G liegt. Die Parallelen zur x-Achse gehen bei der Abbildung über in Kurven der Ebene $\bar{\alpha}$, welche zusammen eine *Kurvenschar* bilden, der wir die Nummer I geben. Durch jeden Punkt von $\bar{G}$ geht genau eine Kurve dieser Schar I. Die x-Achse geht speziell in eine Kurve $\bar{x}$ der Schar über, welche wir auch die «Nullkurve» der Schar I nennen. Analog bilden sich die Parallelen zur y-Achse auf die Kurven einer Schar II ab. ($\bar{y}$ = Bild der y-Achse = Nullkurve der Schar II.) Als Bild des Netzes der Koordinatenlinien der Fig. 109a erhalten wir also in Fig. 109b ein *Kurvennetz*, bestehend aus der Schar I und der Schar II. Da die Abbildung ein-eindeutig ist, kann eine Kurve der Schar I mit einer Kurve der Schar II höchstens einen Schnittpunkt haben. Denn dasselbe gilt für die Koordinatenlinien der Fig. 109a. Zum Beispiel haben die beiden Nullkurven nur den Bildpunkt $\bar{O}$ des Nullpunkts gemeinsam. Im Beispiel der projektiven Abbildung ist dieses Kurvennetz das Möbiussche Netz der Fig. 80b.

Weiter benutzen wir – wie in der projektiven Geometrie – *Skalen* auf den beiden Nullkurven $\bar{x}$ und $\bar{y}$. Einem Punkt auf der x-Achse mit der Abszisse x entspricht ja vermöge der Abbildung ein Punkt der Nullkurve $\bar{x}$, an welchen wir den Wert von x als Skalenwert schreiben. In der Fig. 109b wurden speziell die Skalenpunkte mit ganzzahligen Skalenwerten eingezeichnet. Der Punkt *1* der Skala ist der Bildpunkt $\bar{X}$ des Einheitspunktes der x-Achse. Die so entstandene Skala ist natürlich recht allgemein; sie hat aber die wichtigen Eigenschaften, *stetig* und *monoton* zu sein. Das heißt: Durchläuft ein Punkt unsere x-Achse im Sinne wachsender x-Werte, so durchläuft sein Bildpunkt die Kurve $\bar{x}$ stetig und dauernd in demselben Sinn. Analog konstruieren wir die Skala auf der Nullkurve $\bar{y}$. Im Beispiel der projektiven Abbildung sind diese Skalen projektive Skalen.

Die topologische Abbildung ist nun bestimmt, wenn man das Kurvennetz und die Skalen auf den beiden Nullkurven kennt. Denn der Bildpunkt $\bar{P}$ eines gegebenen Punktes P kann dann folgendermaßen konstruiert werden. Man zieht durch P die beiden Koordinatenlinien bis zu ihren Schnittpunkten mit den Achsen und sucht in der Fig. 109b die zu diesen Schnittpunkten gehörigen Skalenpunkte. Durch die beiden Skalenpunkte legt man die Netzkurven, welche sich dann in $\bar{P}$ schneiden. Dieses Verfahren ist die natürliche Verallgemeinerung der Konstruktion der projektiven Abbildung in Fig. 79.

Einschränkend ist allerdings zu bemerken, daß es in G Punkte geben kann (zum Beispiel Q), für welche die Konstruktion nicht durchführbar ist, weil eine

Koordinatenlinie das Gebiet G verläßt, bevor sie die betreffende Achse schneidet. Die Konstruktion gelingt jedoch für alle Punkte, welche in einer Kreisscheibe liegen, die ihr Zentrum in O hat und die ganz in G liegt. Dies genügt uns.

Anschaulich kann man eine topologische Abbildung auch folgendermaßen erzeugen. Man denke sich die Fig. 109a auf eine in allen Richtungen beliebig dehnbare Unterlage gezeichnet (dünne Gummihaut). Indem man diese Unterlage beliebig in ihrer Ebene verzerrt – ohne daß Falten oder Risse entstehen – erhält man ein topologisches Bild.

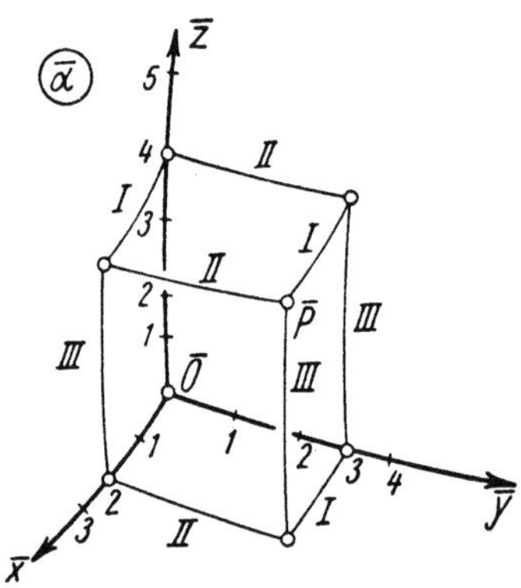

Fig. 110a

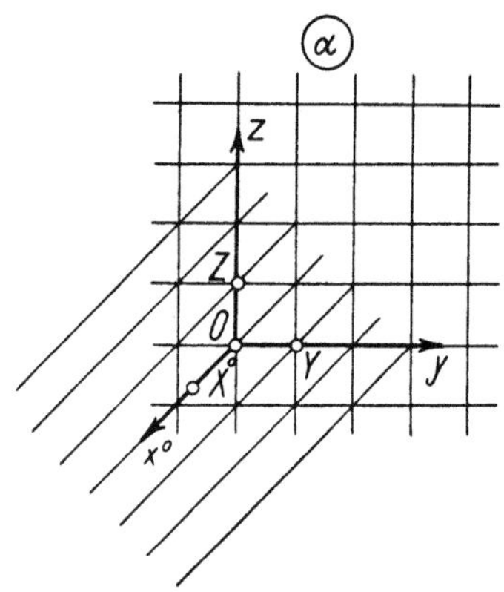

Fig. 110b

Stetige Perspektive. Der Gedanke liegt nahe, nun auch die Perspektive (dritter Teil, § 4) unter Verwendung von topologischen Begriffsbildungen zu verallgemeinern und so zu recht allgemeinen Abbildungen eines räumlichen Gegenstands auf eine Bildebene zu kommen. An Stelle unseres Kurvennetzes, bestehend aus zwei Kurvenscharen in der Bildebene $\bar\alpha$, wird man eben jetzt drei Kurvenscharen[1]) in einer Ebene $\bar\alpha$ annehmen, welche in einem Gebiet $\bar G$ von $\bar\alpha$ definiert sind (*Fig, 110a*). Wir numerieren diese Scharen mit *I, II, III.* Wie oben wird man verlangen, daß zwei Kurven aus verschiedenen Scharen höchstens einen Schnittpunkt haben. Unter dieser Voraussetzung sagt man, die drei Kurvenscharen bilden ein *Gewebe.* Man wird ferner in $\bar G$ einen Punkt $\bar O$ wählen und durch ihn die drei Kurven $\bar x$, $\bar y$, $\bar z$ ziehen, welche beziehlich den Scharen *I, II, III* entstammen. Wir nennen sie wieder die Nullkurven. Endlich ist auf jeder Nullkurve eine stetige und monotone Skala zu wählen, so daß der Nullstrich der Skala auf $\bar O$ fällt.

Diese ganze Konfiguration (ein Gewebe, drei Nullkurven, drei Skalen) stellt nun die Verallgemeinerung unseres perspektivischen Achsenkreuzes des dritten

---

[1]) Eine genaue Definition des Begriffs «Kurvenschar» ist etwa folgendermaßen zu fassen: Es seien u, v kartesische Koordinaten in der Ebene $\bar\alpha$ und $f(u,v)$ eine in $\bar G$ definierte und stetige Funktion des Variabelnpaars u, v. Dann sei die Schar gegeben durch die Gleichung $f(u,v) = \text{const}$, wobei jedem Wert der Konstanten rechts eine Kurve der Schar entspricht.

Teils dar. Beim perspektivischen Achsenkreuz besteht das Gewebe aus drei Geradenbüscheln (vgl. die Fußnote auf Seite 125) und die Skalen sind projektiv.

Um nun einen Gegenstand abzubilden, bezieht man ihn auf räumliche kartesische Koordinaten x, y, z. Ist dann P ein Punkt des Gegenstands mit den Koordinaten x, y, z, so sucht man auf den drei Nullkurven die Skalenpunkte, welche zu den drei Zahlenwerten x, y, z gehören. Von diesen drei Skalenpunkten ausgehend, zeichnet man dann in der Fig. 110a das Bild des Koordinatenquaders, indem man die Kurven des Gewebes benutzt. (Eine zur x-Achse parallele Kante des Quaders wird also als Kurvenbogen der Schar I gezeichnet, analog die zur y- bzw. z-Achse parallelen Kanten als Bogen der Schar II bzw. der Schar III.) Falls nun das Bild des Quaders sich schließt, das heißt falls die drei Kurvenbogen, welche den in P zusammenlaufenden Quaderkanten entsprechen, durch einen Punkt $\bar{P}$ gehen, so ist $\bar{P}$ der Bildpunkt von P.

Diese Schließungseigenschaft muß erfüllt sein, wenn man drei beliebige Punkte auf den Nullkurven als Ausgangspunkte nimmt. Sie ist daher eine Eigenschaft des Gewebes allein und hat nichts mit der Wahl der Skalen zu tun. Ein Gewebe, in welchem die Schließungseigenschaft durchwegs erfüllt ist, nennt man – aus Gründen, denen wir nicht nachgehen – ein *Sechseckgewebe*. Der Hamburger Geometer W. Blaschke und seine Schüler haben diesen Sechseckgeweben zahlreiche interessante Untersuchungen gewidmet[1]).

Unser Ansatz zur Definition der Abbildung eines räumlichen Gegenstands auf die Ebene $\bar{\alpha}$ ist also in einem Sechseckgewebe immer durchführbar. Diese Abbildung könnte man als «stetige» Perspektive bezeichnen zum Unterschied von der «geradlinigen» Perspektive unseres dritten Teils (vgl. auch die Fig. 85).

Die Analogie geht aber noch weiter. Auch die theoretischen Ergänzungen von Seite 132 lassen sich verallgemeinern. Man kann nämlich beweisen, daß sich die Ebene $\bar{\alpha}$ so topologisch auf eine Ebene α abbilden läßt, daß unser Sechseckgewebe in drei Scharen paralleler Geraden übergeht (*Fig. 110b*). Speziell kann man nach Wahl eines kartesischen Koordinatensystems y, z in α die Sache so einrichten, daß die Schar II in die Parallelen zur y-Achse und die Schar III in die Parallelen zur z-Achse übergeht. Das Bild der Schar I ist dann ein System von Parallelen, die in Fig. 110b unter 45^0 nach rechts oben verlaufend angenommen wurden. Die Nullkurven $\bar{y}, \bar{z}$ sollen in die y- und z-Achse übergehen und die Nullkurve $\bar{x}$ in die gezeichnete Gerade x^0.

Wählen wir nun noch ein axonometrisches Achsenkreuz in der Fig. 110b, dessen Achsen auf x^0, y, z liegen und dessen Einheitspunkte Y, Z von O die Entfernung 1 haben, während der Einheitspunkt X^0 beliebig ist, so erhalten wir genau die frühere Fig. 91b. Die ganze Fig. 110 kann daher als Verallgemeinerung der Fig. 91 angesehen werden.

Durch den Nullpunkt O und die Einheitspunkte X^0, Y, Z ist auf jeder Achse x^0, y, z des axonometrischen Achsenkreuzes eine regelmäßige Skala bestimmt.

[1]) W. Blaschke, Einführung in die Geometrie der Waben (Birkhäuser, Basel 1955).

Wir übertragen diese drei Skalen vermöge der topologischen Abbildung in die Fig. 110a. Benutzen wir die damit erhaltenen Skalen auf den Nullkurven $\bar{x}$, $\bar{y}$, $\bar{z}$ des Gewebes zur Konstruktion eines stetigen perspektivischen Bildes, so geht dieses Bild offenbar aus dem axonometrischen Bild des Gegenstands hervor, welches in α mit Hilfe des axonometrischen Achsenkreuzes konstruiert werden kann. Diese Axonometrie ist aber eine Parallelprojektion des Gegenstands. (Vgl. den Text zu Fig. 91.) Unsere stetige Perspektive kann also erhalten werden, indem man den Gegenstand auf eine Bildebene parallel projiziert und dann dieses Bild topologisch verzerrt. Dieses Resultat ist die topologische Verallgemeinerung der Sätze 20 und 22 unseres dritten Teils.

SACHVERZEICHNIS

GPSR Compliance

The European Union's (EU) General Product Safety Regulation (GPSR) is a set of rules that requires consumer products to be safe and our obligations to ensure this.

If you have any concerns about our products, you can contact us on ProductSafety@springernature.com

In case Publisher is established outside the EU, the EU authorized representative is:

Springer Nature Customer Service Center GmbH
Europaplatz 3
69115 Heidelberg, Germany

Batch number: 10584556

Printed by Printforce, the Netherlands